环境统计工作指南

生态环境部综合司
中国环境监测总站

编著

中国环境出版集团·北京

图书在版编目（CIP）数据

环境统计工作指南/生态环境部综合司，中国环境监测
总站编著. —北京：中国环境出版集团，2019.6
ISBN 978-7-5111-4010-4

Ⅰ．①环… Ⅱ．①生…②中… Ⅲ．①环境统计学—指南
Ⅳ．①X11-62

中国版本图书馆 CIP 数据核字（2019）第 118359 号

出 版 人	武德凯
责任编辑	殷玉婷
责任校对	任 丽
封面设计	彭 杉

出版发行　中国环境出版集团
　　　　　（100062　北京市东城区广渠门内大街 16 号）
　　　　　网　　址：http://www.cesp.com.cn
　　　　　电子邮箱：bjgl@cesp.com.cn
　　　　　联系电话：010-67112765（编辑管理部）
　　　　　发行热线：010-67125803，010-67113405（传真）
印　　刷　北京中科印刷有限公司
经　　销　各地新华书店
版　　次　2019 年 6 月第 1 版
印　　次　2019 年 6 月第 1 次印刷
开　　本　787×1092　1/16
印　　张　21.5
字　　数　460 千字
定　　价　60.00 元

《环境统计工作指南》
各章编写人员

第1章　赵银慧　封　雪

第2章　董广霞　王军霞　吴　琼

第3章　赵银慧　谢光轩

第4章　王　鑫　史枫鸣　彭　菲

第5章　李　曼　董广霞　杨伟伟

第6章　李　曼　周　冏　董广霞　吕　卓　赵银慧　王　鑫

第7章　吕　卓　董广霞

第8章　吕　卓　张　震

第9章　王军霞　赵学涛

内容简介

本书由生态环境部环境统计技术支持单位中国环境监测总站编著。编写组根据长期环境统计工作实践经验，总结了环境统计工作开展依据的法律法规、管理制度和标准规范等；阐述了环境统计报表制度、指标体系及技术要求的历史沿革，并在附录中分每个五年规划时段列出，便于对指标统计口径及核算方法变化的了解；对现行的环境统计年报制度和季报直报制度，详细介绍了指标体系、调查对象、范围和内容；对主要指标做了解释，对其中的重点指标，从指标获取方式、常见问题及数据范围等方面进一步明确；列出了各源污染物产生排放量核算方法，结合实例总结了各源污染物核算常见问题及解决办法；从工作部署与培训、调查名录库建立、数据采集与上报、数据审核与整改、数据质量抽查与评估等全流程着手，详细介绍了质量控制措施与手段；介绍了环境统计的信息技术及使用方法，特别是概括了污染物产生排放量核算步骤、方法和注意事项；总结了环境统计信息产品加工生产方式方法。本书注重实用性和实操性，适合环境统计管理人员、技术人员和广大调查对象等作为工作指南工具书使用。

前　言

　　我国从 20 世纪 80 年代开始实施环境统计，经过近 40 年的发展，目前基本形成了较为完善的环境统计管理制度体系、环境统计技术体系和环境统计数据质量控制体系，为我国环境规划、排污许可、第二次全国污染源普查、环保政策制定等环境保护重点工作提供了科学支撑。

　　环境统计是一项专业性、技术性较强的工作，需要遵守特定的技术规范和操作守则。随着当前生态环境保护形势的日新月异，环境统计机构和人员变动较大，而环境管理对环境统计的需求也有所变化且越来越高，对刚刚加入环境统计队伍的基层环境统计人员，以及对环境统计年度例行开展调查的约 20 万家调查对象来说(为落实调查对象主体责任，调查对象需直接与国家联网按排污节点和核算环节详细核算并填报环境统计数据)，缺乏全面系统地了解环境统计工作的全流程、掌握环境统计核算方法和数据质控技术可操作性较强的工具书，影响了环境统计工作的稳定性和连续性。对于管理部门和科研院校等环境统计数据使用部门，由于不了解环境统计指标的历史沿革、统计口径和核算方法的变化，在使用数据过程中容易造成偏差，进而对管理决策造成影响。

　　基于上述考虑，在参考本书主编人员参编的《环境统计基础》一书基础上，本书补充完善了当前施行的环境统计管理制度和标准规范;在环境统计报表制度历史沿革中细化和逐一列出了每五年规划调整一次的指标体系和技术要求;解读了现行的环境统计年报制度和季报直报制度;进一步完善了主要指标解释，并把重点指标数据获取方式、常见问题和数据范围等列出，便于读者理解掌握；进一步完善了数据核算方法，并对工业源、农业源、生活源和集中式等分源系统总结了核算过程中常见问题及解决办法，对基层环境统计技术人员和调查对象有较强的指导意义；从环境统计工作部署与培训、调查名录库建立、数据采集与上报、数据审核与整改、数据质量抽查与评估等环境统计工作全流程着手，详细介绍了环境统计质量控制措施与手段，有利于各级环境统计部门全流程开展质量控制，提高数据质量；详细介绍了环境统计的信息技术及使用方法，特别是污染物产生排放量核算步骤、方法和注意事项；总结了环境统计信息产品加工生产方式方法。总之，本书以实用性和可操作性为主要目的，全方位介绍了环境统计工作的核心内容，力争成为环境统计调查对象和环境统计技术人员不可或缺的工作指南工具书。

本书在编写过程中得到了生态环境部综合司领导的大力支持；中国环境监测总站领导对本书编写给予了大力支持；《全国环境统计培训系列教材》编写委员会以及周冈、封雪等同志均对本书编写给予了大力支持，在此一并致以感谢。由于环境统计涉及面广，内容庞杂，疏漏之处敬请读者批评指正。

编写组

2018 年 12 月

目 录

第 1 章　环境统计管理制度及标准规范 1

　　1.1　环境统计的法律法规 1

　　1.2　环境统计的标准规范 8

　　1.3　环境统计的管理体制及工作机制 8

第 2 章　我国环境统计历史沿革 10

　　2.1　环境统计发展历程概述 10

　　2.2　环境统计主管机构变更概述 14

　　2.3　环境统计调查制度的发展历程 14

第 3 章　环境统计年报制度 25

　　3.1　环境统计年报报表 25

　　3.2　调查范围、对象与内容 29

　　3.3　工作流程 34

第 4 章　环境统计季报直报制度 37

　　4.1　概念及特点 37

　　4.2　季报直报报表制度 38

　　4.3　季报直报调查对象、范围及内容 40

　　4.4　季报直报工作流程 42

　　4.5　季报直报数据质量控制 45

第 5 章　环境统计主要指标解释 46

　　5.1　调查对象基本情况指标 46

　　5.2　调查对象台账指标 50

5.3 污染物产排量指标 55

5.4 污染治理设施运行指标 67

5.5 污染治理投资指标 76

5.6 环境管理指标 80

第6章 环境统计污染物核算方法 86

6.1 工业源污染物核算方法 86

6.2 农业源 99

6.3 生活源 101

6.4 集中式污染治理设施 104

6.5 机动车（移动源） 106

第7章 环境统计数据质量控制 110

7.1 环境统计工作部署与培训 110

7.2 建立环境统计调查企业名录库 111

7.3 环境统计数据采集与上报 112

7.4 环境统计数据审核与整改 113

7.5 环境统计数据质量抽查与评估 117

第8章 环境统计信息技术 119

8.1 环境统计信息系统建设历程 119

8.2 "十三五"环境统计业务系统设计特点 120

8.3 "十三五"环境统计业务系统主要功能介绍 122

8.4 系统使用常见问题及解决办法 132

第9章 环境统计报告编写 142

9.1 环境统计报告的主要类型 142

9.2 各类报告的主要内容框架与编写注意事项 143

参考文献 147

附录 1　中华人民共和国统计法 151

附录 2　中华人民共和国环境保护法 159

附录 3　中华人民共和国统计法实施条例 169

附录 4　环境统计管理办法 176

附录 5　统计违法违纪行为处分规定 182

附录 6　环境统计技术规范　污染源统计 185

附录 7　"九五"前的环境统计年报制度 193

附录 8　"九五"环境统计年报制度 197

附录 9　"十五"环境统计年报制度 223

附录 10　"十五"环境统计技术要求 239

附录 11　"十一五"环境统计年报制度 244

附录 12　"十一五"环境统计技术要求 266

附录 13　"十二五"环境统计年报制度 274

附录 14　"十二五"环境统计技术规定 305

第 1 章

环境统计管理制度及标准规范

1.1 环境统计的法律法规

近 40 年来，我国的环境统计制度在《中华人民共和国环境保护法》（以下简称《环境保护法》）《中华人民共和国统计法》（以下简称《统计法》）等基本法律规范的基础上不断完善，初步形成了我国环境统计制度框架体系，见表 1-1。

表 1-1 环境统计相关规章制度

类别	名称	颁布机关	实施时间
法律	中华人民共和国统计法（2009 年修订）	全国人大常委会	2010 年 1 月 1 日
	中华人民共和国环境保护法（2014 年修订）	全国人大常委会	2015 年 1 月 1 日
行政法规	中华人民共和国统计法实施条例（中华人民共和国国务院令 第 681 号）	国务院	2017 年 8 月 1 日
	全国污染源普查条例（中华人民共和国国务院令 第 508 号）	国务院	2007 年 10 月 9 日
部门规章	统计违法违纪行为处分规定（监察部令 第 18 号）	监察部、人力资源和社会保障部、国家统计局	2009 年 5 月 1 日
	环境统计管理办法（国家环境保护总局令 第 37 号）	国家环境保护总局	2006 年 12 月 1 日
	统计执法监督检查办法（中华人民共和国国家统计局令 第 21 号）	国家统计局	2017 年 9 月 1 日
	部门统计调查项目管理办法（中华人民共和国国家统计局令 第 22 号）	国家统计局	2017 年 10 月 1 日
规范性文件	部门统计分类标准管理办法（国统字〔2012〕62 号）	国家统计局	2012 年 7 月 2 日
	关于加强和完善部门统计工作的意见（国办发〔2014〕60 号）	国务院办公厅	2014 年 12 月 3 日
	关于加强和改进环境统计工作的意见（环发〔2005〕100 号）	国家环境保护总局	2005 年 9 月 13 日
	关于深化统计管理体制改革提高统计数据真实性的意见（中办发〔2016〕76 号）	中共中央办公厅	2016 年 12 月 27 日

类别	名称	颁布机关	实施时间
规范性文件	统计违纪违法责任人处分处理建议办法（厅字〔2017〕37号）	中共中央办公厅、国务院办公厅	2017年9月6日
	防范和惩治统计造假、弄虚作假督察工作规定（厅字〔2018〕77号）	中共中央办公厅、国务院办公厅	2018年8月
	关于开展环境统计年报工作的通知	生态环境部	每年

注：截至2018年11月。

1.1.1 法律依据

统计调查项目包括国家统计调查项目、部门统计调查项目和地方统计调查项目，环境统计属于部门统计调查项目。环境统计制度的两个主要的上位法是《统计法》和《环境保护法》。

（1）《统计法》中对部门统计调查项目的规定

部门统计调查项目是指国务院有关部门的专业性统计调查项目。

部门统计调查项目由国务院有关部门制定。统计调查对象属于本部门管辖系统的，报国家统计局备案；统计调查对象超出本部门管辖系统的，报国家统计局审批。

统计调查项目的审批机关应当对调查项目的必要性、可行性、科学性进行审查，对符合法定条件的，作出予以批准的书面决定并公布；对不符合法定条件的，作出不予批准的书面决定并说明理由。

制定统计调查项目，应当同时制定该项目的统计调查制度，一并报经审批或者备案。统计调查制度应当对调查目的、调查内容、调查方法、调查对象、调查组织方式、调查表式、统计资料的报送和公布等作出规定。

统计调查应当按照统计调查制度组织实施。变更统计调查制度的内容，应当报经原审批机关批准或者原备案机关备案。统计调查表应当标明表号、制定机关、批准或者备案文号、有效期限等标志。对未标明前款规定的标志或者超过有效期限的统计调查表，统计调查对象有权拒绝填报；县级以上人民政府统计机构应当依法责令停止有关统计调查活动。

搜集、整理统计资料，应当以周期性普查为基础，以经常性抽样调查为主体，综合运用全面调查、重点调查等方法，并充分利用行政记录等资料。重大国情国力普查由国务院统一领导，国务院和地方人民政府组织统计机构和有关部门共同实施。

国家制定统一的统计标准，保障统计调查采用的指标涵义、计算方法、分类目录、调查表式和统计编码等的标准化。国家统计标准由国家统计局制定，或者由国家统计局和国务院标准化主管部门共同制定。国务院有关部门可以制定补充性的部门统计标准，报国家统计局审批。部门统计标准不得与国家统计标准相抵触。

详见附录 1。

（2）《环境保护法》中与环境统计相关内容有两个方面

第一，政府负有对辖区污染防治状况监管的责任，环境统计是重要的基础，具体条款包括：

第十条　国务院环境保护主管部门，对全国环境保护工作实施统一监督管理；县级以上地方人民政府环境保护主管部门，对本行政区域环境保护工作实施统一监督管理。县级以上人民政府有关部门和军队生态环境部门，依照有关法律的规定对资源保护和污染防治等环境保护工作实施监督管理。

第十三条　县级以上人民政府应当将环境保护工作纳入国民经济和社会发展规划。国务院环境保护主管部门会同有关部门，根据国民经济和社会发展规划编制国家环境保护规划，报国务院批准并公布实施。县级以上地方人民政府环境保护主管部门会同有关部门，根据国家环境保护规划的要求，编制本行政区域的环境保护规划，报同级人民政府批准并公布实施。环境保护规划的内容应当包括生态保护和污染防治的目标、任务、保障措施等，并与主体功能区规划、土地利用总体规划和城乡规划等相衔接。

第四十四条　国家实行重点污染物排放总量控制制度。重点污染物排放总量控制指标由国务院下达，省、自治区、直辖市人民政府分解落实。企业事业单位在执行国家和地方污染物排放标准的同时，应当遵守分解落实到本单位的重点污染物排放总量控制指标。对超过国家重点污染物排放总量控制指标或者未完成国家确定的环境质量目标的地区，省级以上人民政府环境保护主管部门应当暂停审批其新增重点污染物排放总量的建设项目环境影响评价文件。

第四十五条　国家依照法律规定实行排污许可管理制度。实行排污许可管理的企业事业单位和其他生产经营者应当按照排污许可证的要求排放污染物；未取得排污许可证的，不得排放污染物。

第五十四条　国务院环境保护主管部门统一发布国家环境质量、重点污染源监测信息及其他重大环境信息。省级以上人民政府环境保护主管部门定期发布环境状况公报。

第二，重点排污单位应如实公开排污状况，具体条款包括：

第五十五条　重点排污单位应当如实向社会公开其主要污染物的名称、排放方式、排放浓度和总量、超标排放情况，以及防治污染设施的建设和运行情况，接受社会监督。

第六十二条　违反本法规定，重点排污单位不公开或者不如实公开环境信息的，由县级以上地方人民政府环境保护主管部门责令公开，处以罚款，并予以公告。

详见附录 2。

（3）2017年8月1日开始实施的《中华人民共和国统计法实施条例》对统计调查的组织实施和监督检查作出了明确的规定

第二条　统计资料能够通过行政记录取得的，不得组织实施调查。通过抽样调查、重点调查能够满足统计需要的，不得组织实施全面调查。

第五条　县级以上人民政府统计机构和有关部门不得组织实施营利性统计调查。

第六条　部门统计调查项目、地方统计调查项目的主要内容不得与国家统计调查项目的内容重复、矛盾。

第九条　统计调查项目符合下列条件的，审批机关应当作出予以批准的书面决定：

（一）具有法定依据或者确为公共管理和服务所必需；

（二）与已批准或者备案的统计调查项目的主要内容不重复、不矛盾；

（三）主要统计指标无法通过行政记录或者已有统计调查资料加工整理取得；

（四）统计调查制度符合统计法律法规规定，科学、合理、可行；

（五）采用的统计标准符合国家有关规定；

（六）制定机关具备项目执行能力。

不符合前款规定条件的，审批机关应当向制定机关提出修改意见；修改后仍不符合前款规定条件的，审批机关应当作出不予批准的书面决定并说明理由。

第十九条　县级以上人民政府统计机构、有关部门和乡、镇统计人员，应当对统计调查对象提供的统计资料进行审核。统计资料不完整或者存在明显错误的，应当由统计调查对象依法予以补充或者改正。

国家统计局根据《中华人民共和国统计法》《中华人民共和国统计法实施条例》和国务院有关规定，制定了《部门统计调查项目管理办法》，自2017年10月1日起施行，1999年公布的《部门统计调查项目管理暂行办法》同时废止。新的管理办法强调了部门统计组织实施的要求。

第二十三条　部门统计调查项目实行有效期管理。审批的统计调查项目有效期为3年，备案的统计调查项目有效期为5年。统计调查制度对有效期规定少于3年的，从其规定。有效期以批准执行或者同意备案的日期为起始时间。

统计调查项目在有效期内需要变更内容的，制定机关应当重新申请审批或者备案。

第二十八条　国务院有关部门在组织实施统计调查时，应当就统计调查制度的主要内容对组织实施人员进行培训；应当就法定填报义务、主要指标涵义和口径、计算方法、采用的统计标准和其他填报要求，向调查对象作出说明。

第二十九条　国务院有关部门应当按《中华人民共和国统计法实施条例》的要求及时公布主要统计指标涵义、调查范围、调查方法、计算方法、抽样调查样本量等信息，对统计数据进行解释说明。

第三十条 国务院有关部门组织实施统计调查应当遵守国家有关统计资料管理和公布的规定。

第三十一条 部门统计调查取得的统计资料，一般应当在政府部门间共享。

第三十二条 国务院有关部门建立统计调查项目执行情况评估制度，对实施情况、实施效果和存在问题进行评估，认为应当修改的，按规定报请国家统计局审批或者备案。

详见附录3。

（4）《环境统计管理办法》

2006年11月4日发布《环境统计管理办法》（国家环境保护总局令 第37号）（以下简称《办法》），1995年6月15日国家环境保护局发布的《环境统计管理暂行办法》同时废止。《办法》对环境统计管理的概念、范畴、技术规范等做出了具体规定。

《办法》指出环境统计的任务是对环境状况和环境保护工作情况进行统计调查、统计分析，提供统计信息和咨询，实行统计监督。

《办法》规定环境统计的内容包括环境污染及其防治、环境质量统计、自然资源开发及其保护、生态保护、环境管理和环境保护系统自身建设以及环境经济、环保产业等其他有关环境保护的事项；对统计机构和人员设置提出要求，明确各级机构的职责。

《办法》指出环境统计工作实行"统一管理、分级负责"，国家环保总局（现生态环境部）在国家统计局的业务指导下，对全国环境统计工作实行统一管理和组织协调。县级以上地方各级环保部门在同级统计行政主管部门的业务指导下，对本辖区的环境统计工作实行统一管理和组织协调。中央和地方有关行政管理部门、企业事业单位，在各级环保部门的业务（统计）指导下，负责本部门、本单位的环境统计工作。

《办法》强调各级环保部门应加强环境统计机构、队伍和能力建设，设置专职的环境统计岗位、制定规范的岗位管理制度，培养环境统计人才，同时通过定期培训和交流，不断提高环境统计人员的业务素质，提高环境统计工作水平。

《办法》对奖励和处罚做出了明确规定。指出各级环保部门要建立环境统计奖惩制度，从制度建设、机构建设、人员配备、数据质量、执法力度等方面进行考核，对在环境统计工作中作出显著成绩的环境统计机构和人员给予表彰奖励。

详见附录4。

（5）《防范和惩治统计造假、弄虚作假督察工作规定》

2018年9月16日，中共中央办公厅、国务院办公厅印发了《防范和惩治统计造假、弄虚作假督察工作规定》（以下简称《规定》），《规定》是落实执行《关于深化统计管理体制改革提高统计数据真实性的意见》《统计法实施条例》《统计违纪违法责任人处分处理建议办法》的重大举措，《规定》中与环境统计关系密切的有第五、第六和第七条。

第五条 统计督察对象是与统计工作相关的各地区、各有关部门。重点是各省、自治区、直辖市党委和政府主要负责同志和与统计工作相关的领导班子成员，必要时可以延伸至市级党委和政府主要负责同志和与统计工作相关的领导班子成员；国务院有关部门主要负责同志和与统计工作相关的领导班子成员；省级统计机构和省级政府有关部门领导班子成员。

第六条 对省级党委和政府、国务院有关部门开展统计督察的内容包括：

（一）贯彻落实党中央、国务院关于统计改革发展各项决策部署，加强对统计工作组织领导，指导重大国情国力调查，推动统计改革发展，研究解决统计建设重大问题等情况；

（二）履行统计法定职责，遵守执行统计法律法规，严守领导干部统计法律底线，依法设立统计机构，维护统计机构和人员依法行使统计职权，保障统计工作条件，支持统计活动依法开展等情况；

（三）建立防范和惩治统计造假、弄虚作假责任制，问责统计违纪违法行为，建立统计违纪违法案件移送机制，追究统计违纪违法责任人责任，发挥统计典型违纪违法案件警示教育作用等情况；

（四）应当督察的其他情况。

对市级及以下党委和政府、地方政府有关部门，可以参照上述规定开展统计督察。

第七条 对各级统计机构、国务院有关部门行使统计职能的内设机构开展统计督察的内容包括：

（一）贯彻落实党中央、国务院关于统计改革发展各项决策部署，完成国家统计调查任务，执行国家统计标准和统计调查制度，组织实施重大国情国力调查等情况；

（二）履行统计法定职责，遵守执行统计法律法规，严守统计机构、统计人员法律底线，依法独立行使统计职权，依法组织开展统计工作，依法实施和监管统计调查，依法报请审批或者备案统计调查项目及其统计调查制度，落实统计普法责任制等情况；

（三）执行国家统计规则，遵守国家统计政令，遵守统计职业道德，执行统计部门规章和规范性文件，落实各项统计工作部署，组织实施统计改革，加强统计基层基础建设，参与构建新时代现代化统计调查体系，建立统计数据质量控制体系等情况；

（四）落实防范和惩治统计造假、弄虚作假责任制，监督检查统计工作，开展统计执法检查，依法查处统计违法行为，依照有关规定移送统计违纪违法责任人处分处理建议或者违纪违法问题线索，落实统计领域诚信建设制度等情况；

（五）应当督察的其他情况。

对国务院有关部门行使统计职能的内设机构开展统计督察的内容还包括：依法提供统计资料、行政记录，建立统计信息共享机制，贯彻落实统计信息共享要求等情况。

对地方政府有关部门行使统计职能的内设机构，可以参照上述规定开展统计督察。

（6）统计违法违纪行为处分规定

《统计违法违纪行为处分规定》经监察部、人力资源和社会保障部、国家统计局审议通过，于 2009 年 5 月 1 日起实施。《统计违法违纪行为处分规定》对各类统计违法违纪行为作出了明确的处分规定：

第三条　地方、部门以及企业、事业单位、社会团体的领导人员有下列行为之一的，给予记过或者记大过处分；情节较重的，给予降级或者撤职处分；情节严重的，给予开除处分：

（一）自行修改统计资料、编造虚假数据的；

（二）强令、授意本地区、本部门、本单位统计机构、统计人员或者其他有关机构、人员拒报、虚报、瞒报或者篡改统计资料、编造虚假数据的；

（三）对拒绝、抵制篡改统计资料或者对拒绝、抵制编造虚假数据的人员进行打击报复的；

（四）对揭发、检举统计违法违纪行为的人员进行打击报复的。

有前款第（三）项、第（四）项规定行为的，应当从重处分。

第四条　地方、部门以及企业、事业单位、社会团体的领导人员，对本地区、本部门、本单位严重失实的统计数据，应当发现而未发现或者发现后不予纠正，造成不良后果的，给予警告或者记过处分；造成严重后果的，给予记大过或者降级处分；造成特别严重后果的，给予撤职或者开除处分。

详见附录 5。

1.1.2　其他

为了科学、有效地组织实施全国污染源普查，保障污染源普查数据的准确性和及时性，我国制定了《全国污染源普查条例》。《全国污染源普查条例》共 7 章 42 条，包括总则，污染源普查的对象、范围、内容和方法，污染源普查的组织实施，数据处理和质量控制，数据发布、资料管理和开发应用，表彰和处罚，附则等。《全国污染源普查条例》规定污染源普查的任务是掌握各类污染源的数量、行业和地区分布情况，了解主要污染物的产生、排放和处理情况，建立健全重点污染源档案、污染源信息数据库和环境统计平台，为制定经济社会发展和环境保护政策、规划提供依据。《全国污染源普查条例》规定，全国污染源普查每 10 年进行一次，标准时间为普查年份的 12 月 31 日。

为了直接有效指导各地开展环境统计工作，生态环境部每年发布《关于开展环境统计年报工作的通知》，对当年环境统计年报制度的总体要求、报表制度的变化做出具体规定和说明。

　　另外，地方政府也制定了一系列地方性规章制度，如新疆维吾尔自治区制定了《新疆维吾尔自治区污染源数据统一管理办法（试行）》；重庆市出台了《重庆市环境统计年报工作考核评比办法（试行）》；山东、广东等地陆续都采取相应措施，加强法规制度建设。

1.2　环境统计的标准规范

　　环境统计工作开展了近40年，期间一直没有关于污染源统计技术要求方面的标准和规范性文件。2015年，环境保护部首次发布标准《环境统计技术规范　污染源统计》（HJ 772—2015），以规范污染源统计行为，保证污染源统计数据的质量。该标准包括8个部分，涵盖了"污染源统计调查方案设计，污染源统计数据采集与核算，污染源统计数据填报、汇总和报送，污染源统计数据审核、污染源统计报告编制"等污染源统计主要工作的内容，规定了各个部分的一般原则与方法，从"全流程"的角度规范了污染源统计工作。

　　《环境统计技术规范　污染源统计》是污染源统计工作纲领性的技术文件，是环境统计报表制度实施的指导性文件，不同于其他的技术规范，具体如下。

　　一是很多内容是基于环境管理的需求而非技术层面的规定编写的，如污染源统计数据报送的方式、途径、流程等，是污染源统计工作的基础环节，在标准中进行了规定；

　　二是污染源统计数据，特别是污染物产生量和排放量等指标数据，不能直接通过台账查询获得，必须通过采集调查对象的台账指标数据，查阅相关监测数据、产排污系数等，通过科学的核算方法计算得出。因此，标准规范了基础信息指标数据、台账指标数据、污染治理设施运行指标数据、监测数据、产排污系数等与核算有关的参数的数据来源。

　　详见附录6。

1.3　环境统计的管理体制及工作机制

　　我国环境统计相关机构分为三类：环境保护行政主管部门的环境统计机构（以下简称"环境统计机构"），环境保护行政主管部门的相关职能机构（以下简称"环境统计职能机构"），环境统计范围内的机关、团体、企业事业单位。环境统计机构主要负责相关管理工作，环境统计职能机构承担环境统计的技术支持职能，各调查对象负责本单位的环境统计基础工作。

　　（1）环境统计机构

　　生态环境部综合司下设统计处，归口管理全国环境统计工作。生态环境部有关司（办、局）负责本司（办、局）业务范围内的专业统计工作。专项调查结果报统计处备案，由相关业务司（办、局）具体负责相关工作。

县级以上地方环境保护行政主管部门确定承担环境统计职能机构，负责归口管理本级环境统计工作。

统计机构的职责是制订环境统计工作规章制度和工作计划，并组织实施；建立健全环境统计指标体系，归口管理环境统计调查项目；开展环境统计分析和预测；实行环境统计质量控制和监督，采取措施保障统计资料的准确性和及时性；收集、汇总和核实环境统计资料，建立和管理环境统计数据库，提供对外公布的环境统计信息；按照规定向同级统计行政主管部门和上级环境保护行政主管部门报送环境统计资料；指导下级环境保护行政主管部门和调查对象的环境统计工作；组织环境统计人员的业务培训；开展环境统计科研和国内外环境统计业务的交流与合作；负责环境统计的保密工作。

（2）环境统计职能机构

国家级环境统计职能机构设在中国环境监测总站，现为环境统计与污染源监测室。环境统计职能机构则设置在各地的环境监测站、环境科学研究院（所）、环境信息中心等。

环境统计职能机构的主要职责为：编制业务范围内的环境统计调查方案，提交同级环境统计机构审核，并按规定经批准后组织实施；收集、汇总、审核其业务范围内的环境统计数据，并按照调查方案的要求，上报上级环境保护行政主管部门对口的相关职能机构，同时抄报给同级环境统计机构；开展环境统计分析，对本部门业务工作提出建议。

（3）各调查对象

环境统计范围内的机关、团体、企业事业单位作为环境统计的主要调查对象，应指定专人负责环境统计工作。这些机关、团体、企业事业单位和个体工商户的环境统计职责是：完善环境计量、监测制度，建立健全生产活动及其环境保护设施运行的原始记录、统计台账和核算制度；按照规定，报送和提供环境统计资料，管理本单位的环境统计调查表和基本环境统计资料。

第 2 章

我国环境统计历史沿革

2.1 环境统计发展历程概述

我国环境统计是与国际环境统计以及我国环境保护同步发展起来的,最早始于 20 世纪 70 年代。从国际上来看,1972 年斯德哥尔摩会议以后,各国政府才开始认识到全面的、综合的统计数字对评价一国环境状况的重要性后,开始建立各自的环境统计体系。1973 年,我国召开了第一次全国环境保护会议,通过了"全面规划、合理布局、综合利用、化害为利、依靠群众、大家动手、保护环境、造福人民"的"环境保护工作 32 字方针"和我国第一个环境保护文件——《关于保护和改善环境的若干规定》。第一次全国环境保护会议之后,北京、沈阳、南京等城市相继开展了工业污染源调查,各省、市(地区)环境管理机构和环境监测站相继建立。20 世纪 70 年代中期,有一批城市开始制定"三废"治理规划,我国的环境统计工作逐渐开展起来。目前,我国环境统计工作可以分为 4 个阶段。

2.1.1 第一阶段(1979—1990 年):环境统计制度的建立

1979 年,国务院环境保护领导小组办公室(以下简称"国环办")制定了"大中型企业环境基本状况调查卡片",组织对全国 3 500 多个大中型企业的环境基本状况进行调查。1980 年 11 月,国环办与国家统计局联合制定了我国第一个环境统计报表制度,同时在北京召开了第一次全国环境统计工作会议,布置了环境统计工作,当时环境统计的填报对象是县级及县级以上企业和事业单位,主要是针对工业企业的环境污染排放和治理。同时,国务院有关部门的统计制度中也相继涵盖了一些环境保护的内容。

1981 年,国环办印发了《环境统计主要指标解释》(试行本)和《环境统计主要问题解答》。1982 年,城乡建设环境保护部环保局(以下简称"建设部环保局")编写了《环境统计工作手册》。1984 年,建设部环保局与中国环境科学学会召开了全国第一次环境统计学术交流会,并印发了论文集——《论环境统计》,这是我国第一本关于环境统计方面的论文集。1985 年 4 月，国家环境保护局下发了《关于加强环境统计工作的规定》（〔85〕环政字第 104 号），这是我国第一次下发指导全国开展环境统计工作的纲领性文件。1985 年，国家环境保护局组织编写的《环境统计讲义》正式出版，这是我国第一本国家级的环境统计教材。同年，方品贤、江欣、奚元福合编的《环境统计手册》由四川省科学技术出版社出版发行。

1984 年，城乡建设环境保护部与国经委联合颁布了《工业污染源调查技术要求及其建档规定》（〔84〕城环字第 419 号），同时要求各地认真做好工业污染源的调查工作。1985 年国家统计局发文，同意开展一次性工业污染源调查。1986 年 3 月，国经委、国家环保局、国家统计局、国家科委、财政部联合下发了《关于加强全国工业污染源调查工作的决定》（〔86〕环监字　第 081 号），要求全国各省、自治区、直辖市要以 1985 年为基准年进行一次全面系统的工业污染源调查。全国工业污染源调查从 1985 年下半年全面展开，经历准备、调查、总结建档和检查验收 4 个阶段，截至 1987 年年底完成了地区调查和成果汇总工作。1988—1989 年完成了全国调查成果的汇总与评价研究。1985 年的工业污染源调查的对象是工矿企业，调查的内容包括企业的环境状况，企业的基本情况，生产工艺和排污状况，水源、能源、原辅材料情况，污染危害情况和生产发展情况等 6 个方面，调查项目近 200 项。这次调查是新中国成立至 1985 年环境保护方面规模最大的一项调查研究，调查以 1985 年为基准年，范围包括当时全国（除香港、澳门和台湾地区）29 个省、自治区、直辖市的所有 40 个工业行业。调查企业共计 16.8 万多家，其工业总产值占 1985 年全国工业总产值的 89.6%。这次工业污染源调查取得了较好的成果，基本改变了我国长期以来工业污染底数不清的状况，在我国环境保护的各个方面发挥了积极作用。

2.1.2　第二阶段（1991—2000 年）：环境统计管理制度的加强

1991 年，由国家环保局、农业部、国家统计局联合组织开展了首次全国乡镇工业污染源调查，此次调查的基准年为 1989 年，凡排放污染物的乡镇工业均为调查对象，共调查了 57.3 万个乡镇工业企业。

"八五"期间（1991—1995 年），国家环保局着手对全国环境统计调查体系进行改革，当时在九省（市）开展调查、重点调查和抽样调查的试点。1995 年，国家环保局颁布《环境统计管理暂行办法》（国家环保局令　第 17 号），对环境统计的任务与内容、环境统计的管理、环境统计机构和人员及其职责等，做了明确的规定。

1996 年，由国家环保局、农业部、财政部、国家统计局联合组织了"全国乡镇工业污染源调查"，调查的基准年为 1995 年，整个调查工作到 1997 年年底结束。此次调查的乡镇工业污染源为 121.6 万个。1997 年，在乡镇污染源调查工作的基础上，环境统计的调查范围增加了乡镇工业企业污染物排放的统计，同时还增加了对社会生活及其他污染主要指标的统计。

2.1.3 第三阶段（2001—2005 年）：环境统计制度的改进和完善

2001 年，国家环保总局制定并执行了"十五"环境统计报表制度，与"九五"相比，"十五"环境统计报表在扩大调查范围、充实调查项目、提高数据质量要求和数据分析利用水平等方面有了改进。2002 年，增加了环境统计半年报。2003 年，国家环保总局对环境统计提出了新的要求，开展了"三表合一"试点工作（即为了统一企业污染物排放的调查数据，决定将环境统计、排污申报登记、排污收费制度等污染源调查三者合并进行，简称为"三表合一"），要求"统一采集和核定重点工业污染源的排污数据"，力求改变原先同一个污染源数出多门甚至数据各异的局面，以实现对排污者信息填报的统一布置与数据共享。虽然"三表合一"试点工作最终没有在全国推行，但却是环境统计发展改革进程中的重要事件，为今后环境统计的改革发展积累了经验、奠定了基础，具有重要意义。

2005 年 9 月，国家环保总局印发了《关于加强和改进环境统计工作的意见》（环发〔2005〕100 号）（以下简称《意见》）。该《意见》系统地总结了自环境统计工作开展以来存在的主要问题，对问题产生的原因进行了分析，并提出了"十一五"期间加强和改进环境统计工作的目标和主要任务。该《意见》为"十一五"环境统计工作的改进奠定了基础。

2.1.4 第四阶段（2006 年至今）：环境统计制度的全面提升

2006 年，国家环保总局在认真分析总结"十五"环境统计工作的基础上，研究并制定了"十一五"环境统计报表制度。2006 年 11 月，国家环保总局发布了修订后的《环境统计管理办法》（国家环境保护总局令 第 37 号），对环境统计内容进行了调整，规定了环境统计调查制度、各相关部门的职责、环境统计资料的管理和发布以及奖惩办法。

我国经济持续快速发展，结构调整步伐加快，企业数量快速增加，而且变动频繁，资源能源消耗量大幅上升，人口急剧增加。新的工业污染源、农业面源和生活源污染日益严重，成为制约我国全面落实科学发展观的重要瓶颈之一。为了把全国污染源的最新情况摸清楚，全面了解环境污染的国情，为优化经济结构、科学制定经济社会政策，建设环境友好型社会奠定基础，国务院决定在全国范围内开展第一次全国污染源普查工作。2006 年 10 月 12 日，国务院印发了《关于开展第一次全国污染源普查的通知》（国发〔2006〕36 号），成立了由曾培炎同志任组长的国务院第一次全国污染源普查领导小组。2007 年 2 月 4 日，国家环保总局印发了《关于成立第一次全国污染源普查工作办公室的通知》（环函〔2007〕47 号），宣布成立第一次全国污染源普查工作办公室。2007 年 4 月 11 日，时任中共中央政治局委员、国务院副总理曾培炎同志主持召开了国务院第一次全国污染源普查领导小组第一次会议，审议并通过了《第一次全国污染源普查方案》，并对下一步普查工作做出了部署。国务院办公厅于 2007 年 5 月 17 日发布了《关于印发第一次全国污染源普查方案的通知》（国办发〔2007〕37 号）。10 月 9 日，时任国务院总理温家宝签署第 508 号国务院令，颁布实施《全国污染源普查条例》，为全国污染源普查提供强有力的法制保障。财政部下发的《关于下达 2007 年第一次全国污染源普查项目预算的通知》，国务院第一次全国污染源普查领导小组办公室制定的《第一次全国污染源普查项目经费预算编制指南》，明确要求将污染源普查工作经费列入各级政府财政预算予以保障。第一次全国污染源普查的基准年是 2007 年，普查对象是排放污染物的工业源、农业源、城镇生活源（包括机动车）和集中式污染治理设施。普查内容包括各类污染源的基本情况、主要污染物的产生和排放数量、污染治理情况等。此次普查对象总数 592.6 万个，包括工业源 157.6 万个，农业源 289.9 万个，生活源 144.6 万个，集中式污染治理设施 4 790 个。

"十一五"以来，我国开始实施主要污染物总量减排，2007 年和 2013 年我国分别发布《国务院批转节能减排统计监测及考核实施方案和办法的通知》（国发〔2007〕36 号）、《关于印发"十二五"主要污染物总量减排统计、监测办法的通知》（环发〔2013〕14 号）等文件，对主要污染物环境统计工作要求进行了规范。

2011 年，环境保护部在"十一五"环境统计报表制度、第一次全国污染源普查等工作基础上，研究制定并发布实施"十二五"环境统计报表制度。2013 年，环境保护部发布《关于开展国家重点监控企业环境统计数据直报工作的通知》（环办〔2013〕91 号）开展"十二五"国控重点监控企业季报直报。

表 2-1　环境统计的发展历程

年份	主要发展历程
1979	国务院环境保护领导小组办公室组织对全国 3 500 多个大中型企业的环境基本状况进行调查
1980	国务院环境保护领导小组与国家统计局联合制定了环境保护统计制度
1981	在全国范围内开展了环境统计工作，推行环境统计报表制度
1985	国家环保局颁布《关于加强环境统计工作的规定》（〔85〕环政字第 104 号）
1985—1989	国家经委、国家环保局、国家统计局、国家科委、财政部联合开展"全国工业污染源调查"
1991	国家环保局、农业部、国家统计局联合组织开展了首次全国乡镇工业污染源调查
1995	国家环保局颁布《环境统计管理暂行办法》（国家环保局令　第 17 号），这是关于环境统计的第一个法规性文件
1996—1997	国家环保局和农业部联合进行"全国乡镇企业污染情况调查" 国家环保局、农业部、财政部、国家统计局联合组织了"全国乡镇工业污染源调查"
1997	环境统计的调查范围增加了乡镇工业企业污染物排放的统计，同时还增加了对社会生活及其他污染主要指标的统计，国家环保局制定并实施新的"九五"环境统计报表制度
2001	国家环保总局制定并执行"十五"环境统计报表制度和环境统计专业报表制度
2002	增加了环境统计半年报

年份	主要发展历程
2003	国家环保总局提出修订《环境统计管理暂行办法》，改革、完善统计指标和方法，开展"三表合一"试点工作
2005	国家环保总局印发《关于加强和改进环境统计工作的意见》（环发〔2005〕100号）
2006	国家环保总局办公厅印发《关于实施〈环境统计季报制度〉的通知》（环办函〔2006〕543号），要求各地向总局有关业务部门报送季度汇总数据及统计分析 国家环保总局制定并执行"十一五"环境统计报表制度 国家环保总局发布修订后的《环境统计管理办法》（国家环境保护总局令 第37号）
2007	《国务院批转节能减排统计监测及考核实施方案和办法的通知》（国发〔2007〕36号）
2007—2009	国务院开展第一次全国污染源普查
2009—2010	环境保护部双轨并行，制定并实施2009年度和2010年度污染源普查动态更新调查，与"十一五"环境统计报表制度并行实施
2011	环境保护部制定并执行"十二五"环境统计报表制度
2013	环境保护部发布《关于开展国家重点监控企业环境统计数据直报工作的通知》（环办〔2013〕91号），开展"十二五"国控重点监控企业季报直报
2016	环境保护部制定并执行"十三五"环境统计报表制度

2.2　环境统计主管机构变更概述

- 1988年国务院直属局国家环境保护局成立，明确由计划司信息处负责环境统计工作。

- 1998年机构改革，国家环境保护总局规划与财务司下设规划与统计处负责环境统计工作。

- 2008年机构改革，环境保护部总量司下设环境统计处，负责环境统计工作。

- 2016年3月，环境保护部"三定"方案调整，环境统计职责划入至环境监测司环境统计与监测质量管理处。

- 2018年10月，生态环境部"三定"方案调整，环境统计职责划入至综合司统计与形势分析处。

2.3　环境统计调查制度的发展历程

2.3.1　概述

环境统计调查制度是环境统计制度的核心内容，是与环境统计制度同步发展的。从国际上来看，1972年斯德哥尔摩会议以后，各国开始建立各自的环境统计。但由于各国社会制度、经济发展的水平不同，所处的自然条件、地理位置也各具特点，因此，统计的范围、指标体系和工作的开展情况在各个国家之间也不尽相同。

近 40 年来，我国环境统计调查制度不断完善，逐步形成目前的体系。按照调查周期的不同，我国目前的环境调查制度主要有年报、定期报表（半年报和季报）、专项调查、普查 4 种形式，其中年报根据调查对象类别的不同，又可进一步分为综合年报和专业年报两类。综合年报主要是为了了解全国环境污染排放和治理情况，调查对象为排放污染或进行污染治理的单位；专业年报主要是为了了解全国环境管理工作情况和环保系统自身建设情况，调查对象为与环境管理有关的行政机构。

2.3.2　综合年报调查制度的沿革

环境统计综合年报调查制度一般随着国民经济五年规划每 5 年进行一次大的调整，如调查范围、技术路线有较大变化，年际间略有微调。开展环境统计，调查制度中必不可少的有两部分内容：一是环境统计报表制度，其主体内容为环境统计指标体系和指标解释；二是开展环境统计工作的技术规定，即说明环境统计工作是如何开展的，其主要内容是对当年环境统计报表制度的说明、环境统计的技术要求、环境统计数据填报和报送要求、环境统计数据审核要求等，做好环境统计工作，以上两部分内容缺一不可。厘清综合年报调查制度的沿革，主要从报表制度和技术规定两个方面着手。

（1）"九五"之前的环境统计综合年报调查制度（1980—1996 年）

20 世纪 70—80 年代，由于我国的环境保护工作处在初创阶段，环境保护机构还很不健全，尤其是环境统计人员的配备和培训在我国还是从零开始。因此，本着需要和可能的原则，1980 年国务院环境保护领导小组和国家统计局联合颁发的环境保护统计报表还仅仅局限在反映环境污染和治理的基本方面。报表共有 3 种，即省（自治区、直辖市）"三废"排放情况、现有企事业单位污染治理情况、污水集中处理情况。环境统计指标分为数量指标和质量指标两大类。属于数量指标的有废水排放总量、废气中有害物质排放量、废渣产生量、生活垃圾等。"三废"以吨为单位，环保专用设备以台为单位，放射性物质以吨-居里为单位等。这些数量指标是计算环境质量指标和分析研究环境状况的基础。属于质量指标的有废水处理率、废渣回收利用率，"三废"处理能力等。它们分别由 2 个有联系的数量指标对比而成，一般用倍数、百分比等来表示，以反映环境现象的发展程度和经济效果。

"八五"期间国家环保总局积极推行环境统计调查体系的改革，在 9 省（市）开展了全国调查、重点调查和抽样调查的试点。下发了《关于加强工业污染源报表管理的通知》，以解决三套报表——环境统计、重点污染源动态数据库和排放污染物申报登记中重复收集有关数据及不规范行为的问题。

该时期的报表中省（自治区、直辖市）"三废"排放情况指标共 168 个，现有企业、事业单位污染治理情况指标共 30 个，污水集中处理情况指标共 20 个，具体报表及指标见附录 7 "九五"前的环境统计年报制度。

（2）"九五"环境统计综合年报调查制度（1997—2000 年）

1997 年，我国开始实施"九五"环境统计报表制度，共包括工业企业污染排放及处理利用情况（含乡镇企业废水、废气和固废非重点调查）、工业企业污染治理项目建设情况、城市污水处理厂运行情况表、生活污染及其他排放情况 4 部分内容。对工业污染源的调查范围只限定在县级以上国有工业和乡镇工业 2 个范畴。环境统计年报的报告期为自上年 12 月初至当年 11 月底。

"九五"环境统计综合年报调查制度中工业企业污染排放及处理利用情况共 119 个指标，工业企业污染治理项目建设情况共 15 个指标，城市污水处理厂运行情况共 9 个指标，生活污染及其他排放情况共 15 个指标。具体报表及指标见附录 8 "九五"环境统计年报制度。

（3）"十五"环境统计综合年报调查制度（2001—2005 年）

1）报表制度

2001 年，国家环保总局制定了"十五"环境统计报表制度，与"九五"环境统计报表制度相比，对扩大调查范围、充实调查项目、提高数据质量要求和数据分析利用水平等方面进行了改革。主要变动有以下 4 个方面：①适当扩大环境统计调查范围：扩大了危险废物集中处置情况的统计范围；适当扩大了城镇生活污染治理的统计范围。除对城市污水处理状况的统计调查细化外，为了解和掌握城市垃圾无害化处理状况，增加了对城市垃圾无害化处理状况的统计调查。②调整年报报告期："十五"环境统计报表制度将年报报告期改为正常年度（当年 1 月至 12 月），在年初加报一次少量主要指标的快报表以满足管理的需要。③调整工业污染源重点调查单位的筛选方法："十五"环境统计报表制度规定的工业污染及治理的统计调查方法，依然是重点调查与科学估算相结合。其中对重点调查单位的筛选方法进行了调整，要求筛选出占本辖区排污申报登记中全部工业污染源排污总量85%以上的工业污染源，与原有环境统计工业污染源重点调查单位相对照并进行补充调整，使统计的重点调查结果能够切实反映排污总量的变化趋势。④适当增加对重点工业污染源的统计调查频次，由重点调查单位在年中报一次半年报表。"十五"环境统计综合年报报表制度共包括工业企业污染排放及处理利用情况，废水、废气监测情况，工业企业污染治理项目建设情况，危险废物集中处置厂运行情况，城市污水处理厂运行情况，城市垃圾处理厂运行情况，生活污染及其他排放情况 7 个部分的内容。具体报表及指标见附录 9 "十五"环境统计年报制度。

2）技术规定

"十五"时期，环境统计技术规定初步体现在个别文件中，但远未成体系，虽有单独的技术要求文件，但又多以对报表制度的说明混为一谈，没有按照不同的污染源类别，从调查范围的确定、调查对象的筛选、调查方法、调查内容、污染物核算方法、数据质量控制等方面构建技术体系，基本属于条目状的离散型技术要求，主要围绕工业源的重点调查企业筛选、非重点估算、重点统计指标核算方法及填报、报送要求等，作为每年环境统计工作布置文件的附件，一并下发全国各级环境统计机构使用。具体详见附录 10 "十五"环境统计技术要求。

（4）"十一五"环境统计综合年报调查制度（2006—2010 年）

1）报表制度

2006 年，国家环保总局制定了"十一五"环境统计报表制度，与"十五"环境统计报表制度相比，"十一五"环境统计制度在调查范围、调查频次和环境统计指标体系，以及对环境统计数据的上报方式等方面进行了调整和完善。为适应"十一五"总量减排工作的需要，加强对火电行业二氧化硫排放情况的监管，将火电行业从工业行业中单列出来进行调查，并增加了对企业自备电厂的统计调查；增加了对医院污染物排放的统计调查；删除了对城市垃圾处理场运行情况的统计调查。环境统计综合年报报表制度共包括工业企业污染排放及处理利用情况，火电企业污染排放及处理利用情况，工业企业污染治理项目建设情况，危险废物集中处置厂运行情况，城市污水处理厂运行情况，医院污染排放及处理利用情况，生活污染及其他排放情况 7 部分的内容。具体报表及指标见附录 11 "十一五"环境统计年报制度。

2）技术规定

"十一五"时期，环境统计技术规定基本沿用了"十五"的模式，即在每年的环境统计工作布置文件后面设置附件，包含对当年报表制度的说明、数据填报报送的要求、数据审核要求及报表制度，不同的是，每个附件的质量在逐步提高，以审核要求为例，在"十五"期间，仅笼统地从几个方面给各级环境统计机构提出参考建议，可操作性不强。"十一五"时期，逐渐把审核要求细化，形成了审核组织开展工作机制层面的《环境统计数据审核办法》与非常详细的《环境统计数据审核细则》组合的数据质控体系的重要组成部分，且把审核细则中能够集成收入环境统计数据管理系统的全部内置嵌入系统，极大地提高了数据审核效率和审核成效。具体详见附录 12 "十一五"环境统计技术要求。

（5）"十二五"环境统计综合年报调查制度（2011—2015 年）

1）报表制度

2011 年，环境保护部制定了"十二五"环境统计报表制度，与"十一五"相比，主要有以下变化：①新增了农业污染源调查内容，细化了机动车污染调查统计，新增了生活垃圾处理厂（场）调查内容。②对于工业源，除继续保留火电行业报表外，新增了水泥、钢铁、造纸等重污染行业报表。③新增了废气中重金属产排情况、污染物产生量、生活源总磷、总氮等相关指标。④加强了工业源、集中式污染治理设施的台账指标和污染治理指标设置,细化了危险废物统计指标。⑤工业源重点调查对象的筛选和调整原则有所变化,工业源重点调查对象筛选的总体样本库由原来的排污申报登记数据库调整为第一次全国污染源普查数据库,且筛选和调整原则较"十一五"有所变化。⑥取消了医院污染调查。"十二五"环境统计综合年报报表包括一般工业企业污染排放及处理利用情况,火电企业污染排放及处理利用情况,水泥企业污染排放及处理利用情况,钢铁冶炼企业污染排放及处理利用情况,制浆及造纸企业污染排放及处理利用情况,工业企业污染防治投资情况,各地区农业污染排放及处理情况,规模化畜禽养殖场/小区污染排放及处理利用情况,各地区城镇生活污染排放及处理情况,各地区县(市、区、旗)城镇生活污染排放及处理情况,各地区机动车污染源基本情况,各地区机动车污染排放情况,污水处理厂运行情况,生活垃圾处理厂(场)运行情况,危险废物(医疗废物)集中处理(置)厂运行情况等 15 部分的内容。2015 年增加了工业锅炉的调查统计。具体报表及指标见附录 13"十二五"环境统计年报制度。

2)技术规定

"十二五"时期,环境统计技术规定相关的文件相对完善,开展环境统计工作所需的技术体系初步建立,每年的环境统计工作布置,除布置文件正文外,一般还包含以下附件:附件一为对当年执行的环境统计报表制度的说明;附件二为环境统计技术要求,按照不同的污染源类别(分为工业源、农业源、生活源、集中式污染治理设施、机动车等),从调查范围的确定、重点调查对象的筛选、调查方法、调查内容、污染物产生量排放量核算方法等方面给出详细的可操作性较强的规定;附件三为环境统计数据审核细则,按照不同的污染源类别(分为工业源、农业源、生活源、集中式污染治理设施、机动车等),从区域宏观层面、调查对象填报的基础表、通过软件生成的汇总表 3 个层面,立足数据填报的完整性、规范性、逻辑性、合理性和真实性 5 个方面,逐条列出审核细则,共计 1 000 多条。具体详见附录 13"十二五"环境统计技术要求。

(6)"十三五"环境统计综合年报调查制度(2016—2020 年)

1)报表制度

2016 年,环境保护部制定了"十三五"环境统计报表制度,与"十二五"相比,主要有以下变化:①新增了关于挥发性有机物(VOCs)产生、处理、排放情况的调查,所有工业生产过程中产生 VOCs 和使用有机溶剂过程中产生 VOCs 的企业均需填报 VOCs 相关指标。②细化了对污染治理设施的调查:废水、废气(包括脱硫、脱硝、除尘、脱 VOCs)治理设施均需按套进行详细填报。③取消了工业锅炉的调查。④依然保留火电、水泥、钢铁、造纸 4 个重点行业专表,但对指标利用率较低的台账指标进行了简化。"十三五"环境统计综合年报报表包括一般工业企业污染排放及处理利用情况,火电企业污染排放及处理利用情况，水泥企业污染排放及处理利用情况，钢铁冶炼企业污染排放及处理利用情况，制浆及造纸企业污染排放及处理利用情况，工业企业污染防治投资情况，各地区大型畜禽养殖场废弃物产生及处理利用情况，各地区生活污染排放及处理情况，各地区县（市、区、旗）生活污染排放及处理情况，各地区机动车污染排放情况，各地区城镇污水处理情况，各地区农村污水处理情况、各地区垃圾集中处置情况，各地区危险废物（医疗废物）集中处置情况，各地区"三同时"项目竣工验收和环保能力建设情况 15 部分的内容。

2）技术规定

"十三五"时期，基本沿用了"十二五"建立的技术体系模式，根据"十三五"环境统计报表制度对技术要求、审核细则等进一步修改完善。与"十三五"环境统计报表制度情况相似，且主要内容在本书第 3 章现行环境统计年报制度中有较多涉及，故未在附录中列出现行的"十三五"环境统计技术规定。

我国环境统计综合年报调查制度发展过程如图 2-1 所示，我国环境统计综合年报报表制度的主要内容见表 2-2。

2.3.3　专业年报调查制度的沿革

20 世纪 80 年代，为了及时、全面地掌握环保队伍本身的建设和发展情况，制定了环保系统人员和专业技术干部基本情况、环保系统所属建筑物情况、环保系统机动车（船）拥有情况、环保系统主要仪器和设备拥有情况 4 种表。

"九五"环境统计专业报表包括环境信访工作、环境保护档案工作、环境法制工作、环境保护机构、环境污染控制与管理、环境污染与破坏事故、建设项目环境影响评价和"三同时"执行、征收排污费、环境科技工作、环境宣传教育工作、自然保护工作 11 个方面的内容。

"十五"期间增加了 5 张表，包括环境污染治理投资情况、年度环保计划完成情况、"两控区"污染控制情况、生态功能保护区建设情况及农村面源污染治理情况。国家环保总局机关各部门负责本专业全国统计数据的审核把关工作，规划与财务司归口管理。

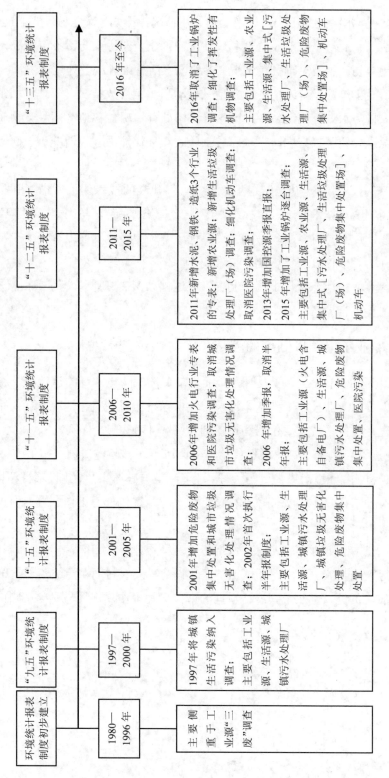

图 2-1 我国环境统计综合年报调查制度发展历程

表 2-2 环境统计综合年报报表制度的主要内容

年份	报表制度	统计范围及变化情况	报表内容
1981—1990		县级及县级以上的企业、事业单位	"三废"排放情况,现有企业、事业污染治理情况,主要工业城市环境污染状况,大中型工业企业环境保护基本情况
1991—1996		县级及县级以上有污染的工业企业	同上
1997—2000	"九五"环境统计报表制度	工业源:县级及县级以上有污染的工业企业,乡镇企业及其乡镇企业的非重点估算;城镇社会生活污染物排放纳入环境统计	工业企业污染排放及处理利用情况;工业企业污染治理项目建设情况;城市污水处理厂运行情况;生活污染及其他排放情况
2001—2005	"十五"环境统计报表制度	工业源:85%的重点调查工业企业和15%左右的非重点估算。生活源:城镇社会生活污染物排放;生活污染排放统计中扩大了危险废物集中处置情况的统计范围,细化了对城市污水处理状况的统计,增加了对社会城市垃圾无害化处理情况的统计调查(2003年取消了该部分内容)	工业企业污染排放及处理利用情况;废水、废气监测情况;工业企业污染治理项目建设情况;危险废物集中处置厂运行情况;城市污水处理厂运行情况;城市垃圾处理厂运行情况;生活污染及其他排放情况
2006—2010	"十一五"环境统计报表制度	工业源:85%的重点调查工业企业和15%左右的非重点估算;火电行业单列调查,并增加了对企业自备电厂的统计调查,增加了对医院污染物排放的统计调查。生活源:城镇社会生活污染物排放;取消了对城市垃圾处理场运行情况的统计调查;增加了对医院废水、医疗废物污染排放及处理利用情况统计	工业企业污染排放及处理利用情况;火电企业污染排放及处理利用情况;工业企业污染治理项目建设情况;危险废物集中处置厂运行情况;城市污水处理厂运行情况表;医院污染排放及处理利用情况;生活污染及其他排放情况
2011—2015	"十二五"环境统计报表制度	工业源:85%的重点调查工业企业和15%左右的非重点估算;除继续保留火电行业报表外,新增了水泥、钢铁、造纸等重污染行业报表。农业源:将农业源(种植、水产、畜禽养殖)纳入环境统计调查。生活源:城镇社会生活污染物排放;新增了生活垃圾处理厂(场)调查内容。将机动车从生活源中单列出来调查	一般工业企业污染排放及处理利用情况;火电企业污染排放及处理利用情况;水泥企业污染排放及处理利用情况;钢铁冶炼企业污染排放及处理利用情况;制浆及造纸企业污染排放及处理利用情况;工业企业污染防治投资情况;各地区农业污染排放及处理情况;规模化畜禽养殖场/小区污染排放及处理利用情况;各地区城镇生活污染排放及处理情况;各地区县(市、区、旗)城镇生活污染排放及处理情况;各地区机动车污染源基本情况;各地区机动车污染排放情况;污水处理厂运行情况;生活垃圾处理厂(场)运行情况;危险废物(医疗废物)集中处理(置)厂运行情况

年份	报表制度	统计范围及变化情况	报表内容
2016 年至今	"十三五"环境统计报表制度	工业源：85%的重点调查工业企业和15%左右的非重点估算；保留火电、水泥、钢铁、造纸重污染行业报表。农业源调查大型畜禽养殖场。生活源：生活污染物排放；集中式污染治理设施[污水处理厂，生活垃圾处理场，危险废物（医疗废物）集中处置场]；机动车	一般工业企业污染排放及处理利用情况，火电企业污染排放及处理利用情况，水泥企业污染排放及处理利用情况，钢铁冶炼企业污染排放及处理利用情况，制浆及造纸企业污染排放及处理利用情况，工业企业污染防治投资情况，各地区大型畜禽养殖场废弃物产生及处理利用情况，各地区生活污染排放及处理情况，各地区县（市、区、旗）生活污染排放及处理情况，各地区机动车污染排放情况，各地区城镇污水处理情况，各地区农村污水处理情况、各地区垃圾集中处置情况，各地区危险废物（医疗废物）集中处置情况，各地区"三同时"项目竣工验收和环保能力建设情况

注：同一时期各报表制度中具体指标中间有调整。

"十一五"期间增加了环保产业、环境宣教等专业报表，取消了绿色工程规划第二期、年度计划完成情况、污染治理投资情况、生态示范区建设主要情况、生态功能保护区名录等专业报表。对环境统计专业报表数据的上报方式进行了调整，采取由国家环保总局统一布置、各省级环保部门相关业务处（室）负责实施的方式进行；各专业报表数据由地方各级环保部门相关业务部门负责收集、汇总、审核后，报送上一级环保部门的相关业务部门，同时抄送同级环境统计部门，提高专业报表数据的及时性和准确性。新制度将报表的报告期调整为完整年度，即报告期为当年的1月至12月。

"十二五"期间将原有环境统计专业报表整合简化为环境管理内容，纳入环境统计报表制度，不再区分环境统计综合年报和专业年报。

"十三五"期间，原环境统计专业报表制度调整为环境管理统计报表制度，彻底与环境统计报表制度分开，作为一个独立的调查项目在国家统计局备案。

表 2-3　环境统计专业年报报表制度的发展历程

年份	报送方式	统计内容
1981—1996	环境统计主管部门归口管理	环保系统人员和专业技术干部基本情况、环保系统所属建筑物情况、环保系统机动车（船）拥有情况、环保系统主要仪器和设备拥有情况等
1997—2000		环境信访工作、环境保护档案工作、环境法制工作、环境保护机构、环境污染控制与管理、环境污染与破坏事故、建设项目环境影响评价和"三同时"执行、征收排污费、环境科技工作、环境宣传教育工作、自然保护工作

年份	报送方式	统计内容
2001—2005	环境统计主管部门归口管理	环境信访工作、环境保护档案工作、环境法制工作、环境保护机构、环境污染控制与管理、环境污染与破坏事故、建设项目环境影响评价和"三同时"执行、征收排污费、环境科技工作、环境宣传教育工作、自然保护工作基本情况、环境污染治理投资、年度环保计划完成情况、"两控区"污染控制、生态功能保护区建设及农村面源污染治理
2006—2010	各业务部门收集报送	环境保护人大建议、政协提案办理；环境保护档案工作；排污费使用；环境法制工作；环境保护机构和人员；环境保护机构明细表；环境科技工作；环境保护产业；环境监测工作；环境污染控制与管理；生态保护工作；自然保护区名录表；建设项目环境影响评价执行；建成项目竣工环保验收执行；排污费征收；环境行政处罚案件明细；环境监督执法及违法案件查处；污染源自动监控；排污申报核定；环境宣教
2011—2015	并入环境统计综合年报	环境管理共一张报表，内容含：环保机构、环境信访与法制、能力建设、污染控制、环境监测、自然生态保护、突发环境事件、环境宣传教育、污染源自动监控、排污费征收、环境影响评价、建设项目竣工环境保护验收等工作情况
2016 年至今	成为独立的环境管理统计报表制度	环境管理共 12 张表，分别为环保机构、环境信访、环境法制、环境科技标准、环境影响评价、环境监测、水污染防治、大气污染防治、自然生态保护与建设、辐射环境监测、环境监察执法和环境应急情况

2.3.4　季报调查制度沿革

按照国家环保总局《关于实施环境统计季报制度的通知》（环办函〔2006〕543 号）要求，从 2006 年第三季度开始，对环境质量、环境信访、建设项目管理、突发环境事件、排污收费管理情况以及国家重点监控企业污染物排放量实行季报制度。2007 年开始统一将季报制度纳入环境统计报表制度和环境统计专业报表制度。2008 年增加了国家重点监控企业季报直报，即每个季度结束后 5 个工作日以内，市级环保局直接将企业报表通过邮箱报送环保部，而不经过省级环保局，但是省级环保局在每个季度结束后 15 个工作日以内还需通过邮箱上报。

2011 年开始实施"十二五"环境统计报表制度，不再对专业报表部分进行季报，在原有国控企业的基础上，增加了火力发电、水泥制造、钢铁冶炼、纸浆造纸等重污染行业和污水处理厂的季报。报送方式改为企业通过季报直报系统直接报送环保部。由于该业务系统的开发、上报流程管理较为复杂，经过两年多的探索，于 2013 年第四季度正式开始实施，2018 年国控重点工业企业改为重点排污单位。环境统计季报报表制度的发展历程见表2-4。

表 2-4　环境统计季报报表制度的发展历程

年份	统计内容
2006	国控重点工业企业主要污染物排放； 环境信访、建设项目管理、环境污染与破坏事故、环境质量和排污收费
2007—2010	国控重点企业工业企业主要污染物排放； 环境信访、建设项目管理、审批项目污染物排放总量、"三同时"验收、突发环境事件、排污收费
2013 年至今	国控重点工业企业、火力发电企业、水泥制造企业、钢铁冶炼企业、制浆造纸企业污染排放及处理利用情况、污水处理厂污染排放及处理利用情况
2018 年至今	重点排污单位污染排放及处理利用情况

第 3 章

环境统计年报制度

3.1 环境统计年报报表

"十三五"环境统计年报报表分为基层报表和综合报表，基层报表由调查对象进行填写，综合报表一般是由基层报表的结果汇总形成，但由地区环境管理部门根据其他部门统计信息采用整体估算的调查填写综合报表，如生活源和移动源调查表。

"十三五"环境统计年报表包括基表 10 张，汇总表 18 张（表 3-1）。其中，全国各类源污染物排放总量汇总表 1 张；工业源基表 6 张，汇总表 8 张；农业源基表 1 张，汇总表 1 张；集中式治理设施基表 3 张，汇总表 4 张；生活源、机动车和环境管理没有基表，只有汇总表，分别有 2 张、1 张和 1 张。

表 3-1 环境统计年报报表目录

表号	表名	填报范围	报送单位
（一）综合年报表			
综 100 表	各地区污染物排放总量	县级及以上各级行政区	各地区环境保护厅（局）
综 101 表	各地区工业污染排放及处理利用情况	县级及以上各级行政区	各地区环境保护厅（局）
综 102 表	各地区重点调查工业污染排放及处理利用情况	县级及以上各级行政区	各地区环境保护厅（局）
综 103 表	各地区火电行业污染排放及处理利用情况	县级及以上各级行政区	各地区环境保护厅（局）
综 104 表	各地区水泥行业污染排放及处理利用情况	县级及以上各级行政区	各地区环境保护厅（局）
综 105 表	各地区钢铁冶炼行业污染排放及处理利用情况	县级及以上各级行政区	各地区环境保护厅（局）
综 106 表	各地区制浆及造纸行业污染排放及处理利用情况	县级及以上各级行政区	各地区环境保护厅（局）

表号	表名	填报范围	报送单位
综 107 表	各地区工业企业污染防治投资情况	县级及以上各级行政区	各地区环境保护厅（局）
综 108 表	各地区非重点调查工业污染排放及处理利用情况	县级及以上各级行政区	各地区环境保护厅（局）
综 201 表	各地区大型畜禽养殖场废弃物产生及处理利用情况	县级及以上各级行政区	各地区环境保护厅（局）
综 301 表	各地区城镇生活污染排放及处理情况	市级及以上各级行政区	各地区环境保护厅（局）
综 302 表	各地区县（市、区、旗）城镇生活污染排放及处理情况	市级行政区	各地区环境保护厅（局）
综 401 表	各地区机动车污染源基本情况	市级及以上各级行政区	各地区环境保护厅（局）
综 501 表	各地区城镇污水处理情况	县级及以上各级行政区	各地区环境保护厅（局）
综 502 表	各地区农村污水处理情况	县级及以上各级行政区	各地区环境保护厅（局）
综 503 表	各地区垃圾处理情况	县级及以上各级行政区	各地区环境保护厅（局）
综 504 表	各地区危险废物（医疗废物）集中处置情况	县级及以上各级行政区	各地区环境保护厅（局）
综 601 表	各地区环境管理情况	县级及以上各级行政区	各地区环境保护厅（局）
（二）基层年报表			
基 101 表	工业企业污染排放及处理利用情况	辖区内有污染物排放的重点调查工业企业	重点调查工业企业
基 102 表	火电企业污染排放及处理利用情况	辖区内行业代码为 4411 的所有在役火电厂、热电联产企业及工业企业的自备电厂	火电厂、热电联产企业及有自备电厂的工业企业
基 103 表	水泥企业污染排放及处理利用情况	辖区内行业代码为 3011 有熟料生产工序的水泥企业	水泥企业
基 104 表	钢铁冶炼企业污染排放及处理利用情况	辖区内有烧结/球团、炼焦、炼钢、炼铁等其中任一工序的钢铁企业	钢铁冶炼企业
基 105 表	制浆及造纸企业污染排放及处理利用情况	辖区内行业中类代码为 221 和 222 的制浆、造纸企业	制浆、造纸企业
基 106 表	工业企业污染防治投资情况	辖区内重点调查对象中调查年度内有污染治理投资项目、工程的企业	有污染治理投资项目、工程的重点调查企业
基 201 表	规模化畜禽养殖场/小区污染排放及处理利用情况	辖区内规模化畜禽养殖场和养殖小区	规模化畜禽养殖场/小区
基 501 表	污水处理厂运行情况	辖区内城镇污水处理厂及污水集中处理装置	城镇污水处理厂及污水集中处理装置
基 502 表	生活垃圾处理厂（场）运行情况	辖区内生活垃圾处理厂（场）	生活垃圾处理厂（场）
基 503 表	危险废物（医疗废物）集中处理（置）厂运行情况	辖区内危险废物（医疗废物）集中处理（置）厂	危险废物（医疗废物）集中处理（置）厂

3.1.1　工业源统计表

"十三五"环境统计工业源报表由工业企业通用报表和重点行业明细表构成，包括工业企业污染排放及处理利用情况、火电企业污染排放及处理利用情况、水泥企业污染排放及处理利用情况、钢铁企业污染排放及处理利用情况、造纸企业污染排放及处理利用情况、工业企业污染防治投资情况 6 张基层报表。

一般工业企业填报通用表，火电企业、水泥企业、钢铁企业和造纸企业还需分别填报相应的重点行业明细表。

综表是对基表调查结果的汇总。考虑到工业企业只对重点调查单位进行发表调查，非重点调查单位未进行填表调查，对非重点调查单位采用整体估算的形式填报，设计了各地区非重点调查工业污染排放及处理利用情况。工业源统计报表体系框架见图 3-1。

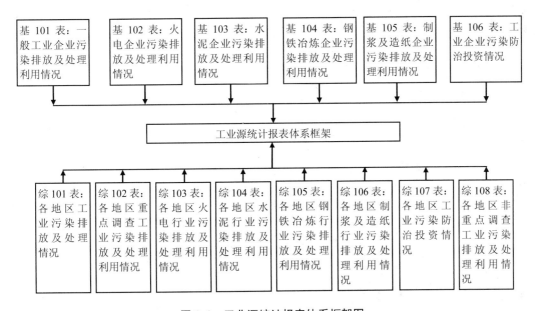

图 3-1　工业源统计报表体系框架图

3.1.2　农业源统计表

农业源统计报表包括"大型畜禽养殖场废弃物产生及处理利用情况" 1 张基表和"各地区大型畜禽养殖场废弃物产生及处理利用情况" 1 张综表。农业源统计指标体系框架见图 3-2。

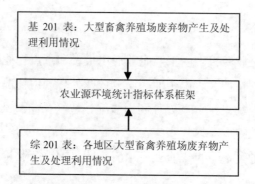

图 3-2   农业源统计指标体系框架图

3.1.3   生活源统计表

生活源主要污染物产生和排放统计调查根据用水和用能情况，采取总体估算的方式进行，包括"各地区生活污染排放及处理情况""各地区县（市、区、旗）生活污染排放及处理情况"2 张综表。生活源统计指标体系框架见图 3-3。

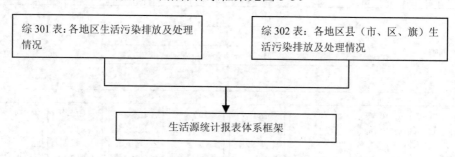

图 3-3   生活源统计指标体系框架图

3.1.4   机动车统计表

机动车统计只有"各地区机动车污染排放情况"1 张综合报表，共 9 个调查指标。机动车统计指标体系框架见图 3-4。

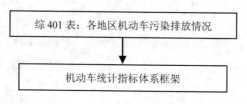

图 3-4   机动车统计指标体系框架图

3.1.5 集中式污染治理设施统计表

集中式污染治理设施统计表包括污水处理厂、垃圾处理厂（场）、危险废物（医疗废物）处置厂 3 个部分，其中污水处理厂统计表 3 张，包括"城镇污水处理厂运行情况"1 张基表、"各地区城镇污水处理情况"1 张综表和"各地区农村污水处理情况"1 张综表；垃圾处理厂（场）统计表 2 张，包括"生活垃圾处理厂（场）运行情况"1 张基表和"各地区垃圾处理情况"1 张综表；危险废物（医疗废物）处置厂统计表 2 张，包括"危险废物（医疗废物）集中处置厂运行情况"1 张基表和"各地区危险废物（医疗废物）处理情况"1 张综表。集中式污染治理设施统计报表体系框架见图 3-5。

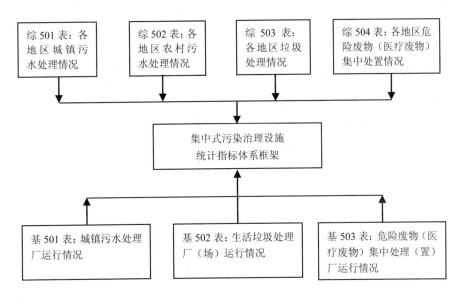

图 3-5 集中式污染治理设施统计报表体系框架图

3.1.6 环境管理统计表

环境管理统计表只有"各地区环境管理情况"1 张综合报表，只统计调查各地区建设项目竣工验收情况和环境保护能力建设情况。

3.2 调查范围、对象与内容

环境统计根据调查对象（污染源）的特点，规定了相应的调查范围、调查方式和调查内容。

3.2.1 工业污染源

（1）调查范围及对象

工业源调查范围为《国民经济行业分类》（GB/T 4754—2017）中采矿业，制造业，电力、热力、燃气及水生产和供应业 3 个门类中 41 个行业的全部工业企业（不含军队企业），即行业代码前两位 06～46 的，包括经各级工商行政管理部门核准登记，领取营业执照的各类工业企业以及未经有关部门批准但实际从事工业生产经营活动、有或可能有污染物产生的工业企业。

根据调查方式将工业污染源调查对象划分为重点调查工业源和非重点调查工业源。

重点调查工业污染源一般是指主要污染物排放量占地市辖区范围内全年工业源排放总量85%以上的工业企业，如果符合以下其中任何 1 项条件的也纳入重点调查工业污染源的范围。

①废水、化学需氧量、氨氮、二氧化硫、氮氧化物、烟尘、粉尘排放量按单因子降序排列占地市 85%排放量的工业企业；或废水、化学需氧量、氨氮、二氧化硫、氮氧化物、烟尘、粉尘产生量按单因子降序排列占地市 65%产生量的工业企业。

②有废水或废气重金属（砷、镉、铅、汞、六价铬或总铬）产生的工业企业。

③一般工业固体废物产生量 10 000 吨及以上的工业企业。

④有危险废物产生的工业企业。

⑤各地市级行政单位若有个别区县无重点调查企业，地市级环保部门可根据当地情况适当补充重点调查工业企业。

非重点污染源是指除重点调查工业污染源以外的所有污染源。

（2）调查内容

1）重点调查工业源的调查内容

①工业企业的基本情况

a. 概况　包括单位名称、代码、位置信息、联系方式、企业规模、登记注册类型（企业性质）、行业分类等。

b. 主要原辅材料和产品　包括名称及消耗量。

c. 用能和用水情况　包括主要能源种类、消耗量以及含硫量和灰分等，用水和排水情况。

②污染治理和污染物排放情况：

a. 污染治理设施　包括污水治理设施和废气治理设施的数量、设计能力、运行费用及排放去向等。

b. 主要污染物产生量和排放量　包括废水和废气中主要污染物的产生、排放情况；一般工业固体废物和危险废物的产生、利用、处置、贮存及倾倒丢弃情况。

- 废水主要污染物　包括化学需氧量、氨氮、总氮、总磷、石油类、挥发酚、氰化物、砷、铅、镉、汞、总铬、六价铬。
- 废气主要污染物　包括二氧化硫、氮氧化物、烟（粉）尘、挥发性有机物（VOCs）、砷、铅、镉、汞、总铬、六价铬。
- 一般工业固体废物种类　包括冶炼废渣、粉煤灰、炉渣、煤矸石、尾矿、赤泥、磷石膏、脱硫设施产生的石膏、企业废水处理设施产生的污泥及其他工业固体废物。
- 危险废物种类　包括按照《国家危险废物名录》（2016 版）分类。

2）非重点调查工业源的调查内容

以污染物排放调查为主，包括工业废水、工业废气和工业固体废物，以及涉及废水、废气和固体废物排放有关的指标，主要内容包括：

①能源、用水、排水情况。

②废水、废气中主要污染物的产生和排放情况，以及一般工业固体废物的产生、利用、处置、贮存及倾倒丢弃情况。

a. 废水主要污染物　包括化学需氧量、氨氮、总氮、总磷。

b. 废气主要污染物　包括二氧化硫、氮氧化物、烟（粉）尘、挥发性有机物（VOCs）。

3.2.2　农业污染源

（1）调查范围和对象

农业污染源调查范围为大型畜禽养殖场，以舍饲、半舍饲规模化的生猪、奶牛、肉牛、蛋鸡和肉鸡 5 种畜禽养殖单元为调查对象。

大型畜禽养殖场规模为：生猪≥5 000 头（出栏）；奶牛≥500 头（存栏）；肉牛≥1 000 头（出栏）；蛋鸡≥15 万羽（存栏）；肉鸡≥30 万羽（出栏）。

（2）调查内容

农业污染源调查内容包括以下范围。

①大型畜禽养殖场的基本情况、畜禽养殖种类、饲养量、饲料使用量、固肥和液肥产生和利用量、利用方式等。

②主要污染物的产生和排放情况，包括化学需氧量、氨氮、总氮和总磷。

3.2.3　城镇生活污染源

（1）调查范围和对象

城镇生活源是统计调查对象为《国民经济行业分类》（GB/T 4754—2017）中的第三产业以及居民生活污染源，即住宿业与餐饮业、居民服务和其他服务业、医院和独立燃烧设施以及城镇居民生活污染源。调查范围包括城区和镇区。

城区是指在市辖区和不设区的市、区、市政府驻地的实际建设连接到的居民委员会和其他区域。镇区是指在城区以外的县人民政府驻地和其他镇,政府驻地的实际建设连接到的居民委员会和其他区域。与政府驻地的实际建设不连接,且常住人口在 3 000 人以上的独立的工矿区、开发区、科研单位、大专院校等特殊区域及农场、林场的场部驻地视为镇区。

实际建设是指已建成或在建的公共设施、居住设施和其他设施。

生活源的基本调查单位为地(市、州、盟),其所属的县(区)以及镇区数据包含在所在地(市、州、盟)数据中。

(2)调查内容

调查内容包括基本情况和生活污染物排放情况两部分。

1)基本情况

包括城镇人口、生活能源和生活用水消费情况。

①生活能源　包括生活煤炭和天然气消费量,煤炭包括平均硫分、平均灰分。

②生活用水　包括居民家庭用水量和公共服务用水量。

2)污染物产生与排放情况

包括生活污水排放情况及其污染物种类和排放量,生活能源消耗过程中排放的废气及其污染物种类及排放量,不包括固体废物(垃圾)和医疗废物的产排放情况。

①废水污染物调查种类　包括生活污水量、化学需氧量、氨氮、总氮、总磷、油类(含动植物油)。

②废气污染物调查种类　包括废气排放量、二氧化硫、氮氧化物、烟尘和挥发性有机物(VOCs)。

3.2.4　机动车

(1)调查范围和对象

基本调查单位为直辖市、地区(市、州、盟)、省直辖县级行政区。

调查对象包括载客汽车、载货汽车、低速汽车和摩托车,不包括轮船、飞机等其他形式的交通设施和设备。低速汽车包括三轮汽车和低速货车。

(2)调查内容

调查内容包括不同车型的保有量和污染物排放量。

机动车尾气排放的污染物主要调查总颗粒物、氮氧化物、一氧化碳、碳氢化合物。

3.2.5　集中式治理设施

(1)调查范围和对象

集中式污染治理设施的调查对象包括污水处理厂、垃圾处理厂(场)、危险废物(医疗废物）集中处理厂。

1）污水处理厂

包括城镇生活污水处理厂、工业废（污）水集中处理厂、农村污水处理厂和其他污水处理设施。

2）垃圾处理厂（场）

包括垃圾填埋场、垃圾焚烧厂、垃圾焚烧发电厂、垃圾堆肥场、水泥窑协同处置（垃圾）厂以及其他方式处理的垃圾处理厂。垃圾焚烧发电厂和水泥窑协同处置垃圾的企业同时纳入工业源调查，产生和排放的污染物量填入工业源调查表，集中式调查表只填写基本信息及垃圾处理的相关信息，污染物排放量不需填报，以避免重复统计。

3）危险废物（医疗废物）集中处理厂

包括危险废物集中处置厂、医疗废物集中处置厂和其他协同处置危险废物的企业。协同处置危险废物的企业，同时纳入工业源调查，产生和排放的污染物填写入工业源调查表中，但仍需填写"危险废物处理（置）厂"表中企业基本信息和处理（置）信息，污染物排放量不填，以避免重复统计。

报告年度及以前投入运行、试运行的集中式污染治理设施，不论是否通过验收，均纳入调查。报告年度内关停的污水处理厂、危险废物处理（置）场及封场的生活垃圾填埋厂（场）均纳入调查。

（2）调查内容

集中式污染治理设施调查内容主要有以下几个方面。

1）基本信息

包括单位名称、统一社会信用代码（或组织机构代码）、位置信息、联系方式、企业的性质和规模等。

2）台账指标

包括能源消耗、固体废物产生、处置和综合利用等情况。

3）污染治理设施建设与运行情况

包括治理设施的类型、处理工艺（方式）、设计处理能力及实际处理量、运行费用等。

4）污染的排放情况

包括废水、废气和固体废物的排放情况。

污水处理厂主要调查污水量、污染物排放量以及污泥的产生量和排放量，同时对污水和污泥的再利用情况也进行调查。

垃圾处理厂调查内容依据不同的处理工艺，调查重点不同。垃圾填埋厂以调查渗滤液污染物为主，而垃圾焚烧厂以调查废气污染物和焚烧残渣为主。

危险废物处理（置）厂按处置方式分为填埋和焚烧，调查的内容重点也有区别，以填埋方式处置的，调查重点为废水；以焚烧方式处置的，调查重点为废气和固体废物（焚烧残渣及飞灰）。

废水污染物种类　包括化学需氧量、氨氮、总氮、总磷、石油类、挥发酚、总铬、六价铬、汞、镉、铅、砷、氰化物等。

废气污染物种类　包括废气中烟尘、二氧化硫、氮氧化物、铅、汞、镉。

固体废物种类　包括污水处理设施产生的污泥，废物焚烧残渣和焚烧飞灰等。

3.2.6　环境管理

（1）调查范围和对象

环境管理调查范围是环保系统内相关业务部门管理工作和环保系统自身建设等方面情况。调查对象为各级环保部门。

（2）调查内容

1）建设项目竣工环境保护验收情况

调查内容包括当年完成验收的建设项目数、环保投资和新增设施处理能力。

2）环境保护能力建设投资情况

包括分级分源污染治理投资情况。调查国家、省级、地市级和县（区）级环境保护资金来源以及本级资金在水、大气、固体废物、噪声和土壤污染等方面的使用情况。

3.3　工作流程

3.3.1　调查方式

环境统计报表制度由生态环境部统一制定，经国家统计局批准后下发，各级生态环境部门组织实施。

各级生态环境部门首先根据相关技术规定确定重点调查单位，包括工业源、大型畜禽养殖厂、集中式污染治理设施。重点调查单位逐家发表调查，按照重点调查单位→县级环保部门→地市级环保部门→省级环保部门→生态环境部的工作流程逐级上报、审核。

工业源非重点调查单位污染物产排量采用整体核算或产排污系数测算的方式进行调查。

同时，地市级环保部门根据统计、城建、公安等有关部门提供的数据填报工业源非重点、生活源、机动车报表，并逐级上报、审核。各部分的调查方式如下。

（1）工业污染源

工业源采取对重点调查工业企业逐个发表调查，对非重点调查工业企业实行整体核算相结合的方式调查。工业污染排放总量即为重点调查企业与区域非重点调查企业排放量的加和。

（2）农业污染源

农业污染源只调查大型畜禽养殖场，对调查对象逐户发表调查，污染物排放总量实际为大型畜禽养殖场的排放量，即为调查表之和。

（3）生活污染源

城镇生活源以市级行政区为基本调查单位，污染物产生量依据有关部门的统计数据和产生系数进行测算，排放量为产生量扣减集中式污水处理厂生活污染物的去除量。

（4）机动车

机动车以市级行政区为基本调查单位，污染物排放量依据有关部门的统计数据和排放系数进行测算。

（5）集中式污染治理设施

集中式污染治理设施采取对调查对象逐个发表调查。污染物排放量即为调查对象排放量加和。污水处理厂的排放量已在生活源排放量中考虑，集中式污染治理设施的排放量实际为垃圾处理厂和危险废物（医疗废物）集中处理厂排放量之和。

（6）环境管理

环境管理指标由各级环保系统的相关业务管理部门负责数据填报和审核，同级环境统计业务主管部门负责数据收集、汇总和逐级上报。

3.3.2　工作流程

环境统计年报为年度统计，报告期为每年的 1 月至 12 月。各地使用生态环境部统一下发的软件填报，通过环境统计业务系统逐级上报审核（详见本书第 8 章）。各省生态环境厅（局）按生态环境部要求的时间节点将本省上一年度的环境统计数据库资料通过环保专网上报生态环境部，同时文本资料通过邮寄方式报送生态环境部。

环境统计工作流程见图 3-6。

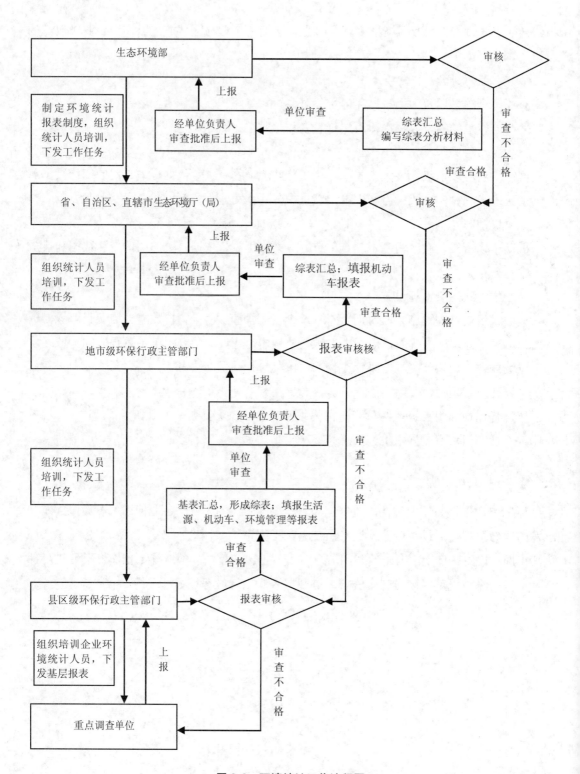

图 3-6 环境统计工作流程图

第 4 章

环境统计季报直报制度

4.1 概念及特点

4.1.1 概念

环境统计直报是指调查对象通过网络直接报送环境统计数据，地市、省、国家三级环保部门通过网络在线逐级完成数据审核和汇总工作的环境统计调查方式。目前我国环境统计直报工作以季度为报送周期，因此也称环境统计季报直报。

2013 年 9 月，环境保护部下发《关于开展国家重点监控企业环境统计数据直报工作的通知》（环办〔2013〕91 号），标志着环境统计季报直报制度在全国范围内开始试运行。

环境统计季报直报的调查对象是国控工业企业和污水处理厂，依据每年国家环境保护部发布的《国家重点监控企业名单》确定调查范围。调查周期为每季度一次，调查和报送方式是调查单位通过网络直接向生态环境部报送环境统计数据，地市、省、国家三级环保部门通过网络在线进行数据审核和汇总，最终确定全国环境统计季报直报数据库。

4.1.2 特点

基于以上概念，环境统计季报直报具有以下特点。

（1）改革了环境统计调查方式

统计直报方式首次实现了环境统计工作的全过程网络化，取代了传统的企业手工填报纸质报表、区县环保部门录入数据库过程，也将县、地市、省、国家四级环保部门逐级审核变为统计直报中企业通过网络直接报送数据，地市、省、国家三级环保部门线上逐级开展审核过程。网络直报的调查方式的优点：一是简化了数据审核环节，直报过程通过细化数据审核细则和加强审核功能，简化了传统的审核过程，同时提高了数据的时效性；二是减轻了地方环保部门数据录入压力，同时借助直报业务系统实现对大量统计数据的高效处理，报送、汇总、反馈等过程都可以批量操作，将统计人员从烦琐的数据分析、处理中解脱出来，提高了统计工作效率；三是实现了数据的全网共享，环境保护部各级部门和相关单位均可以在企业报送的第一时间掌握第一手数据，不存在数据调度问题，使统计数据的应用更加广泛和便利。

（2）实现了企业统计数据的全过程管理

网络填报数据的一个优势就是形成了企业的数据历史，包括企业数据填报中的解释备注信息、环保部门审核过程、企业数据打回原因、数据修改历史等在内的数据上报全过程信息均保留网络痕迹。通过网络痕迹不仅能够引导、督促企业及时填报和整改数据，监督环保部门在数据审核过程中的履职情况，同时还可以通过企业数据历史的回溯，为企业和环保部门全面掌握企业数据情况提供了参考信息。

4.2 季报直报报表制度

4.2.1 季报直报指标

环境统计季报直报制度是环境统计制度的重要组成部分，在指标体系、指标解释、指标核算方法的设计方面与年报制度保持一致，但有别于年报制度。季报直报指标为在环境统计年报指标范围内，按照体现数据时效性、围绕污染物总量减排重点工作、以国家重点监控企业为调查对象的调查需要 3 个原则，对年报指标进行筛选确定的。

目前，环境统计季报直报指标共有 251 项，包括工业企业指标 215 项，污水处理厂指标 36 项。

（1）工业企业指标项主要包括工业企业基本信息、生产情况、主要原辅材料用量、能耗水耗情况、主要产品生产情况、各类污染物产生排放情况等，以及针对火电、钢铁、水泥、造纸 4 个重污染行业分生产线的基本信息、产品产量、原辅材料用量、污染治理设施信息及运行情况、主要污染物产生排放情况等明细指标。

（2）污水处理厂指标项主要包括污水处理厂基本信息、运营情况、污泥产生处置情况、主要污染物削减情况。

4.2.2 季报直报报表

环境统计季报直报报表根据调查对象的不同，设计了 6 张综表、6 张基表（表 4-1）。其中工业企业基表 5 张，综表 5 张；污水处理厂基表 1 张，综表 1 张。6 张基表对应有 6 张综表。

表 4-1　环境统计季报直报报表目录

表号	表名	填报范围	报送单位
（一）综合季报表			
季综 S1 表	各地区工业污染排放及处理利用情况	市级及以上各级行政区	各地区环境保护厅（局）
季综 S2 表	各地区火电发电行业污染排放及处理利用情况	市级及以上各级行政区	各地区环境保护厅（局）
季综 S3 表	各地区水泥制造行业污染排放及处理利用情况	市级及以上各级行政区	各地区环境保护厅（局）
季综 S4 表	各地区钢铁冶炼行业污染排放及处理利用情况	市级及以上各级行政区	各地区环境保护厅（局）
季综 S5 表	各地区制浆造纸行业污染排放及处理利用情况	市级及以上各级行政区	各地区环境保护厅（局）
季综 S6 表	各地区污水处理厂运行情况	市级及以上各级行政区	各地区环境保护厅（局）
（二）基层季报表			
季 S1 表	工业企业污染排放及处理利用情况	辖区内国家重点监控企业及火力发电、钢铁冶炼、水泥制造、制浆造纸及纸制品企业	国家重点监控企业
季 S2 表	火电企业污染排放及处理利用情况	辖区内行业代码为 4411 的所有在役火电厂、热电联产企业及工业企业的自备电厂、垃圾和生物质焚烧发电厂	火电厂、热电联产企业、有自备电厂的工业企业及垃圾和生物质焚烧发电厂
季 S3 表	水泥企业污染排放及处理利用情况	辖区内行业代码为 3011 有熟料生产工序的水泥企业	水泥企业
季 S4 表	钢铁冶炼企业污染排放及处理利用情况	辖区内有烧结、球团任一工序的钢铁企业	钢铁冶炼企业
季 S5 表	制浆及造纸企业污染排放及处理利用情况	辖区内行业中类代码为 221 和 222 的制浆、造纸企业	制浆、造纸企业
季 S6 表	污水处理厂运行情况	辖区内城镇污水处理厂及污水集中处理装置	城镇污水处理厂及污水集中处理装置

（1）工业企业报表

季报直报工业企业调查针对全部国家重点监控工业，同时对火力发电、水泥制造、钢铁冶炼、纸浆造纸等污染减排重点行业企业进行详细调查，因此在报表的设计上延续了年报工业表的"母子表"的形式，对火电、钢铁、水泥、造纸重污染行业单独制表，细化了企业各生产线的明细台账、污染治理设施运行、主要污染物产生排放等指标。

工业企业报表包括工业企业污染排放及处理利用情况、火力发电企业污染排放及处理利用情况、水泥制造企业污染排放及处理利用情况、钢铁冶炼企业污染排放及处理利用情况、制浆造纸企业污染排放及处理利用情况 5 张基表和各地区工业企业污染排放及处理利用情况、各地区火力发电企业污染排放及处理利用情况、各地区水泥制造企业污染排放及处理利用情况、各地区钢铁冶炼企业污染排放及处理利用情况、各地区制浆造纸企业污染排放及处理利用情况 5 张综表。

（2）污水处理厂报表

污水处理厂报表包括"污水处理厂运行情况"1 张基表和"各地区城市污水处理情况"1 张综表。

4.3 季报直报调查对象、范围及内容

4.3.1 调查对象和范围

季报直报的调查对象包括国家重点监控企业中的所有废水、废气企业和污水处理厂，以及各地区的省级、市级重点监控企业。其中，国家重点监控企业是季报直报的"必报"对象，调查对象名单依据生态环境部每年发布的《国家重点监控企业名单》确定；省级、市级重点监控企业为季报直报的"选报"对象，由各省级、市级环保部门根据地区环境管理的需要，为了加强地区污染源监督管理，而自行确定通过季报直报软件系统进行报送，国家不对省控、市控企业报送过程监管。

4.3.2 调查内容

（1）工业企业

工业企业的调查内容包括：

①调查范围内所有工业企业的基本情况、主要产品生产情况、主要原辅材料用量、资源消耗量、废水和废气污染物的产生排放情况。

②火力发电企业补充调查主要产品产量、火电机组的基本情况、分机组的生产运营情况、废气污染物产生排放情况、污染治理设施运行情况。

③水泥制造企业补充调查主要产品产量、水泥窑的基本情况、分水泥窑的生产运营情况、废气污染物产生排放情况、污染治理设施运行情况。

④钢铁冶炼企业补充调查主要产品产量、烧结机和球团设备的基本情况、分设备的生产运营情况、废气污染物产生排放情况、污染治理设施运行情况。

⑤制浆造纸企业补充调查主要产品产量、各生产线的运行情况、分生产线的废水污染物产生情况。

（2）污水处理厂

污水处理厂的调查内容包括污水处理厂的基本情况、污水处理厂运营情况和主要污染物削减情况。

4.3.3　报表填报要求

环境统计季报直报综合报表由各地区的基层报表数据汇总生成，基层报表由调查对象自行填报，根据调查对象的企业性质、重点行业属性等不同，其填报要求如下。

（1）所有工业企业

纳入季报直报调查范围的所有工业企业均需填报"工业企业污染排放及处理利用情况"。

（2）火力发电企业

在役火电厂、热电联产企业（国民经济行业分类代码为 4411），包括工业企业自备电厂、垃圾和生物质焚烧发电厂（不含余热发电厂），需同时填报"工业企业污染排放及处理利用情况"和"火力发电企业污染排放及处理利用情况"。

（3）水泥制造企业

包含或仅有熟料生产的水泥企业（行业代码为 3011），需同时填报"工业企业污染排放及处理利用情况""水泥制造企业污染排放及处理利用情况"；如果含有自备电厂还需填报"火力发电企业污染排放及处理利用情况"。

（4）钢铁冶炼企业

含有烧结、球团等一种或多种工序的钢铁冶炼企业需同时填报"工业企业污染排放及处理利用情况""钢铁冶炼企业污染排放及处理利用情况"；如果含有自备电厂还需填报"火力发电企业污染排放及处理利用情况"。

（5）制浆造纸企业

具有制浆或造纸（抄纸）工艺的造纸及纸制品企业（中类行业代码为 221 或 222 的），需同时填报"工业企业污染排放及处理利用情况""制浆造纸企业污染排放及处理利用情况"；如果含有自备电厂的企业还需填报"火力发电企业污染排放及处理利用情况"。

（6）污水处理厂

纳入季报直报调查范围的所有污水处理厂需填报"污水处理厂污染排放及处理利用情况"。

4.4　季报直报工作流程

4.4.1　报送方式和时间

季报直报数据的报送和审核过程由于全部在网络上进行，同时对数据上报的时效性要求较高，因此在工作流程上有严格的程序和阶段要求。季报直报工作流程按时间大致分为2个阶段，即工作准备阶段和实质报送阶段。

①工作准备阶段包括直报系统环境准备、环保部门登录账户管理、调查单位名录库创建与更新和调查单位登录账户管理4个过程，主要内容是完成直报系统软硬件和网路环境的基本配备、实现环保部门和调查单位的账户分配和首次登录，为数据填报做准备。工作准备阶段在每个季度最后一个月25日之前完成，其后开展实质报送阶段。

②实质报送阶段包括调查单位数据填报和环保部门数据逐级审核验收两个过程，是季报直报过程的核心过程。

（1）调查单位数据填报

每个季度最后一个月26日起至下个月第8个工作日，调查单位通过网络登录直报业务系统，进行数据填写和报送。调查单位通过在线填表或离线填表在线上传的方式完成数据填写，并进行数据报送。为了强化企业源头数据质量，在企业数据报送至环保部门前，直报业务系统根据内置审核细则对数据进行审核。企业须按照审核结果修正数据，符合审核规则要求后，才能完成数据提交。

（2）环保部门数据审核验收

企业数据提交到环保部门后，地市、省、国家三级环保部门通过网络访问直报业务系统，在规定的时间内，在线对企业填报的报表进行审核、验收，并将存在问题的数据报表退回至企业进行修正，审核通过后逐级上报，直至通过国家级数据验收。企业数据提交到环保部门后严格按照地市级、省级、国家级的先后次序进行审核，各级环保部门的审核时间均有要求，其中地市级审核为调查单位数据填报阶段结束的6个工作日，省级审核为地市级审核阶段结束后的4个工作日，国家级审核省级审核阶段结束的4个工作日。在国家级审核和验收完成后，最终确定该季度直报数据库。季报直报报送审核工作流程见图4-1。

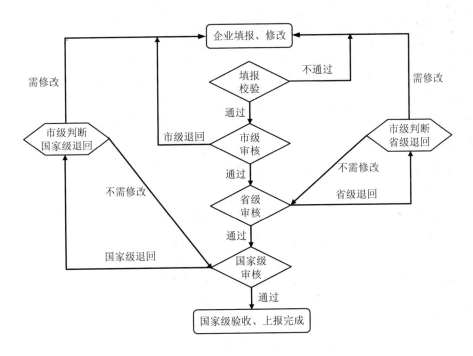

图 4-1　季报直报报送审核工作流程图

4.4.2　直报业务系统

环境统计季报直报制度依托于"国家重点监控企业环境统计直报"业务系统（以下简称"直报业务系统"）实现了季报直报数据从企业到地市、省、国家各级环保部门的数据传递和自上而下的信息反馈功能。直报业务系统软件包括以下功能模块：数据采集、数据审核、查询分析、数据汇总、数据输出、系统管理等。

（1）系统首页

系统首页对企业用户实现报送、催报和退回信息的提醒，对环保用户实现催报以及辖区内企业报送情况的查询功能。

（2）数据采集

数据采集功能实现数据填报以及填报电子表格的导入功能，并实现对采集数据的逻辑验证和提交。

（3）数据审核

数据审核功能实现对企业报表数据的完整性、规范性、合理性、逻辑关系校验等审核过程，并可对审核不通过的数据进行退回处理。

（4）查询分析

查询功能实现对企业基表数据、综表数据的按各类别查询、自定义查询，统计分析功能实现对直报数据跨季度、跨年度的对比分析。

（5）数据汇总

数据汇总实现对基表数据的综合汇总、专项汇总、自定义汇总，并生成各类综合季报表、汇总表。

（6）数据输出

数据输出功能实现根据用户多重选择范围，实现多季度、多年度的基表或综表输出功能。

（7）系统管理

系统管理功能实现对直报调查对象名录库的创建、更新、状态设置，实现对环保部门账户的建立和管理，以及对数据审核规则的管理。直报业务系统功能结构见图4-2。

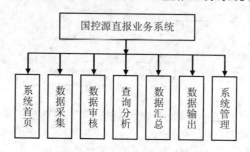

图4-2 直报业务系统功能结构图

为了实现季报直报工作全过程，直报业务系统与环境统计年报业务系统在设计方面有很大的不同，主要体现以下几个特点。

①网络化的工作流程设计优化和实现。实现了基于网络的企业数据报送、各级环保部门审核、企业数据反馈和重新上报的工作全过程。

②系统信息安全性。季报直报全过程网络化，对系统的信息安全要求非常高。硬件方面，系统依托环保专网设计，按安全等级保护三级要求设计，能够满足信息安全需求，对企业由互联网接入环保专网设计了 CA 安全认证。软件方面，系统通过用户身份鉴别、应用安全防范、用户行为日志等方面进行安全控制。

③系统的灵活性和可扩展性。系统采用组件化的开发模式，保证各功能模块的低耦合度，使系统各个功能模块既相互独立，又可以适应不同的个性化需求灵活配置；既满足国家统一要求，又允许地方根据自身需求增设调查指标、审核规则、统计汇总方式等。

④数据质量全过程控制。通过保留企业数据修改备注内容、细化审核细则、强制执行数据审核过程、保留数据审核反馈网络痕迹等方式，系统对直报数据采集、审核、反馈、统计汇总及存储入库等整个数据生命周期实现全过程质量控制。

4.5　季报直报数据质量控制

季报直报数据报送和审核过程全部基于网络实现，数据实效性高、报送流程短，对数据质量控制的要求也比以往有所提高。季报直报数据质量控制过程主要通过企业填报源头控制、强化从各级数据审核、事后数据核查制度等手段实现。

4.5.1　企业填报源头控制

企业填报源头控制的主要目标是通过数据采集模块内置的审核规则，在企业数据提交至环保部门之前，首先对数据进行审核。审核细则按照内容分为数据规范性、逻辑性、合理性审核，按照审核强度分为强制型、备注型和提示型规则。企业须按照审核要求修正数据，需完全符合强制型规则、基本符合备注型规则（不符合时需填写备注说明），才能完成数据提交。国家级季报直报数据审核部门通过不断修正和增删数据审核规则，不断强化对企业数据的源头把关。

4.5.2　环保部门数据审核

环保部门数据审核过程是直报工作流程的关键步骤，为了更好地通过环保部门数据审核过程达到数据质量控制目的，直报业务系统在设计时设置了数据审核过程强制执行、细化审核细则、保留各级环保用户审核意见、保留数据退回反馈网络痕迹等功能点，强化对各级环保部门审核过程的监督管理，达到数据质量控制的最终目标。

4.5.3　数据核查

季报直报数据质量控制的另一手段是建立了数据核查机制，分为现场检查和档案资料管理。

（1）现场检查

现场检查是指环保部门组织环境统计、总量控制、环境监察和环境监测等相关部门，结合污染减排核查、污染源日常监督检查等相关工作，深入季报直报调查企业现场，通过查阅企业台账、调研问询等方式核实企业填报数据真实性，并建立核查档案，同时作为季报直报数据审核的依据。其中，地市级环保部门对直报调查范围内企业的现场核查抽查率每年不低于30%，省级环保部门对直报调查范围企业的现场核查抽查率每年不低于10%，同时应监督检查地市级现场核查工作完成情况。

（2）档案资料管理

省级和地市级环保部门负责本级直报调查单位的档案资料管理，应建立完善的档案资料管理制度，并按照要求保存统计档案资料。

第 5 章

环境统计主要指标解释

5.1 调查对象基本情况指标

> 指标内容：企业固有信息，是企业特有的标识。
>
> 数据来源：工商管理部门企业注册信息、企业所在地信息、环境保护部门相关信息。
>
> 指标特点：易获取，唯一性。
>
> 常见问题：不严格按照相关证书编写，年度间未保持一致。

5.1.1 统一社会信用代码、组织机构代码

统一社会信用代码是一组长度为 18 位的用于法人和其他组织身份识别的代码。依据《法人和其他组织统一社会信用代码编码规则》（GB 32100—2015）编制，由登记管理部门负责在法人和其他组织注册登记时发放统一代码。统一社会信用代码用 18 位的阿拉伯数字或大写英文字母表示，由登记管理部门代码（1 位）、机构类别代码（1 位）、登记管理机关行政区划码（6 位）、主体标识码（组织机构代码，9 位）和校验码（1 位）5 个部分组成。

组织机构代码指根据中华人民共和国国家标准《全国组织机构代码编制规则》（GB 11714—1997），由组织机构代码登记主管部门给每个企业、事业单位、机关、社会团体和民办非企业单位颁发的在全国范围内唯一的、始终不变的法定代码。组织机构代码均由 8 位无属性的数字和一位校验码组成。填写时，要按照技术监督部门颁发的《中华人民共和国组织机构代码证》上的代码填写。

对于大型联合企业（或集团）在同一县级行政区内的所属下级单位，凡有法人资格、符合独立核算法人工业企业条件的，填写企业的法人代码外，还应在括号内方格中填写下级单位代码，系两位码，按照 01～10 的顺序编码。

已填报统一社会信用代码的，不必再填报组织机构代码。若企业尚未申领统一社会信用代码，则填报组织机构代码。没有统一社会信用代码和组织机构代码的，需自行编制调查对象识别码，并将调查对象识别码填入统一社会信用代码指标内。

调查对象识别码按照以下规则编码。

调查对象识别码共计 18 位，代码结构为：

□ □ □ □ □ □ □ □ □ □ □ □ □ □ □ □ □ □
01 02 03 04 05 06 07 08 09 10 11 12 13 14 15 16 17 18

第 01 位，为调查对象类别识别码，用大写英文字母标识，G-工业企业和产业活动单位，X-规模畜禽养殖场，J-集中式污染治理设施。

第 02 位，为调查对象机构类别识别码，用大写英文字母标识，见表 5-1。

表 5-1　调查对象机构类别识别码标识

机构类别	代码标识	机构类别	代码标识
机关	A	个体工商户	F
事业单位	B	农民专业合作社	G
社会团体	C	居委会、居民小区	H
民办非企业单位	D	村委会	K
企业	E	其他	L

第 03～14 位，为 12 位的统计用区划代码。

第 15～18 位，为调查对象顺序识别码，由地方普查机构按照顺序进行编码。

5.1.2　单位名称

按经工商行政管理部门核准，进行法人登记的名称填写，在填写时应使用规范化汉字全称，即与企业（单位）公章所使用的名称一致。二级单位须同时用括号注明二级单位的名称。如企业名称变更（含当年变更），应同时填上变更前的名称（曾用名）。

凡经登记主管机关核准或批准具有两个或两个以上名称的单位，要求填写法人名称，同时用括号注明其余的名称。

5.1.3　法定代表人

法定代表人姓名，是根据章程或有关文件代表本单位行使职权的签字人，企业法定代表人按企业法人营业执照填写。

5.1.4　行政区划代码

行政区划代码由 6 位数码组成，代表单位所在省（自治区、直辖市）和区县，详见《中华人民共和国行政区划代码》（GB/T 2260—2007）。企业要根据详细地址对照代码表填写在方格内。

5.1.5　企业地理位置

填写本企业地理位置的经、纬度。以企业办公地点位置或企业正门位置替代。

5.1.6　登记注册类型

以工商行政管理部门对企业登记注册的类型为依据，将企业登记注册类型分为以下几种，具体见表 5-2。

表 5-2　企业登记注册类型

代码	企业登记注册类型	代码	企业登记注册类型	代码	企业登记注册类型
100	内资企业	159	其他有限责任公司	230	港、澳、台商独资企业
110	国有企业	160	股份有限公司	240	港、澳、台商投资股份有限公司
120	集体企业	170	私营企业	290	其他港、澳、台商投资企业
130	股份合作企业	171	私营独资企业	300	外商投资企业
140	联营企业	172	私营合伙企业	310	中外合资经营企业
141	国有联营企业	173	私营有限责任公司	320	中外合作经营企业
142	集体联营企业	174	私营股份有限公司	330	外资企业
143	国有与集体联营企业	190	其他企业	340	外商投资股份有限公司
149	其他联营企业	200	港、澳、台商投资企业	390	其他外商投资企业
150	有限责任公司	210	合资经营企业（港或澳、台资）		
151	国有独资公司	220	合作经营企业（港或澳、台资）		

5.1.7　企业规模

指按企业从业人员数、营业收入两项指标为划分依据。划分规模按国家统计局制定的《统计大中小微型企业划分办法（2017）》确定，划分标准见表 5-3。大中小型企业须同时满足所列指标的下限，否则下划一档；微型企业只需满足所列指标中的一项即可。

表 5-3　统计上大中小微型企业划分标准

行业名称	指标名称	计算单位	大型	中型	小型	微型
工业	从业人员（X）	人	$X \geq 1\ 000$	$300 \leq X < 1\ 000$	$20 \leq X < 300$	$X < 20$
	营业收入（Y）	万元	$Y \geq 40\ 000$	$2\ 000 \leq Y < 40\ 000$	$300 \leq Y < 2\ 000$	$Y < 300$

5.1.8　行业类别

指根据其从事的社会经济活动性质对各类单位进行分类。一个企业属于哪一个工业行业，是按正常生产情况下生产的主要产品的性质（一般按在工业总产值中占比重较大的产品及重要产品）把整个企业划入某一工业行业小类内。企业对照《国民经济行业分类》（GB/T 4754—2017）填写行业小类代码。

5.1.9　开业时间

指企业向工商行政管理部门进行登记、领取法人营业执照的时间。1949 年以前成立的企业填写最早开工年月；合并或兼并企业，按合并前主要企业领取营业执照的时间（或最早开业时间）填写；分立企业按分立后各自领取法人营业执照的时间填写。

5.1.10　所在流域

指企业所在的水体流域的名称（如××沟、××河、××港、××江、××塘、××海等）。其中，流域编码由 10 位数码组成，前 8 位是全国环境系统河流代码，详见《环境信息标准化手册（第 2 卷）》（中国标准出版社出版）；海域代码分别是：1-渤海，2-黄海，3-东海，4-南海。

各地如有本编码未编入的小河流需统计使用，可由省（自治区、直辖市）环保部门按照本编码的编码方法在相应的空码上继续编排，并可扩展至第 9～10 位，如无扩编码应在 9、10 位格内补"0"。

5.1.11　排水去向类型

按"排放去向代码表"进行填写，具体包括：A-直接进入海域；B-直接进入江河湖、库等水环境；C-进入城市下水道（再入江河、湖、库）；D-进入城市下水道（再入沿海海域）；E-进入城市污水处理厂；F-直接进入污灌农田；G-进入地渗或蒸发地；H-进入其他单位（非集中式污水处理厂）；L-进入工业废水集中处理厂；K-其他。

如果企业有多个排口且排水去向同时存在排入污水处理厂（包括 E、L、H）和排入环境（包括 A、B、C、D、F、G、K），排入污水处理厂（包括 E、L、H）的填写排入污水处理厂的名称和代码；其余的填写排水量最大的排水去向类型和代码。

5.1.12　排入的污水处理厂

企业排放废水进入的集中式污水处理厂名称及其组织机构代码。

①需要注意的问题。企业排放的工业废水经由地下管网进入的污水处理厂，此污水处理厂应在基 501 表中，基 101 表中填报的污水处理厂的名称（应填法定全名）和法人代码应与基 501 表中一致。

②数据获取方式。若不确定污水排入哪个污水处理厂，可咨询当地环保部门，也可查询周边污水处理厂的集水区域范围，由企业所在区域确定。

③常见问题。缺报，或基 101 表与基 501 表填报的名称和法人代码不一致。

5.1.13　受纳水体

填报企业废水直接排入水体的名称（如××沟、××河、××港、××江、××塘、××海等）。各单位必须将排入的水体按照统一给定的编码填报。其中，流域编码由 10 位数码组成，前 8 位是全国环境系统河流代码，详见《环境信息标准化手册》（第 2 卷）（中国标准出版社出版）；海域代码分别是：1-渤海，2-黄海，3-东海，4-南海。排入市政管网的则填最终排入的水体代码。

各地如有本编码未编入的小河流需统计使用，可由省、自治区、直辖市环保部门按照本编码的编码方法在相应的空码上继续编排，并可扩展至第 9～10 位，如无扩编码应在第 9、第 10 位格内补"0"。

5.2　调查对象台账指标

> 指标内容：企业调查年度实际生产、用水、耗能情况。
>
> 数据来源：生产报表、财务报表、能耗表、煤质检验单、水费单等企业台账资料。
>
> 指标特点：可直接获取，基本不需计算。
>
> 常见问题：乱编乱填；单位易出错；与实际情况严重失真；平移往年数据等。

5.2.1　用水情况指标

取水量

指调查年度企业厂区内用于工业生产活动的水量中从外部取水的量。根据《工业企业产品取水定额编制通则》（GB/T 18220—2002），工业生产的取水量，包括取自地表水（以净水厂供水计量）、地下水、城镇供水工程，以及企业从市场购得的其他水（如其他企业回用水量）或水的产品（如蒸汽、热水、地热水等），不包括企业自取的海水和苦咸水等以及企业为外供给市场的水的产品（如蒸汽、热水、地热水等）而取用的水量，也不包括对天然水、污水、海水，以及雨水、微咸水等类似水进行收集、处理后作为产品供应和利用而取用的水量。

工业生产活动用水包括主要工业生产用水、辅助生产（包括机修、运输、空压站等）用水。厂区附属生活用水（厂内绿化、职工食堂、浴室、保健站、生活区居民家庭用水、企业附属幼儿园、学校、游泳池等的用水量）如果单独计量且生活污水不与工业废水混排的水量不计入取水量。

①需要注意的问题。取水量涉及收费的一般有计量，误差应不大；取用地下水的水量，由于无计量装置，数据易产生误差。

②数据获取方式。取水量查阅用水表或水费单，对没有计算装置的自取地下水，只能估算。

③常见问题。单位出错，或无计量装置，估算值偏差较大。

对火电企业：根据《取水定额　第 1 部分：火力发电》（GB/T 18916.1—2002）和《节水型企业　火力发电行业》（GB/T 26925—2011），火电企业取水量包括取自地表水（以净水厂供水计量）、地下水、城镇供水工程，以及企业从市场购得的其他水或水的产品（如蒸汽、热水、地热水等），不包括企业自取的海水和苦咸水等以及企业为外供给市场的水产品（如蒸汽、热水、地热水等）而取用的水量。采用直流冷却系统的电厂取水量不包括从江、河、湖等水体取水用于凝汽器冷却的水量；电厂从直流冷却水（不包括海水）系统中取水用做其他用途，则该部分应计入电厂取水范围。直流冷却系统指从江、河、湖、海等水体取水，使用后向同一水体排水的冷却水系统，循环冷却系统指带冷却塔的循环水系统。

对钢铁企业：根据《取水定额　第 2 部分：钢铁联合企业》（GB/T 18916.2—2002）取自企业自建或合建的取水设施、地区或城镇供水工程、发电厂尾水以及企业外购水量。不包括企业自取的海水、苦咸水和企业排出厂区的废水回用水。

5.2.2　能源消耗情况指标

（1）煤炭消耗量

指调查年度企业所用煤炭的总消耗量。注意：洗煤量不能计入煤炭消耗量。

（2）燃料煤消耗量

指调查年度企业厂区内用作燃料的煤炭消耗量（实物量），包括企业厂区内生产、生活用燃料煤，也包括砖瓦、石灰等产品生产用的内燃煤，不包括在生产工艺中用作原料并能转换成新的产品实体的煤炭消耗量（如转换为水泥、焦炭、煤气、碳素、活性炭、氮肥的煤炭）。

（3）燃料油消耗量（不含车船用）

指调查年度企业用作燃料的原油、汽油、柴油、煤油等各种油料总消耗量，不包括车船交通用油量。

（4）焦炭消耗量

指调查年度企业消耗的焦炭总量。

（5）天然气消耗量

指调查年度企业用作燃料的天然气消耗量。

（6）其他燃料消耗量

指调查年度企业除煤炭、燃油、天然气等以外，用作燃料的其他燃料消耗量。其他燃料应根据当地的折标系数折算为标准煤后统一填报。具体折标系数见表5-4。

数据获取方式：查阅企业能耗台账。

表5-4　各类能源的参考折标系数

能源种类		折标系数	能源种类		折标系数
原煤		0.714 3	煤焦油		1.142 9
洗精煤		0.900 0	粗苯		1.428 6
其他洗煤	洗中煤	0.285 7	原油		1.428 6
	煤泥	0.285 7～0.428 6	汽油		1.471 4
型煤		0.5～0.7	煤油		1.471 4
焦炭		0.971 4	柴油		1.457 1
焦炉煤气		0.571 4～0.614 3 kg 标准煤/m³	燃料油		1.428 6
高炉煤气		0.128 6 kg 标准煤/m³	热力		0.034 12 kg 标准煤/百万 kJ 0.142 86 kg 标准煤/1 000 kcal
天然气		1.330 0 kg 标准煤/m³	电力		0.122 9 kg 标准煤/（kW·h）
液化天然气		1.757 2	生物质能	大豆秆、棉花秆	0.543
液化石油气		1.714 3		稻秆	0.429
炼厂干气		1.571 4		麦秆	0.500
其他煤气	发生炉煤气	0.178 6 kg 标准煤/m³		玉米秆	0.529
	重油催化裂解煤气	0.657 1 kg 标准煤/m³		杂草	0.471
	重油热裂解煤气	1.214 3 kg 标准煤/m³		树叶	0.500
	焦炭制气	0.557 1 kg 标准煤/m³		薪柴	0.571
	压力气化煤气	0.514 3 kg 标准煤/m³		沼气	0.714 kg 标准煤/m³
	水煤气	0.357 1 kg 标准煤/m³		—	—

注：除表中标注单位的能源外，其余能源折标系数单位均为：kg 标准煤/kg。

各地的能源折标系数由当地环保部门协调统计部门提供。调查对象也可根据燃料品质分析报告，自行折标填报。

5.2.3　生产设施情况指标

（1）工业锅炉数

指调查年度企业厂区内用于生产和生活的大于 1 蒸吨（含 1 蒸吨）的蒸汽锅炉、热水锅炉总台数和总蒸吨数，包括燃煤、燃油、燃气和燃电的锅炉，不包括茶炉。

（2）工业炉窑数

指调查年度企业生产用的炉窑总数，如炼铁高炉、炼钢炉、冲天炉、烘干炉窑、锻造加热炉、水泥窑、石灰窑等。

5.2.4　原辅材料和产品情况指标

（1）主要原辅材料用量

指调查年度企业在生产过程中使用的主要原材料和辅助材料。根据调查对象主要产品和产生污染物的主要工艺，按《产排污系数手册》中所列的原辅材料，填报 3 种原辅材料的规范名称、计量单位、实际使用量，可在规范名称后括号补充常用俗名，同类原料的计量单位应保持统一。

（2）主要产品生产情况

指调查年度企业生产的符合产品质量要求的实物生产情况。产品品种只限于正式投产的产品，不包括试制新产品、科研产品以及正式投产以前试生产的产品。应填写在生产过程中与污染物产生密切相关的 3 种产品或中间产品的规范名称、计量单位及实际产量，可在规范名称后括号补充常用俗名，计量单位尽量选用标准计量单位，如重量单位选"吨"。

①需要注意的问题。产品名称和单位尽量选用标准。如重量单位统一用"吨"、面积单位统一用"平方米"、体积单位统一用"立方米"、设备单位统一用"件"及其他。

②数据获取方式。查阅企业生产台账。

③常见问题。指标填报混乱，产品和单位尚无统一标准，同样一种产品单位五花八门，如产品纸的单位，有吨、万吨、千克、箱、批等，用于推算产品产排污系数时难度较大，基本不可用。

④解决办法。可参照生态环境部第二次全国污染源普查工作办公室普查报表制度附录（四）工业行业污染核算用主要产品、原料、生产工艺分类目录中对应的计量单位填报。

5.2.5　畜禽养殖情况指标

（1）养殖种类

填写养殖场/小区养殖的品种，分为生猪、奶牛、肉牛、蛋鸡、肉鸡。

（2）饲养量

指被调查对象当年饲养的畜禽（奶牛、蛋鸡）年末存栏数量，或调查对象当年畜禽（生猪、肉牛、肉鸡）出栏总数。

（3）清粪/养殖方式

填写相应养殖品种的清粪/养殖方式。

①干清粪工艺。畜禽排放的粪便通过机械或人工收集、清除，尿液、残余粪便及冲洗水从排污道排出的清粪方式。

②水冲粪工艺。畜禽排放的粪、尿和冲洗水混合进入粪沟，粪水沿排污沟或管道流入粪便主干沟后排出的清粪方式。

③水泡粪工艺。在畜禽舍内的排粪沟中注入一定量的水，将粪、尿、冲洗和饲养管理用水一并排放至粪沟中，贮存一定时间、待粪沟填满后，经粪便主干沟排出的清粪方式。

④垫草垫料养殖。利用有机垫料建成发酵床，猪粪尿经添加的微生物菌发酵，分解和转化后达到无臭、无味、无害化目的的养殖方式。

需要注意的问题：干清粪（年降雨量大于 500 mm 的地区无雨污分流的不算干清粪）、水冲粪（年降雨量大于 500 mm 的地区雨污不分流的干清粪方式认定为水冲粪方式）和垫草垫料（包括普通垫草垫料和生物发酵床养殖两种）。调查对象根据养殖活动生产中所采用清粪方式，填写各种清粪方式所占的比例（3 种方式之和为 100%）。

根据养殖场实际情况填报，人工干清粪是指畜禽粪便和尿液一经产生便分流，干粪由人工的方式收集、清扫、运走，尿及冲洗水则从下水道流出；机械干清粪是指畜禽粪便和尿液一经产生便分流，干粪利用专用的机械设备收集和运走，尿及冲洗水则从下水道流出；垫草垫料是指稻壳、木屑、作物秸秆或者其他原料以一定厚度平铺在畜禽养殖舍地面，畜禽在其上面生长、生活的养殖方式；高床养殖是指动物以及动物粪便不与垫草垫料直接接触，饲养过程动物粪便落在垫草垫料上，通过垫草垫料对动物粪尿进行吸收进一步处理；水冲粪是指畜禽粪尿污水混合进入缝隙地板下的粪沟，每天一次或数次放水冲洗圈舍的清粪方式，冲洗后的粪水一般顺粪沟流入粪便主干沟，进入地下贮粪池或用泵抽吸到地面贮粪池；水泡粪是指畜禽舍的排粪沟中注入一定量的水，粪尿、冲洗和饲养管理用水一并排放缝隙地板下的粪沟中，储存一定时间后，待粪沟装满后，打开出口的闸门，将沟中粪水排出。

5.3　污染物产排量指标

> 指标内容：企业废水、废气污染物及固体废物产生排放等情况。
>
> 数据来源：企业排污许可证、环评报告、监测数据（监督性监测、在线监测、企业自测等）、产排污系数。
>
> 指标特点：不可直接获取，需通过核算得出。
>
> 常见问题：随意填报或核算方法选择错误，为了避免这种情况，"十三五"环境统计业务系统开发了核算模块，企业填报核算所需参数，系统统一核算。

5.3.1　工业废水及污染物指标

（1）工业废水排放量

指调查年度内经过企业厂区所有排放口排到企业外部的工业废水量。包括生产废水、外排的直接冷却水、废气治理设施废水、超标排放的矿井地下水和与工业废水混排的厂区生活污水，不包括独立外排的间接冷却水（清浊不分流的间接冷却水应计算在内）。

直接冷却水：在生产过程中，为满足工艺过程需要，使产品或半成品冷却所用与之直接接触的冷却水（包括调温、调湿使用的直流喷雾水）。

间接冷却水：在工业生产过程中，为保证生产设备能在正常温度下工作，用来吸收或转移生产设备的多余热量，所使用的冷却水（此冷却用水与被冷却介质之间由热交换器壁或设备隔开）。

直接排入环境的：废水经过工厂的排污口或经过下水道直接排入环境中，包括排入海、河流、湖泊、水库、蒸发地、渗坑以及农田等。对应的排水去向代码为 A、B、C、D、F、G、K。

排入污水处理厂的：企业产生的废水直接或间接经市政管网排入污水处理厂的废水量，包括排入城镇污水处理厂、集中工业废水处理厂以及其他单位的污水处理设施的废水量。对应的排水去向代码为 E、L、H。

①数据获取方式。可以通过监测法、水平衡、排放系数法（吨产品工业废水排放量）来获取。

②数据范围。工业废水排放量除采矿业等行业外，原则上应小于取水量。一般来说，工业废水排放量一般是取水量的 60%～90%，饮料制造业、药品制剂业等将新鲜用水作为主要原料的行业，比例偏低。

③数据审核。可用各行业标准对废水排放量进行审核。

④常见问题。煤炭开采企业将采矿过程中排放的达标水全部视为工业废水排放量；由于缺乏有效的计量措施，填报随意性较大。

（2）工业废水中污染物产生量

指调查年度调查对象生产过程中产生的未经过处理的废水中所含的化学需氧量、氨氮、总氮、总磷、石油类、挥发酚、氰化物等污染物和砷、铅、汞、镉、六价铬、总铬等重金属本身的纯质量。它可采用产排污系数根据生产的产品产量或原辅料用量计算求得，也可以通过工业废水产生量和其中污染物的浓度相乘求得，计算公式如下。

污染物产生量（纯质量）＝ 工业废水产生量×废水处理设施入口污染物的平均浓度
（无处理设施可使用排口浓度）

计算砷、铅、汞、镉、六价铬、总铬等重金属污染物时，上述计算公式中"工业废水产生量"为产生重金属废水的车间年实际产生的废水量；"废水处理设施入口污染物的平均浓度"为该车间废水处理设施入口的年实际加权平均浓度，如没有设施则为车间排口的年实际加权平均浓度。

为便于理解，对各种废水污染物做以下说明：

汞：一种有毒的银白色一价和二价重金属元素，它是常温下唯一的液体金属，游离存在于自然界并存在于辰砂、甘汞及其他几种矿中。常用焙烧辰砂和冷凝汞蒸气的方法制取汞，它主要用于科学仪器（电学仪器、控制设备、温度计、气压计）及汞锅炉、汞泵及汞气灯中[mercury]——元素符号 Hg，通称"水银"。

镉：一种锡白色可延展的有毒二价金属元素，能高度磨光，当受弯曲时会发出破裂声。产于硫镉矿，也以少量含于锌矿石中，可作为副产品提取。主要为保护铁板、钢板做电镀及制造金属轴承之用[cadmium]——元素符号 Cd。

六价铬：铬是广泛存在于环境中的一种元素，是人体的一种必需微量元素。铬的化合物有二价、三价和六价 3 种，六价铬及其化合物都溶于水，毒性也最强，三价铬和二价铬毒性都很小。

砷：砷元素属于类金属，元素砷不溶于水和酸，几乎没有毒性，若暴露于空气中，极易被氧化成剧毒的三氧化二砷。常见的砷化合物有三氧化二砷（砒霜）、二硫化二砷（雄黄）、三硫化二砷（雌黄）、三氯化砷等。砷在自然界中多以化合物的形态存在于铅、铜、银、锑及铁等金属矿中，空气、水、土壤及动植物体内一般含量很少，不引起危害。但个别水源含砷量很高，长期饮用可引起慢性砷中毒。

挥发酚：酚类化合物是芳烃的含羟基衍生物，根据其挥发性分挥发性酚和不挥发性酚。自然界中存在的酚类化合物大部分是植物生命活动的结果，植物体内所含的酚称内源性酚，其余称外源性酚。酚类化合物都具有特殊的芳香气味，均呈弱酸性，在环境中易被氧化。酚类化合物的毒性以苯酚为最大，通常含酚废水中又以苯酚和甲酚的含量最高。目前环境监测常以苯酚和甲酚等挥发性酚作为污染指标。

氰化物：氰化物是含有氰基（—CN）的一类化合物的总称分简单氰化物、氰络合物和有机氰化物 3 种，简单氰化物最常见的是氰化氢、氰化钠和氰化钾，均易溶于水，进入人体后易解离出氰基，对人体有剧毒。

化学需氧量（COD）：用化学氧化剂氧化水中有机污染物时所需的氧量。COD 值越高，表示水中有机污染物污染越重。

氨氮：水中以游离氨（NH_3）和铵离子（NH_4^+）形式存在的氮。动物性有机物的含氮量一般较植物性有机物高。同时，人畜粪便中含氮有机物很不稳定，容易分解成氨。因此，水中氨氮含量增高时指以氨或铵离子形式存在的化合氨。

（3）工业废水中污染物排放量

工业源废水污染物排放量为最终排入外环境的量，是指调查年度企业排放到外环境的工业废水中所含化学需氧量、氨氮、总氮、总磷、石油类、挥发酚、氰化物等污染物和砷、铅、汞、镉、六价铬等重金属本身的纯质量。它可采用产排污系数根据生产的产品产量或原辅料用量计算求得，也可以通过工业废水排放量和其中污染物的浓度相乘求得，计算公式如下。

污染物排放量（纯质量）＝工业废水排放量×排放口污染物的平均浓度

①企业排出的工业废水经城镇污水处理厂或工业废水处理厂集中处理的，计算化学需氧量、氨氮、总氮、总磷、石油类、挥发酚、氰化物等污染物时，上述计算公式中"排放口污染物的平均浓度"即为污水处理厂排放口的年实际加权平均浓度（如果厂界排放浓度低于污水处理厂的排放浓度，以污水处理厂的排放浓度为准）。

②计算砷、铅、汞、镉、六价铬等重金属污染物时，上述计算公式中"工业废水排放量"为车间排放口的年实际废水量，"排放口污染物的平均浓度"为车间排放口的年实际加权平均浓度。

需要注意的问题：排水去向类型为 E（进入城市污水处理厂）、H（进入其他单位）和 L（工业废水集中处理厂）的重点调查单位，其废水污染物排放量为经污水处理厂（或其他单位）处理、削减后的排放量。废水污染物排放量可通过工业企业的废水排放量与污水处理厂（或其他单位）平均出口浓度计算得出；若无污水处理厂（或其他单位）出口浓度监测数据，则根据实际情况选用其他方法进行核算。

对于排水去向类型为 E（进入城市污水处理厂）的企业，不考虑城镇污水处理厂对其重金属的削减，其重金属（砷、镉、铅、汞、铬）排放量一律按企业车间（或车间处理设施）排口的排放量核算、填报。

排水去向类型为 L（工业废水集中处理厂）和 H（进入其他单位）的企业，根据接纳其废水的单位废水处理设施是否具有去除重金属的工艺，确定重金属排放量核算方法：若接纳其废水的工业废水集中处理厂（或其他单位）废水处理设施具有去除重金属的工艺，则按接纳其废水的工业废水集中处理厂（或其他单位）出口废水重金属浓度及接纳废水量核算排放量；若接纳其废水的工业废水集中处理厂（或其他单位）废水处理设施无去除重金属的工艺，则该企业重金属排放量按车间（或车间处理设施）排口的排放量核算。

5.3.2　工业废气及污染物指标

（1）工业废气排放量

指调查年度企业厂区内排入空气中含有污染物的气体的总量，以标准状态（273 K，101 325 Pa）计。

（2）二氧化硫产生量

指调查年度企业生产过程中产生的未经过处理的废气中所含的二氧化硫总质量。

（3）二氧化硫排放量

指调查年度企业在燃料燃烧和生产工艺过程中排入大气的二氧化硫总质量。工业中二氧化硫主要来源于化石燃料（煤、石油等）的燃烧，还包括含硫矿石的冶炼或含硫酸、磷肥等生产的工业废气排放。

（4）氮氧化物产生量

指调查年度企业生产过程中产生的未经过处理的废气中所含的氮氧化物总质量。

（5）氮氧化物排放量

指调查年度企业在燃料燃烧和生产工艺过程中排入大气的氮氧化物总质量。

（6）烟（粉）尘产生量

烟尘是指通过燃烧煤、石煤、柴油、木柴、天然气等产生的烟气中的尘粒。通过有组织排放的，俗称烟道尘；工业粉尘指在生产工艺过程中排放的能在空气中悬浮一定时间的固体颗粒，如钢铁企业耐火材料粉尘、焦化企业的筛焦系统粉尘、烧结机的粉尘、石灰窑的粉尘、建材企业的水泥粉尘等。烟（粉）尘产生量指调查年度企业生产过程中产生的未经过处理的废气中所含的烟尘总质量及工业粉尘总质量之和。

（7）烟（粉）尘排放量

指调查年度企业在燃料燃烧和生产工艺过程中排入大气的烟尘总质量及工业粉尘总质量之和。烟尘或工业粉尘排放量可以通过除尘系统的排风量和除尘设备出口烟尘浓度相乘求得。

（8）挥发性有机物产生量

指调查年度企业生产过程中产生的未经过处理的废气中所含的挥发性有机物（VOCs）总质量。主要包括石油炼制与石油化工、煤炭加工与转化等含 VOCs 原料的生产行业，油类（燃油、溶剂等）储存、运输和销售过程，涂料、油墨、胶黏剂、农药等以 VOCs 为原料的生产行业，涂装、印刷、黏合、工业清洗等含 VOCs 产品的使用过程。

（9）挥发性有机物排放量

指调查年度企业在燃料燃烧和生产工艺过程中排入大气的挥发性有机物总质量。

核算方法：生产工艺过程中 VOCs 产排量主要采用产排污系数进行计算，溶剂使用过程中 VOCs 产排量采用物料衡算法进行计算。

（10）废气重金属产生量

指调查年度企业生产过程中产生的未经过处理的废气中分别所含的砷、铅、汞、镉、铬及其化合物的总质量（以元素计）。

（11）废气重金属排放量

指调查年度企业在燃料燃烧和生产工艺过程中分别排入大气的砷、铅、汞、镉、铬及其化合物的总质量（以元素计）。

核算方法：可采用下发的产排污系数法进行计算；在监督性监测中有检出浓度的企业应按相应公式进行核算固体废物。

5.3.3　一般工业固体废物指标

（1）一般工业固体废物产生量

指调查年度全年企业实际产生的一般固体废物的量。

1）一般固体废物

未被列入《国家危险废物名录》（2016 版）或者根据《危险废物鉴别标准》（GB 5085）、《固体废物浸出毒性浸出方法》（GB 5086）及《固体废物浸出毒性测定方法》（GB/T 15555）鉴别方法判定不具有危险特性的工业固体废物（表 5-5）。

表 5-5　一般工业固体废物分类明细

代码	名称	代码	名称
SW01	冶炼废渣	SW07	污泥
SW02	粉煤灰	SW08	放射性废物
SW03	炉渣	SW09	赤泥
SW04	煤矸石	SW10	磷石膏
SW05	尾矿	SW99	其他废物
SW06	脱硫石膏		

根据其性质分为两种：

①第 Ⅰ 类一般工业固体废物。按照 GB 5086 规定方法进行浸出试验而获得的浸出液中，任何一种污染物的浓度均未超过 GB 8978 最高允放排放浓度，且 pH 值在 6～9 之内的一般工业固体废物。

②第Ⅱ类一般工业固体废物。按照 GB 5086 规定方法进行浸出试验而获得的浸出液中，有一种或一种以上的污染物浓度超过 GB 8978 最高允许排放浓度，或者是 pH 值在 6～9 之外的一般工业固体废物。

不包括矿山开采的剥离废石和掘进废石（煤矸石和呈酸性或碱性的废石除外）。酸性或碱性废石是指采掘的废石其流经水、雨淋水的 pH 值小于 4 或 pH 值大于 10.5 者。

冶炼废渣：在冶炼生产中产生的高炉渣、钢渣、铁合金渣等，不包括列入《国家危险废物名录》（2016 版）中的金属冶炼废物。

粉煤灰：从燃煤过程产生烟气中收捕下来的细微固体颗粒物，不包括从燃煤设施炉膛排出的灰渣。主要来自电力、热力的生产和供应行业和其他使用燃煤设施的行业，又称飞灰或烟道灰。主要从烟道气体收集而得，应与其烟尘去除量基本相等。

炉渣：企业燃烧设备从炉膛排出的灰渣，不包括燃料燃烧过程中产生的烟尘。

煤矸石：与煤层伴生的一种含碳量低、比煤坚硬的黑灰色岩石，包括巷道掘进过程中的掘进矸石、采掘过程中从顶板、底板及夹层里采出的矸石以及洗煤过程中挑出的洗矸石。主要来自煤炭开采和洗选行业。

尾矿：矿山选矿过程中产生的有用成分含量低、在当前的技术经济条件下不宜进一步分选的固体废物，包括各种金属和非金属矿石的选矿。主要来自采矿业。

脱硫石膏：废气脱硫的湿式石灰石/石膏法工艺中，吸收剂与烟气中二氧化硫等反应后生成的副产物。

污泥：污水处理厂污水处理中排出的、以干泥量计的固体沉淀物。

放射性废物：含有天然放射性核素，并其比活度大于 2×10^4 Bq/kg 的尾矿砂、废矿石及其他放射性固体废物（指放射性浓度或活度或污染水平超过规定下限的固体废物）。

赤泥：从铝土矿中提炼氧化铝后排出的污染性废渣。

磷石膏：在磷酸生产中用硫酸分解磷矿时产生的二水硫酸钙、酸不溶物、未分解磷矿及其他杂质的混合物。主要来自磷肥制造业。

2）其他废物

除上述 10 类一般工业固体废物以外的未列入《国家危险废物名录》（2016 版）中的固体废物，如机械工业切削碎屑、研磨碎屑、废砂型等；食品工业的活性炭渣；硅酸盐工业和建材工业的砖、瓦、碎砾、混凝土碎块等。

一般工业固体废物产生量＝（一般工业固体废物综合利用量－其中：综合利用往年贮存量）＋一般工业固体废物贮存量＋（一般工业固体废物处置量－其中：处置往年贮存量）＋一般工业固体废物倾倒丢弃量

（2）一般工业固体废物综合利用量

指调查年度企业通过回收、加工、循环、交换等方式，从固体废物中提取或者使其转化为可以利用的资源、能源和其他原材料的固体废物量（包括当年利用的往年工业固体废物累计贮存量）。如用作农业肥料、生产建筑材料、铺路等。综合利用量由原产生固体废物的单位统计。工业固体废物的主要综合利用方式见表5-6。

表 5-6　工业固体废物的主要综合利用方式

序号	综合利用方式	序号	综合利用方式
1	铺路	9	再循环/再利用不是用作溶剂的有机物
2	建筑材料	10	再循环/再利用金属和金属化合物
3	农肥或土壤改良剂	11	再循环/再利用其他无机物
4	矿渣棉	12	再生酸或碱
5	铸石	13	回收污染减除剂的组分
6	其他	14	回收催化剂组分
7	作为燃料（直接燃烧除外）或以其他方式产生能量	15	废油再提炼或其他废油的再利用
8	溶剂回收/再生（如蒸馏、萃取等）	16	其他有效成分回收

（3）综合利用往年贮存量

指企业在调查年度对往年贮存的工业固体废物进行综合利用的量。

（4）一般工业固体废物贮存量

指调查年度企业以综合利用或处置为目的，将固体废物暂时贮存或堆存在专设的贮存设施或专设的集中堆存场所内的量。专设的固体废物贮存场所或贮存设施必须有防扩散、防流失、防渗漏、防止污染大气、水体的措施。

粉煤灰、钢渣、煤矸石、尾矿等的贮存量是指排入灰场、渣场、矸石场、尾矿库等贮存的量。

专设的固体废物贮存场所或贮存设施指符合环保要求的贮存场，即选址、设计、建设符合《一般工业固体废物贮存、填埋场污染控制标准》（GB 18599—2001）等相关环保法律法规要求，具有防扩散、防流失、防渗漏、防止污染大气和水体措施的场所和设施。工业固体废物的主要贮存方式见表5-7。

表 5-7　工业固体废物的主要贮存方式

序号	贮存方式
1	灰场堆放
2	渣场堆放
3	尾矿库堆放
4	其他贮存（不包括永久性贮存）

（5）一般工业固体废物处置量

指调查年度企业将工业固体废物焚烧和用其他改变工业固体废物的物理、化学、生物特性的方法，达到减少或者消除其危险成分的活动，或者将工业固体废物最终置于符合环境保护规定要求的填埋场的活动中，所消纳固体废物的量。

处置方式如填埋、焚烧、专业贮存场（库）封场处理、深层灌注、回填矿井及海洋处置（经海洋管理部门同意投海处置）等。

处置量包括本单位处置或委托给外单位处置的量。还包括当年处置的往年工业固体废物贮存量。工业固体废物的主要处置方式见表5-8。

表 5-8　工业固体废物的主要处置方式

序号	处置方式	
1	围隔堆存（属永久性处置）	
2	填埋	置放于地下或地上（如填埋、填坑、填浜）
		特别设计填埋
3	海洋处置	经海洋管理部门同意的投海处置
		埋入海床
4	焚化	陆上焚化
		海上焚化
		水泥窑协同处置（指将满足或经过预处理后满足入窑要求的固体废物投入水泥窑，在进行水泥熟料生产的同时实现对固体废物的无害化处置过程）
5	固化	
6	其他处置（属于未在上面5种指明的处置作业方式外的处置）	
7	废矿井永久性堆存（包括将容器置于矿井）	
8	土地处理（属于生物降解，适合于液态固废或污泥固废）	
9	地表存放（将液态固废或污泥固废放入坑、氧化塘、池中）	
10	生物处理	
11	物理化学处理	
12	经环保管理部门同意的排入海洋之外的水体（或水域）	
13	其他处理方法	

（6）处置往年贮存量

指调查年度企业按照《关于固体废物处置、综合利用的作业方式的规定》的要求，处置的上一报告期末企业累计贮存的工业固体废物的量。

（7）一般工业固体废物倾倒丢弃量

指调查年度企业将所产生的固体废物倾倒或者丢弃到固体废物污染防治设施、场所以外的量。倾倒丢弃方式如下。

①向水体排放的固体废物；

②在江河、湖泊、运河、渠道、海洋的滩场和岸坡倾倒、堆放和存贮废物；

③利用渗井、渗坑、渗裂隙和溶洞倾倒废物；

④向路边、荒地、荒滩倾倒废物；

⑤未经环保部门同意作填坑、填河和土地填埋固体废物；

⑥混入生活垃圾进行堆置的废物；

⑦未经海洋管理部门批准同意，向海洋倾倒废物；

⑧其他去向不明的废物；

⑨深层灌注的废物。

一般工业固体废物倾倒丢弃量计算公式如下。

一般工业固体废物倾倒丢弃量＝一般工业固体废物产生量－一般工业固体废物
贮存量－（一般工业固体废物综合利用量－其中：综合利用往年贮存量）－
（一般工业固体废物处置量－其中：处置往年贮存量）

常见错误：代码/名称不规范；分项加和不等于合计；分类明细的产生、综合利用、处置、贮存、倾倒丢弃量之间逻辑关系不平衡。

5.3.4　危险废物指标

（1）危险废物产生量

指调查年度全年企业实际产生的危险废物的量。包括利用处置危险废物过程中二次产生的危险废物的量。

危险废物指列入国家危险废物名录或者根据国家规定的危险废物鉴别标准和鉴别方法认定的，具有爆炸性、易燃性、易氧化性、毒性、腐蚀性、易传染性疾病等危险特性之一的废物。按《国家危险废物名录》（2016 版）填报。

注意："危险废物名称"按《国家危险废物名录》（2016 版）表中"废物类别"填报，"危险废物代码"按表中"废物代码"填报，如图 5-1 所示。

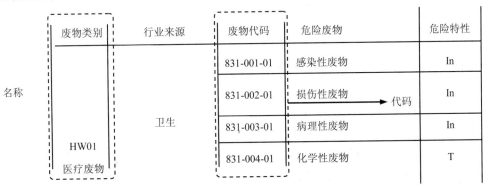

图 5-1　危险废物填报示意图

（2）危险废物综合利用量

指调查年度全年企业从危险废物中提取物质作为原材料或者燃料的活动中消纳危险废物的量。包括本单位利用或委托、提供给外单位利用的量。危险废物的利用方式见表5-9。

表5-9　危险废物的综合利用/处置方式

代码	说明
危险废物（不含医疗废物）综合利用方式	
R1	作为燃料（直接燃烧除外）或以其他方式产生能量
R2	溶剂回收/再生（如蒸馏、萃取等）
R3	再循环/再利用不是用作溶剂的有机物
R4	再循环/再利用金属和金属化合物
R5	再循环/再利用其他无机物
R6	再生酸或碱
R7	回收污染减除剂的组分
R8	回收催化剂组分
R9	废油再提炼或其他废油的再利用
R15	其他
危险废物（不含医疗废物）处置方式	
D1	填埋
D9	物理化学处理（如蒸发，干燥、中和、沉淀等），不包括填埋或焚烧前的预处理
D10	焚烧
D16	其他
其他	
C1	水泥窑协同处置
C2	生产建筑材料
C3	清洗（包装容器）
医疗废物处置方式	
Y10	医疗废物焚烧
Y11	医疗废物高温蒸汽处理
Y12	医疗废物化学消毒处理
Y13	医疗废物微波消毒处理
Y16	医疗废物其他处置方式

（3）危险废物综合利用往年贮存量

指调查年度全年企业对往年贮存的危险废物进行综合利用的量。

（4）危险废物送持证单位综合利用量

指将所产生的危险废物运往持有危险废物经营许可证的单位综合利用的量。危险废物经营许可证是根据《危险废物经营许可证管理办法》由相应管理部门审批颁发。

（5）危险废物贮存量

指调查年度企业将危险废物以一定包装方式暂时存放在专设的贮存设施内的量。

专设的贮存设施应符合《危险废物贮存污染控制标准》（GB 18597—2001）等相关环保法律法规要求，具有防扩散、防流失、防渗漏、防止污染大气和水体措施的设施。

（6）危险废物累计贮存量

指截至调查年度末调查对象累计贮存的危险废物量。

专设的贮存设施应符合《危险废物贮存污染控制标准》（GB 18597—2001）等相关环保法律法规要求，具有防扩散、防流失、防渗漏、防止污染大气和水体措施的设施。

需要注意的问题：危险废物累计贮存量包括调查年度当年及往年所有危险废物的实际净贮存量，不包括曾贮存后又被综合利用或处置的量。

（7）危险废物处置量

指调查年度企业将危险废物焚烧和用其他改变工业固体废物的物理、化学、生物特性的方法，达到减少或者消除其危险成分的活动，或者将危险废物最终置于符合环境保护规定要求的填埋场的活动中，所消纳危险废物的量。处置量包括处置本单位或委托给外单位处置的量。危险废物的处置方式见表 5-9。

（8）危险废物处置往年贮存量

指调查年度全年调查对象对往年贮存的危险废物进行处置的量。

（9）危险废物送持证单位处置量

指将所产生的危险废物运往持有危险废物经营许可证的单位进行处置的量。危险废物经营许可证是根据《危险废物经营许可证管理办法》由相应管理部门审批颁发。

（10）危险废物倾倒丢弃量

指调查年度企业将所产生的危险废物未按规定要求处理处置的量。

（11）内部综合利用/处置方式

填写危险废物综合利用/处置代码（如需填报的内部综合利用/处置危险废物的方式超过 5 种可自行复印表格填写）。

（12）内部年综合利用/处置能力

按内部综合利用/处置方式，填写单位内部每年可以综合利用/处置危险废物的数量。

需要进一步说明的是，为与《控制危险废物越境转移及其处置巴塞尔公约》相对应，废物综合利用和处置方式的代码未连续编号；综合利用、处置不包括填坑、填海；水泥窑协同处置，是指将满足或经过预处理后满足入窑要求的危险废物投入水泥窑，在进行水泥熟料生产的同时实现对危险废物的无害化处置过程。

5.3.5　城镇生活污水及污染物指标

（1）生活污水污染物产生量

指调查年度各类生活源从贮存场所排入市政管道、排污沟渠和周边环境的量。

（2）生活污水污染物排放量

指调查年度最终排入外环境生活污水污染物的量，即生活污水污染物产生量扣减经集中污水处理设施去除的生活污水污染物量。

（3）城镇生活污水排放系数

指城镇居民每人每天排放生活污水的量。

生活污水排放系数测算公式为

$$人均日生活污水排放系数＝人均日生活用水量×用排水折算系数$$

人均日生活用水量采用城市供水管理部门的统计数据（见各地区统计年鉴）。用排水折算系数可采用城市供水管理部门和市政管理部门的统计数据计算，一般为 0.7～0.9。

（4）生活污水排放量

用人均系数法测算。如果辖区内的城镇污水处理厂未安装再生水回用系统，无再生水利用量，则城镇生活污水排放量＝城镇生活污水排放系数×城镇人口数×365

反之，辖区内的城镇污水处理厂配备再生水回用系统，其再生水利用量已经污染减排核查确认，则城镇生活污水排放量＝城镇生活污水排放系数×城镇人口数×365−城镇污水处理厂再生水利用量。

（5）城镇生活污水处理量

指调查年度调查区域内，所有集中式污水处理设施实际处理的生活污水总量。城镇生活污水处理量应与调查区域所有污水处理厂汇总的生活污水处理量相匹配。城镇生活污水处理量应小于或等于城镇生活污水排放量。

5.3.6　集中式污染治理设施污染物指标

（1）渗滤液产生量

指调查对象调查年度实际产生的渗滤液量。如果没有计量装置可按照产污系数计算产生量。

（2）渗滤液排放量

指调查对象调查年度排放到外部的渗滤液的总量（包括经过处理的和未经处理的）。如果没有计量装置可按照排污系数计算排放量。

（3）渗滤液污染物产生量

指调查年度未经过处理的渗滤液中所含的化学需氧量、氨氮、石油类、总磷、挥发酚、氰化物、砷和汞、镉、铅、铬等重金属污染物本身的纯质量。按年产生量填报。

（4）渗滤液污染物排放量

指调查年度排放的渗滤液中所含的化学需氧量、氨氮、石油类、总磷、挥发酚、氰化物、砷和汞、镉、铅、铬等重金属污染物本身的纯质量。按年产生量填报。

（5）焚烧废气污染物产生量

指调查年度垃圾焚烧过程中产生的未经过处理的废气中所含的二氧化硫、氮氧化物、烟尘和汞、镉、铅等重金属及其化合物（以重金属元素计）的固态、气态污染物的纯质量。按年产生量填报。

（6）焚烧废气污染物排放量

指调查年度垃圾焚烧过程中排放到大气中的废气（包括处理过的、未经过处理）中所含的二氧化硫、氮氧化物、烟尘和汞、镉、铅等重金属及其化合物（以重金属元素计）的固态、气态污染物的纯质量。按年产生量填报。

5.4 污染治理设施运行指标

> 指标内容：企业内部污染治理设施、集中式污染治理设施运行的情况。
>
> 数据来源：企业内部污染治理设施、集中式污染治理设施运行台账。
>
> 指标特点：可直接获取。
>
> 常见问题：部分指标不易剥离与拆分，导致数据偏大。

5.4.1 企业内部废水治理指标

（1）废水治理设施数

指调查年度企业用于防治水污染和经处理后综合利用水资源的实有设施（包括构筑物）数，以一个废水治理系统为单位统计。附属于设施内的水治理设备和配套设备不单独计算。已经报废的设施不统计在内。

需要注意的问题：只填报企业内部的废水治理设施，工业废水排入的城镇污水处理厂、集中工业废水处理厂不能算作企业的废水治理设施。企业内的废水治理设施包括一级、二级和三级处理的设施，如企业有 2 个排污口，1 个排污口为一级处理（如隔油池、化粪池、沉淀池等），另 1 个排污口为二级处理（如生化处理），则该企业有 2 套废水治理设施；若该企业只有 1 个排污口，经由该排污口的废水先经过一级处理，再经二级（甚至三级）处理后外排，则该企业视为 1 套废水治理设施。即针对同一股废水的所有水治理设备均视为 1 套治理设施，针对不同废水的水治理设备可视为多套治理设施。

常见问题：一般一个企业有 1～2 套废水治理设施，统计报表中填到成百上千套的，可能是将设备和设施混淆。简单的沉淀池和中和池可视为独立治理设施。

指标解释举例：判断是否为一套废水治理设施的关键点，一是以水处理过程是否终结为标志识别治理设施套数；二是"同一股水"的概念，如图 5-2 所示。

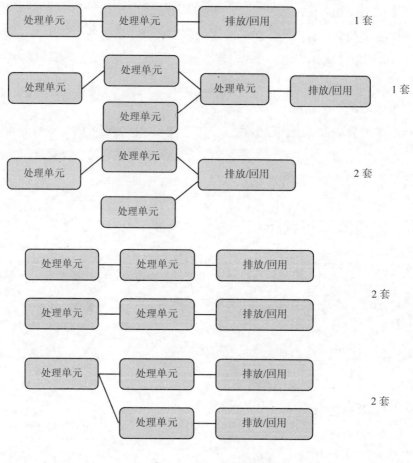

图 5-2　指标解释示意图

（2）废水治理设施处理能力

指调查年度企业内部的所有废水治理设施具有的废水处理能力。

数据获取方式：对照《废水治理设施初步设计》中设计指标和实际情况确定。

数据范围：一般情况下，废水治理设施处理能力和工业废水处理量有潜在的逻辑关系，即废水处理量不超过废水处理设施处理能力×365/10 000。县级污水处理厂处理能力一般在 20 000 t/d 左右，企业污水处理设施处理能力一般低于这个限值。

注意问题：注意单位，以 t/d 计。

（3）废水治理设施运行费用

指调查年度企业维持废水治理设施运行所发生的费用。包括能源消耗、设备维修、人员工资、管理费、药剂费及与设施运行有关的其他费用等。

指标进一步解释：废水等治理设施运行费用等经常性费用已成为环境污染治理投资的一部分，应给予足够重视。

获取方式：从企业财务部门获取。

数据范围：可参考污水处理厂处理费用，一般污水处理厂的废水处理成本在 0.8～2 元/t。

（4）工业废水处理量

指经各种水治理设施（含城镇污水处理厂、工业废水处理厂）实际处理的工业废水量，包括处理后外排的和处理后回用的工业废水量。虽经处理但未达到国家或地方排放标准的废水量也应计算在内。计算时，如遇有车间和厂排放口均有治理设施，并对同一废水分级处理时，不应重复计算工业废水处理量。

指标进一步解释：需要对此概念进行进一步明确。工业废水处理量指经水污染治理设施和集中式污水处理设施（含污水处理厂）实际处理的工业废水量。

数据获取方式：根据实际监测量和废水治理设施处理能力获取该指标。

指标理解举例：A 企业不仅处理本厂工业废水，还处理其他企业如 B 厂工业废水。工业废水处理量和废水污染物去除量按照 A、B 厂协议以及其他相关资料进行拆分处理，分别填写本厂实际量。在填写污水治理设施数方面，为防治重复填报，只由 A 厂填报，B 不填报，在这种情况下，B 厂存在"有工业废水处理量，无工业废水治理设施"逻辑错误。排入集中式污水处理设施的企业也存在有工业废水处理量，无工业废水治理设施情况。这种逻辑问题允许存在。

5.4.2　企业内部废气治理指标

（1）废气治理设施数

指调查年度企业用于减少排向大气的污染物或对污染物加以回收利用的废气治理设施总数，以一个废气治理系统为单位统计。包括除尘、脱硫、脱硝及其他的污染物的烟气治理设施。备用的、调查年度未运行的、已报废的设施不统计在内。

（2）废气治理设施处理能力

指调查年度企业废气治理设施的处理能力。

（3）废气治理设施运行费用

指调查年度维持废气治理设施运行所发生的费用。包括能源消耗、设备折旧、设备维修、人员工资、管理费、药剂费及与设施运行有关的其他费用等。

（4）脱硫/脱硝/除尘/脱 VOCs 工艺名称

指相应的脱硫、脱硝、除尘、脱 VOCs 设施所采用的工艺方法。具有两种或两种以上污染物治理效果的设施，可同时填报不同污染物的去除效果。工艺方法具体见表 5-10。

表 5-10　除尘/脱硫/脱硝/脱 VOCs 工艺方法

代码	脱硫工艺	代码	脱硝工艺	代码	除尘工艺	代码	挥发性有机物处理工艺
—	炉内脱硫	—	炉内低氮技术	—	过滤式除尘		直接回收法
S01	炉内喷钙	N01	低氮燃烧法	P01	袋式除尘	V01	冷凝法
S02	型煤固硫	N02	循环流化床锅炉	P02	颗粒床除尘	V02	膜分离法
—	烟气脱硫	N03	烟气循环燃烧	P03	管式过滤	—	间接回收法
S03	石灰石/石膏法	—	烟气脱硝	—	静电除尘	V03	吸收＋分流
S04	石灰/石膏法	N04	选择性非催化还原法（SNCR）	P04	低低温	V04	吸附＋蒸气解析
S05	氧化镁法	N05	选择性催化还原法（SCR）	P05	板式	V05	吸附＋氮气/空气解析
S06	海水脱硫法	N06	活性炭（焦）法	P06	管式	—	热氧化法
S07	氨法	N07	氧化/吸收法	P07	湿式除雾	V06	直接燃烧法
S08	双碱法	N08	其他	—	湿法除尘	V07	热力燃烧法
S09	烟气循环流化床法			P08	文丘里	V08	吸附/热力燃烧法
S10	旋转喷雾干燥法			P09	离心水膜	V09	蓄热式热力燃烧法
S11	活性炭（焦）法			P10	喷淋塔/冲击水浴	V10	催化燃烧法
S12	其他			—	旋风除尘	V11	吸附/催化燃烧法
				P11	单筒（多筒并联）旋风	V12	蓄热式催化燃烧法
				P12	多管旋风	—	生物降解法
				—	组合式除尘	V13	悬浮洗涤法
				P13	电袋组合	V14	生物过滤法
				P14	旋风＋布袋	V15	生物滴滤法
				P15	其他	—	高级氧化法
						V16	低温等离子体
						V17	光解
						V18	光催化
						V19	其他

（5）脱硫/脱硝/除尘/脱 VOCs 治理设施去除效率

指相应的脱硫、脱硝、除尘、脱 VOCs 设施实测的污染物去除效率。根据相应的脱硫、脱硝、除尘、脱 VOCs 设施的进口和出口污染物平均加权浓度计算。

注意事项：具有两种或两种以上污染物治理效果的设施，可同时填报不同污染物的去除效果。如脱硫、除尘一体化的设施，既可分套填报脱硫设施情况，又可填报除尘设施情况，但填报废气治理设施总数时不能重复计算。

（6）脱硫/脱硝/除尘/脱 VOCs 治理设施运行时间

指调查年度相应的脱硫、脱硝、除尘、脱 VOCs 设施投运后的实际运行时间。

5.4.3 污水处理厂指标

（1）污水处理设施类型

指调查对象是城镇污水处理厂、工业废（污）水集中处理设施或其他污水处理设施。

（2）污水处理级别

按污水处理程度，一般可分为：一级、二级和深度处理。一级处理是以物理处理为主的处理工艺，指去除污水中的漂浮物和悬浮物的净化过程，主要为沉淀。一级强化处理归入一级处理。二级处理是以生物处理为主的处理工艺，指污水经一级处理后，用生物处理方法继续去除污水中胶体和溶解性有机物的净化过程。三级处理是进一步去除二级处理所不能完全去除的污水中的污染物的处理工艺。三级处理也称高级处理或深度处理。

（3）污水处理方法名称及代码

城镇污水处理厂对应污水处理级别，将最高一级处理的处理方法名称和代码按污水处理方法代码表填报。如有多条同一处理级别的污水处理线，但工艺不同，则选择两种主要的工艺进行填报。如有多条不同级别的污水处理线，则选择级别最高的两条污水处理线的工艺填报。

表 5-11 污水处理方法代码

代码	处理方法名称	代码	处理方法名称	代码	处理方法名称
1000	物理处理法	4000	好氧生物处理法	6000	稳定塘、人工湿地及土地处理法
1100	过滤分离	4100	活性污泥法	6100	稳定塘
1200	膜分离	4110	A/O 工艺	6110	好氧化塘
1300	离心分离	4120	A^2/O 工艺	6120	厌氧塘
1400	沉淀分离	4130	A/O^2 工艺	6130	兼性塘
1500	上浮分离	4140	氧化沟类	6140	曝气塘
1600	蒸发结晶	4150	SBR 类	6200	人工湿地
1700	其他	4160	MBR 类	6210	潜流人工湿地

代码	处理方法名称	代码	处理方法名称	代码	处理方法名称
2000	化学处理法	4170	AB 法	6220	表流人工湿地
2100	中和法	4200	生物膜法	6230	浮动人工湿地
2200	化学沉淀法	4210	生物滤池	6300	土地渗滤
2300	氧化还原法	4220	生物转盘		
2400	电解法	4230	生物接触氧化法		
2500	其他	5000	厌氧生物处理法		
3000	物理化学处理法	5100	厌氧水解类		
3100	化学混凝法	5200	定型厌氧反应器类		
3200	吸附	5300	厌氧生物滤池		
3300	离子交换	5400	其他		
3400	电渗析				
3500	其他				

（4）本年运行费用

指调查年度维持污水处理厂（或处理设施）正常运行所发生的费用。包括能源消耗、设备维修、人员工资、管理费、药剂费及与污水处理厂（或处理设施）运行有关的其他费用等，不包括设备折旧费。

（5）再生水利用量

指调查对象调查年度处理后的污水中再回收利用的水量，包括直接用于工业冷却、洗涤、冲渣和景观用水、生活杂水。

（6）污泥产生量

指调查对象调查年度在整个污水处理过程中最终产生污泥的质量。折合含水率为 0 的干泥量填报。污泥指污水处理厂（或处理设施）在进行污水处理过程中分离出来的固体。

$$干污泥产生量＝湿污泥产生量×（1-n\%）$$

式中：$n\%$ 为湿污泥的含水率。

（7）污泥处置量

指调查年度采用土地利用、填埋、建筑材料利用和焚烧等方法对污泥最终消纳处置的质量。

（8）土地利用量

指调查年度将处理后的污泥作为肥料或土壤改良材料，用于园林、绿化或农业等场合的处置方式处置的污泥质量。

（9）填埋处置量

指调查年度采取工程措施将处理后的污泥集中堆、填、埋于场地内的安全处置方式处置的污泥质量。

（10）建筑材料利用量

指调查年度将处理后的污泥作为制作建筑材料的部分原料的处置方式处置的污泥质量。

（11）焚烧处置量

指调查年度利用焚烧炉使污泥完全矿化为少量灰烬的处置方式处置的污泥质量。

（12）污泥倾倒丢弃量

指调查年度不作处理利用处置而将污泥任意倾倒弃置到划定的污泥堆放场所以外的任何区域的质量。

（13）污染物进口浓度

指污水处理厂进口废水中所含的汞、镉、铅、铬等重金属和砷、氰化物、挥发酚、化学需氧量、氨氮、总磷、总氮、生化需氧量等污染物的浓度。污染物浓度单位除汞为 μg/L 外，其余均为 mg/L。污染物浓度按监测方法对应的有效数字填报。

（14）污染物出口浓度

指污水处理厂排口废水中所含的汞、镉、铅、铬等重金属和砷、氰化物、挥发酚、化学需氧量、氨氮、总磷、总氮、生化需氧量等污染物的浓度。污染物浓度单位除汞为 μg/L 外，其余均为 mg/L。污染物浓度按监测方法对应的有效数字填报。

5.4.4　生活垃圾处理厂（场）指标

（1）垃圾处理方式

调查对象根据实际采取的垃圾处理方式，分为填埋、堆肥、焚烧、其他处理方式。

（2）垃圾填埋场认定级别

指根据《生活垃圾填埋场无害化评价标准》（CJJ/T 107—2005），对调查对象进行的无害化评价定级。垃圾填埋场等级对应的无害化水平应符合下列规定。

Ⅰ级：达到了无害化处理要求；Ⅱ级：基本达到了无害化处理的要求；Ⅲ级：未达到无害化处理要求，但对部分污染施行了集中有控处理；Ⅳ级：简易堆填，污染环境。

（3）垃圾处理场废气净化方法名称及代码

垃圾处理场废气净化方法代码见表 5-12。

表 5-12　垃圾处理场废气净化方法代码

代码	除尘方法	代码	脱硫方法	代码	其他净化方法
A	重力沉降法	X0	炉内脱硫法	J1	冷凝法
B	惯性除尘法	X1	循环流化床锅炉	J2	吸收法
C	湿法除尘法	X2	炉内喷钙法	J3	吸附法
D	静电除尘法	X9	其他炉内脱硫法	J4	直接燃烧法

代码	除尘方法	代码	脱硫方法	代码	其他净化方法
E	过滤式除尘法	Y0	烟气脱硫法	J5	催化燃烧法
F	单筒旋风除尘法	Y1	石灰石/石膏法	J6	催化氧化法
G	多管旋风除尘法	Y2	旋转喷雾干燥法	J7	催化还原法
W	其他除尘方法	Y9	其他烟气脱硫法	J8	冷凝净化法
—	—	Z0	炉内脱硫与烟气脱硫组合法	J9	其他净化方法

（4）焚烧残渣处置方式代码

残渣处置方式代码见表 5-13。

表 5-13   残渣处置方式代码

代码	处置方式
A	按照危险废物填埋。填埋场符合《危险废物填埋污染控制标准》（GB 18598）
B	按照一般工业固体废物填埋。填埋场符合《一般工业固体废物贮存、处置场污染控制标准》（GB 18599）
C	按照生活垃圾填埋。填埋场符合《生活垃圾填埋污染控制标准》（GB 16889）
D	简易填埋。不符合国家标准的填埋设施
E	堆放（堆置）。未采取工程措施的填埋设施

（5）渗滤液处理方法名称及代码

渗滤液处理的工艺方法见表 5-14。

表 5-14   渗滤液处理方法名称及代码

代码	处理方法名称	代码	处理方法名称	代码	处理方法名称
1000	物理处理法	3100	化学混凝法	4210	生物滤池
1100	过滤分离	3200	吸附	4220	生物转盘
1200	膜分离	3300	离子交换	4230	生物接触氧化法
1300	离心分离	3400	电渗析	5000	厌氧生物处理法
1400	沉淀分离	3500	其他	5100	厌氧水解类
1500	上浮分离	4000	好氧生物处理法	5200	定型厌氧反应器类
1600	蒸发结晶	4100	活性污泥法	5300	厌氧生物滤池
1700	其他	4110	A/O 工艺	5400	其他
2000	化学处理法	4120	A^2/O 工艺	6000	稳定塘、人工湿地及土地处理法
2100	中和法	4130	A/O^2 工艺	6100	稳定塘
2200	化学沉淀法	4140	氧化沟类	6110	好氧化塘
2300	氧化还原法	4150	SBR 类	6120	厌氧塘
2400	电解法	4160	MBR 类	6130	兼性塘
2500	其他	4170	AB 法	6140	曝气塘
3000	物理化学处理法	4200	生物膜法	6200	人工湿地
6210	潜流人工湿地	6230	浮动人工湿地	6300	土地渗滤
6220	表流人工湿地				

5.4.5 危险废物（医疗废物）集中处理（置）厂指标

（1）集中处理（置）厂类型

危险废物集中处理（置）厂：提供社会化有偿服务，将工业企业、事业单位、第三产业或居民生活产生的危险废物集中起来进行焚烧、填埋等处理的场所或单位。不包括企业内部自建自用且不提供社会化有偿服务的危险废物处理（置）装置。

医疗废物集中处置厂：将医疗废物集中起来进行处置的场所。不包括医院自建自用且不提供社会化有偿服务的医疗废物处置设施。

其他企业协同处置：由企事业单位附属的同时还接受社会其他单位委托，或利用其他设施（如水泥窑、生活垃圾焚烧设施等）处理处置危险废物的设施。如污染物排放量不能单独统计，就将该企业污染物排放纳入工业源统计，但企业基本信息和处理（置）信息仍需填写"危险废物处理（置）厂"表，污染物排放量可不填。

（2）危险废物利用处置方式

危险废物利用处置方式主要有以下几种：

①综合利用：对危险废物中可利用的成分以实现资源化、无害化为目标的处理（置）方式。

②填埋：危险废物的一种陆地处置方式，通过设置若干个处置单元和构筑物来防止水污染、大气污染和土壤污染的危险废物最终处置方式。

③物理化学处理：通过蒸发、干燥、中和、沉淀等方式处置危险废物。

④焚烧：焚烧危险废物使之分解并无害化的过程或处理方式。

（3）本年实际处置危险废物量

指调查年度调查对象将危险废物焚烧和用其他改变危险废物的物理、化学、生物特性的方法，达到减少已产生的危险废物数量、缩小危险废物体积、减少或者消除其危险成分的活动，或者将危险废物最终置于符合环境保护规定要求的填埋场的活动中，所消纳危险废物的量。

（4）处置工业危险废物量

指调查对象调查年度采用各种方式处置的工业危险废物的总量。医疗废物集中处置厂不得填写该项指标。

（5）处置医疗废物量

指调查对象调查年度采用各种方式处置的医疗废物的总量。

（6）处置其他危险废物量

指调查对象调查年度采用各种方式处置的除工业危险废物和医疗废物以外其他危险废物的总质量，如教学科研单位实验室、机械电器维修、胶卷冲洗、居民生活等产生的危险废物。医疗废物集中处置厂不得填写该项指标。

（7）危险废物综合利用量

指调查年度调查对象从危险废物中提取物质作为原材料或者燃料的活动中消纳危险废物的量。

5.5 污染治理投资指标

> 指标内容：企业内部污染治理设施、集中式污染治理设施污染治理投资情况。
> 数据来源：企业内部污染治理设施的运行费用财务报表、集中式污染治理设施的固定资产投资和运行费用财务报表。
> 指标特点：可直接获取。
> 常见问题：部分指标不易剥离与拆分，导致数据偏大；单位易出错。

5.5.1 工业企业污染治理投资

（1）污染治理项目名称

指以治理老污染源的污染、"三废"综合利用为主要目的的工程项目名称，或本年完成建设项目"三同时"环境保护竣工验收的项目名称。

（2）项目类型

按照不同的项目性质，污染治理项目分为两类，并给予不同的代码。

1-老工业污染源治理在建项目；2-老工业污染源治理本年竣工项目。

（3）治理类型

按照不同的企业污染治理对象，污染治理项目分为 14 类，分别为：

1-工业废水治理；2-工业废气脱硫治理；3-工业废气脱硝治理；4a-工业废气 VOCs 治理，4b-其他废气治理；5-一般工业固体废物治理；6-危险废物治理（企业自建设施）；7-噪声治理（含振动）；8-电磁辐射治理；9-放射性治理；10-工业企业土壤污染治理；11-矿山土壤污染治理；12-污染物自动在线监测仪器购置安装；13-污染治理搬迁；14-其他治理（含综合防治）。治理类型和项目主要建设内容见表 5-15。

表 5-15　治理类型和项目主要建设内容对照表

治理类型		项目建设内容
工业污水治理	工业动力供应系统污水治理	燃料堆放场排水及冲水处理设施
		除尘、脱硫废水的处理设施
		锅炉软化水的处理设施
		炉渣冲洗水处理设施
		含废油污水回收和处理设施
	工业原材料采选系统污水治理	矿山金属、非金属、石油、天然气、煤炭、盐卤、石材采矿、选矿、浮选废水处理设施
		尾矿坝外排水处理设施
		储运系统废水处置或回收设施
	工业生产系统污水治理	废液（如釜液、母液）、高浓度有机废水处理设施
		工业废水（含含酸、含碱、含金属废水、含废油、含有机污水、有毒、含腐蚀物质等）的防渗、防腐蚀、处理净化设施
		高炉煤气废水的处理净化设施
		化验分析废液、废水处理设施
		厂区生活污水处理设施
		综合性废水处理设施
	全厂范围内的污水收集与治理	全厂范围内的污水收集、处理、排放管网及设施
	污染应急处理处置	废水污染事故应急处理设施
工业废气治理	动力系统废气治理	燃料堆场除尘、防尘、抑尘设施
		燃料上料系统除尘、抑尘设施
		锅炉烟气除尘脱硫脱硝等净化回收设施
	原材料采选系统废气治理	采矿、选矿时防尘、除尘、抑尘设施
		井下有毒有害气体净化处理设施
	生产工艺系统废气治理	原料粉碎及上料系统除尘、抑尘设施
		各种工艺废气及尾气二氧化硫、硫化氢、氟化氢、氮氧化物等污染物净化回收设施
		温室气体处置设施
	污染应急处理处置	废气污染事故应急处理设施
一般工业固体废物治理	废物收集利用	废弃水基钻井泥浆收集利用设施
		原材料加工和成品包装工程中的碎料、废料、废品的堆放收集设施
	集中处置	灰渣场及粉煤灰、炉渣的堆埋复盖工程
		废弃水基钻井泥浆处置设施
		生产工程中产生的各种废渣的处理处置设施
		安全堆放及集中处置场建设
		废弃电器电子产品拆解处理设施

治理类型		项目建设内容
危险废物治理（非核非放射性）	收运及贮存	专用包装袋、容器，暂时贮存柜（箱）
		贮存库房建设
		运输车辆
		识别标志
	利用处置	各类含有毒熔渣安全堆场及利用处置设施
		有害废物利用处置工程和设施建设
		焚烧处置成套装置（含尾气净化设施）
噪声治理	设备低噪改造	机器、设备、管道隔声处理设施
		车间吸声处理设施
		对产生噪声的设备、大型电机等采取的消声、隔声、阻尼、隔振减振等设施
	厂区隔音改造	隔声建筑材料
		隔声玻璃
		墙面隔声护面板
		（声学）绿化带
电磁辐射和放射性废物治理	封闭	封闭设施
	收运及贮存	专用包装袋、容器
		运送车辆
	集中处置	放射性废物安全堆放场建设
		放射性废物安全处置工程建设
工业企业土壤污染治理	污染土壤清理	土壤污染后对地上、内陆地表水及海水（包括海岸地区）进行净化及清理的设施
	污染土壤治理	企业现场、垃圾场及其他污染点土壤净化设施
		从水体（江河、湖泊、江河口等）掏挖污染物的配套设施
		废气及废液排放网络
		分离、存放和恢复沉淀所用抽取桶及容器
		沉淀法分取和再储存设施
	防止污染物渗透	土壤封存配套设施
		防止污染物流失或泄漏的集水设施
		污染产品储存及运输加固设备
矿山土壤污染治理	废弃地复垦	矿山复垦设施
		露天坑、废石场、尾矿库、矸石山等永久性坡面稳定化处理实施
		废石场、尾矿库、矸石山等固废堆场封场及复垦设施
		覆岩离层注浆设施
		尾矿及废石采空区充填设施
	尾矿贮存及处置	尾矿库
		尾矿库二次污染及次生灾害防护设施
		尾矿库防渗与集排水设施
		尾矿库坝面、坝坡植被种植设施
		选矿固体废物综合利用设施

治理类型		项目建设内容
矿山土壤 污染治理	固体废物贮存	采矿活动产生固体废物二次污染及次生灾害防护设施
		废石场酸性废水污染防治设施
		煤矸石氧化自燃防护实施
	其他综合整治	矿坑排水综合整治设施
		矿石及废石堆淋滤水综合整治设施
		矿山工业和生活废水综合整治设施
		矿石粉尘综合整治设施
		燃煤排放烟尘、二氧化硫以及放射性物质的综合整治设施
	矿山应急处置	矿山污染应急处理设施
	废弃矿山监测	可开发为农牧业用地的矿山废弃地全面监测设施

（4）开工年月

指污染治理项目开始建设的年月。按照建设项目设计文件中规定的永久性工程第一次开始施工的年月填写。如果没有设计，就以计划方案规定的永久性工程实际开始施工的年月为准。

（5）建成投产年月

指污染治理项目按计划规定的生产能力和效益在一定时间内全部建成，经验收合格或达到竣工验收标准（引进项目并应按合同规定经过试生产考核达到验收标准，经双方签字确认）正式移交生产或交付使用的时间。

（6）计划总投资

指污染治理项目按照总体设计规定的内容全部建成计划（或按设计概算和预算）需要的总的资金。没有总体设计的更新改造、其他固定资产投资和城镇集体投资单位，分别按年内施工工程的计划总投资合计数填报。

（7）至本年底累计完成投资

指至调查年度末，企业在污染治理项目中实际完成的累计投资额。实际完成投资额包括实际完成的建筑安装工程的价值，设备、工具、器具的购置费以及实际发生的其他费用。没用到工程实体的建筑材料、工程预付款和没有进行安装的设备等，都不能计算此指标。

数据获取方式：查阅污染治理项目投资报表。

（8）本年完成投资及资金来源

指在报告期内，企业实际用于环境治理工程的投资额。投资额中的资金来源，是指投资单位在本年内收到的用于污染治理项目投资的各种货币资金，包括排污费补助、政府其他补助、企业自筹。各种来源的资金均为报告期投入的资金，不包括以往历年的投资。

本年污染治理资金合计＝排污费补助＋政府其他补助＋企业自筹

（9）排污费补助

指从征收的排污费中提取的用于补助重点排污单位治理污染源以及环境污染综合性治理措施的资金。

（10）竣工项目设计或新增处理能力

设计能力是指设计中规定的主体工程（或主体设备）及相应的配套的辅助工程（或配套设备）在正常情况下能够达到的处理能力。报告期内竣工的污染治理项目，属于新建项目的填写设计文件规定的处理、利用"三废"能力；属于改扩建、技术改造项目的填写经改造后新增加的处理利用能力，不包括改扩建之前原有的处理能力；只更新设备或重建构筑物，处理利用"三废"能力没有改变的则不填。

工业废水设计处理能力的计量单位为 t/d；工业废气设计处理能力的计量单位为 Nm^3/h；工业固体废物设计处理能力的计量单位为 t/d；噪声治理（含振动）设计处理能力以降低分贝数表示；电磁辐射治理设计处理能力以降低电磁辐射强度表示（电磁辐射计量单位有电场强度单位：V/m、磁场强度单位：A/m、功率密度单位：W/m^2）。放射性治理设计处理能力以降低放射性浓度表示，废水计量单位为 Bq/L，固体废物计量单位为 Bq/kg。

5.5.2 集中式污染治理设施投资

（1）污水处理厂、危险废物（医疗废物）集中处（理）置厂累计完成投资

指至当年年末，污水处理厂、危险废物（医疗废物）集中处（理）置厂建设实际完成的累计投资额，不包括运行费用。

（2）污水处理厂、危险废物（医疗废物）集中处（理）置厂新增固定资产

指调查年度交付使用的固定资产价值。对于新建污水处理厂、危险废物（医疗废物）集中处（理）置厂，本年新增固定资产投资等于总投资；对于改、扩建的，本年新增固定资产投资仅指调查年度交付使用的改、扩建部分的固定资产投资，属于累计完成投资的一部分。

5.6 环境管理指标

为反映环保系统环境管理主要工作进展以及环保系统自身能力建设情况，环境统计报表制度中设计了环境管理报表。环境管理报表主要包括环保机构、环境信访、环境法制、环境科技与标准、环境影响评价、环境监测、水污染防治、大气污染防治、自然生态保护与建设、辐射环境监测、环境监察执法、环境应急 12 个方面的 143 项指标，本书仅对其中部分重点指标做出解释。

5.6.1　环保机构

环保系统机构数/人数

指环保系统行政主管部门及其所属事业单位、社会团体设置情况，包括机构总数和在编人员总数。

环保系统行政主管部门指各级人民政府环境保护行政主管部门设置情况，不包括各类开发区等非行政区环保主管部门。

环保系统所属事业单位包括环境监测站、环境监察、核与辐射环境监测站、科研机构、宣教机构、信息机构、环境应急（救援）机构等。

5.6.2　环境信访

（1）来信总数

指调查年度各级环保部门接收的书面来信数量。在信访办理有效期（60 日）内重复信访的只统计为一件，但已办结的信访件重复信访的应再次统计；只统计本级接收的来信，不统计上级转交下级办理的来信数量；一次提出多个问题的来信统计为一件。

（2）来访总数

指调查年度各级环保部门接待上访人员的数量，同时统计批次、人次。在信访办理有效期（60 日）内重复信访的只统计为一件，但已办结的信访件重复信访的应再次统计；只统计本级接待的来访，不统计上级转交下级办理的来访数量；一次提出多个问题的来访统计为一件。

5.6.3　环境法制

当年受理行政复议案件数

指调查年度内本级环保部门受理的所有行政复议案件数（含非环保案件），包括已受理但未办结的案件；但不包括非本统计年受理而在本统计年内办理或办结的案件。

5.6.4　环境科技与标准

（1）当年发布的地方环境保护标准数量

指调查年度内本级环保部门组织制定的、以地方标准形式发布的环境质量标准、污染物排放（控制）标准、环境监测方法标准、环境管理规范等标准的数量。

（2）当年全国开展强制性清洁生产审核评估企业数

指调查年度内本级环保部门组织开展强制性清洁生产审核评估的企业数，包括通过评估和未通过评估的企业总数，以环保部门出具的评估意见或结论时间为准。

5.6.5　环境影响评价

（1）建设项目环评文件审批数量

调查年度内批复的建设项目环境影响报告书和环境影响报告表数量，包含非本年度受理但在本年度批复的项目数量。

（2）建设项目环境影响登记表备案数量

调查年度内备案的建设项目环境影响登记表数量。

（3）审批和备案的建设项目投资总额

调查年度内批复和备案环评文件的建设项目投资总额，包含非本年度受理但在本年度批复环评文件的项目。

（4）审批和备案的建设项目环保投资总额

调查年度内批复和备案环评文件的建设项目环保投资总额，包含非本年度受理但在本年度批复环评文件的项目。

5.6.6　环境监测

（1）环境监测业务经费

指各级环保部门环境监测业务经费保障情况。其中，本级经费包括应列入本级财政预算的人员经费、公用经费、行政事业类项目经费、能力建设项目经费及科研经费等；专项经费包括上级补助性收入、专项转移支付资金、专项课题经费等；事业收入指开展监测服务活动所取得的收入。

（2）监测仪器设备台套数及原值总值

指基本仪器设备、应急监测仪器设备和专项监测仪器设备等各类监测仪器设备的数量及购置总金额。

（3）环境空气监测点位数

按照《环境空气质量监测点位布设技术规范（试行）》建设，包含环境空气质量评价城市点、环境空气质量评价区域点、环境空气质量背景点、污染监控点、路边交通点等已建成并使用的监测点位。

其中，国控监测点位数指位于本辖区、由国家批准纳入国家城市环境空气质量监测网络的空气监测点位数。

（4）地表水水质监测断面（点位）数

指用于对江河、湖泊、水库和渠道的水质监测，包括向国家直接报送监测数据的国控网站以及省级、市级、县级控制断面（或垂线）的水质监测点位（断面）。

其中，国控断面数指位于本辖区、由国家组织实施监测的，为反映水体水质状况而设置的监测点位数。

（5）集中式饮用水水源地监测点位数

指用以监控水源水质变化情况及趋势，为防控风险而设立的监测断面，包括地表水饮用水水源地和地下水饮用水水源地。

（6）近岸海域监测点位数

指按照《近岸海域环境监测点位布设技术规范》建立，为监测近岸海域环境质量、污染来源及影响而设置的监测点位（断面、排口），包含环境质量监测点位、环境功能区监测点位、潮间带环境质量监测点位、陆域直排海污染源监测点位、入海河流监测断面、海滨浴场监测点位、应急监测点位等。

（7）开展污染源监督性监测的重点排污单位数

指按照相关要求开展污染源监督性监测的重点排污单位家数。

重点排污单位：按照原环境保护部《企事业单位环境信息公开办法》（部令第 31 号），由设区的市级人民政府环境保护主管部门根据本行政区域的环境容量、重点污染物排放总量控制指标的要求及排污单位排放污染物的种类、数量和浓度等因素，确定本行政区域内重点排污单位名录。

污染源监督性监测：环境保护主管部门为监督排污单位的污染物排放状况和自行监测工作开展情况组织开展的环境监测活动。

5.6.7　水污染防治

（1）集中式饮用水水源数量

指调查年度内辖区内所有集中式饮用水水源，包括在用水源以及建设好的备用和应急水源数量。

（2）企业持证排污率

指调查年度内，按照排污许可管理名录要求，申领核发排污许可证企业数的比例。

（3）工业集聚区建成集中污水处理设施比例

指按照《水污染防治行动计划》及各省工作进度安排要求，建成污水集中处理设施的工业集聚区数的比例（%）。该指标按省级以上工业集聚区比例和其他工业集聚区比例分别填报。

（4）工业集聚区安装自动在线装置比例

指按照《水污染防治行动计划》及各省工作进度安排要求，安装自动在线监控装置的工业集聚区数的比例（%）。该指标按省级以上工业集聚区比例和其他工业集聚区比例分别填报。

5.6.8　大气污染防治

地级以上城市启动重污染天气应急预案频次

按季度统计行政区内各地级以上城市启动各级别应急预案的次数、持续天数。

5.6.9　自然生态保护与建设

（1）自然保护区个数

指调查年度内辖区内各级别、各类型自然保护区的数量。

（2）自然保护区面积

指调查年度内辖区内各级别、各类型自然保护区的面积。

5.6.10　辐射环境监测

（1）辐射环境监测用房面积

开展环境监测工作所需的实验室用房、监测业务用房、监测站房等面积，包括租赁用房。

（2）监测仪器设备台套数及原值总值

指基本仪器设备、应急监测仪器设备和专项监测仪器设备等各类监测仪器设备的数量及购置总金额。

5.6.11　环境监察执法

（1）已实施自动监控的重点排污单位数

根据污染源自动监控工作进展情况，至本调查年度末在环保部门污染源监控中心已经实现自动监控的重点排污单位数。

（2）排污费解缴入库户数

指调查年度经对账、实际解缴国库的排污费所对应的户数，同一排污者分期分批计征或解缴排污费的不重复计算户数。

（3）纳入日常监管随机抽查信息库的污染源数量

指调查年度内，本级环保部门按照《关于在污染源日常环境监管领域推广随机抽查制度的实施方案》要求，列入本级污染源日常监管动态信息库的排污单位数量。

（4）日常监管随机抽查污染源数量

调查年度内，本级环保部门按照《关于在污染源日常环境监管领域推广随机抽查制度的实施方案》要求，在日常监管中随机抽查污染源的数量。

（5）下达处罚决定书数

指调查年度内，本级环保部门下达行政处罚决定书的数量。

（6）罚没款数额

指调查年度内，本级环保部门罚没款的总额。

5.6.12　环境应急

（1）当年突发环境事件发生数

指调查年度内本级环保部门处置的所有突发环境事件数。包括已处置但未办结的突发环境事件，但不包含非本统计年发生而在本统计年内处置或办结的突发环境事件。

（2）重大/较大/一般环境风险企业数

指按照《突发环境事件应急管理办法》，开展突发环境事件风险评估后确定重大/较大/一般环境风险等级的企业数。

第6章

环境统计污染物核算方法

6.1 工业源污染物核算方法

6.1.1 污染物核算方法

（1）监测数据法

监测数据法是依据实际监测的调查对象产生和外排废水、废气（流）量及其污染物浓度，计算出废气、废水排放量及各种污染物的产生量和排放量。监测数据包括手工监测数据和在线监测数据。其中，手工监测数据包括环保部门对该企业进行的监督性监测数据、企业委托监测数据和企业自测数据。所有监测数据须符合环境统计技术规定的要求才能作为有效数据，应用于环境统计污染物核算过程中。污染物的排放量计算方法见式（6-1）。

$$G = Q \times c \times T \tag{6-1}$$

式中：G —— 废水或废气中某污染物的排放量，kg；

Q —— 单位时间废水或废气流量，m^3/h；

c —— 某污染物的实测质量浓度，mg/L 或 mg/m^3；

T —— 污染物排放时间，h。

监测数据法核算污染物的工作流程为：监测部门将监测数据定期提供给环境统计部门，再由环境统计部门向调查对象布置报表时提供（有的调查对象也会直接从监测部门获得监测数据）。调查对象根据监测数据使用的相关技术规定，选用手工监测数据或自动在线监测数据核算污染物产排量，之后将污染物排放量和核算使用的监测数据同时上报环境统计部门，以备审核。环境统计部门在收到调查对象上报资料后，在监测部门的协助下开展审核并反馈。具体如图 6-1 所示。

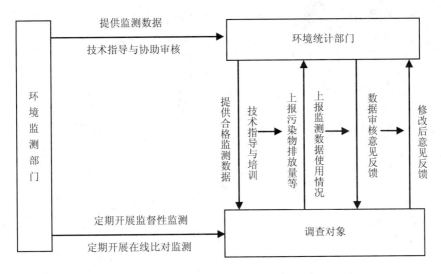

图 6-1　监测数据法核算污染排放流程

监测数据法的主要特点如下。

①计算过程和参数相对精确，在质量得到保证的前提下，计算数据最为可靠。监测数据出自监测仪器，相对比较精确，用其核算污染物排放量容易被企业接受。在监测数据质量可以得到保证的前提下，由于有足够的监测频次，自动监测法计算排污总量最为可靠，尤其对于排污不规律的企业更具优势。

②监测数据法直接选用废水、废气污染物监测的浓度值及流量进行核算，不受治污设施变化的影响，治污设施的变化直接体现在浓度的变化中，故监测数据法并不依赖于治污设施本身来核算污染物产排量，这点也是其他方法所不能比拟的。

③可获取信息最为直接、全面。监测数据法是计算排污量非常有效的方法，不仅可以计算监测当天的排污量，还可结合生产负荷数据计算一定时段内的排污量。

但监测数据法在使用过程中也存在许多问题：由于监测工况、监测频次、监测数据代表性对核算结果准确度有很大影响，而受到人力、经济成本的制约，监测频次不可能无限制增加，用单次或某几次的瞬时值，推算污染源一个季度甚至一年的污染物排放量，可能会存在较大误差；目前监测数据类型繁多，不同的监测数据，因其监测目的、监测方法、监测工况、监测时间等的不同，监测结果相差较大，因此根据监测结果核算的污染物产排量也会相差很大；在目前的监测技术水平下，监测因子浓度值的测量基本达到管理需求，但与核算有关的废气（水）的流量监测仍存在较大问题；监测部门更重视企业排污口的监测，对进口的监测开展较少，不易通过进口监测数据核算污染物产生量等。因此目前环境统计仅有部分监测数据比较规范的大型企业使用监测数据法核算污染物的产排量。

（2）产排污系数法

产排污系数法是依据调查对象的产品或能源消耗情况，根据产排污系数，计算污染物产生量和排放量。

我国最早的、较为系统的产排污系数手册是由原国家环境保护局科技标准司于 1996 年出版的《工业污染物产生和排放系数手册》。该手册分为 3 个部分：一是工业污染源产排污系数，包括有色金属工业、轻工、电力、纺织、化工、钢铁和建材 7 个工业行业；二是主要燃煤设备的产排污系数，包括工业锅炉、茶浴炉、食堂大灶等；三是乡镇工业污染物排放系数。该手册中提供的产排污系数早已成为环境规划、环境统计、环境监测和监督、排污收费、排污申报登记以及生产过程的污染控制等领域的重要基础数据。随着我国经济和技术水平的飞速发展，原有的产排污系数已经严重失真。2006 年 10 月，随着国务院下发《关于开展第一次全国污染源普查工作的通知》，产排污系数才再一次得以系统化开发。产排污系数法是第一次全国污染源普查的重要核算方法之一，根据普查的范围和要求，产排污系数涵盖了工业源、生活源和集中式污染治理设施三大类的空气污染物、水污染物、固体废物共 28 种污染物指标。其中，工业源产排污系数包括《国民经济行业分类》第二产业中（除建筑业）32 个大类行业 351 个小类行业共计 10 504 个产污系数和 12 891 个排污系数；生活源和集中式污染治理设施的产排污系数包括城镇居民生活源、住宿餐饮业、居民服务与其他服务业和医院 4 大类的产排污系数共计 2 397 个，其中，污水处理厂污泥产排污系数 135 个、城镇生活垃圾集中式处理设施污染物产排污系数 1 064 个、危险废物集中式处理设施污染物产排污系数 328 个。

产污系数是指在典型工况生产条件下，生产单位产品（使用单位原料）所产生的污染物量；排污系数是指在典型工况生产条件下，生产单位产品（使用单位原料）所产生的污染物量经末端治理设施削减后的残余量，或生产单位产品（使用单位原料）直接排放到环境中的污染物量。当污染物直接排放时，排污系数与产污系数相同。使用时，应先根据不同的产品、原材料、工艺和规模（即四同组合），确定某一产品其污染物的产生系数，再根据污染物的末端处理工艺，来确定其排污系数。其计算公式见式（6-2）。

$$G_i = \sum K_{ij} \times W_j \qquad (6\text{-}2)$$

式中：G_i —— i 污染物的年产生（排放）量，kg/a；

K_{ij} —— 第 j 种主要产品 i 污染物的产生（排放）系数，kg/t 产品；

W_j —— 第 j 种主要产品的年产量，t。

产排污系数法的主要特点有：

①简单易懂，方便使用。产排污系数法简单来说即单位产品产生或排放的污染物量，在获知某企业产品、燃料消耗等经济活动水平参数后，即可代入公式计算。这样便于操作人员熟悉与掌握，不易产生人为操作误差。

②使用条件较低，应用广泛。产排污系数法使用条件相对较低，只要是在产排污系数手册中具有的系数，即可核算。甚至在产排污系数手册中不具备系数的行业企业，通过类比其相近行业，也可获取产排污系数。因此，产排污系数法是环境统计中使用最为广泛的方法。在监测数据频次不足和需要计算较长时段排放量时，系数法的优势极为突出，可以简单有效地得到工业污染源排放核算结果。

③覆盖面广，有利于环境统计数据的顺利采集。目前，环保部门广泛使用的《第一次全国污染源普查工业污染源产排污系数手册》中产排污系数涵盖了有污染排放的小类工业行业 90%以上，加上产排污系数简单易懂，所以对涉及 39 个大类工业行业，800 多个小类工作行业企业数据顺利采集提供了保证。

但由于服务对象千差万别、生产和治污工艺快速更新等因素，工业源产排污系数也存在许多不足：

①部分工业行业产排污系数缺失。部分重污染行业的重要污染物缺乏产排污系数；某些行业的特征污染物或一些新兴污染物没有产排污系数。

②部分工业行业产排污系数与实际偏差较大。部分行业的重点污染物与企业的实际污染物产生和排放情况偏差较大，需重新修订。

③亟须补充新工艺、新技术的产排污系数。随着我国经济的快速增长和行业技术水平的提高，原有的产排污系数已不能体现这种新变化，需要在现有基础上对这些新工艺、新技术的产排污系数进行更新和补充，以适应新时期环保工作的需求。

④"唯一"的产排污系数无法充分反映企业的个体差异。产排污系数只能代表各行业产排污量的平均水平，而企业的情况往往千差万别，因此，唯一的产排污系数可能会带来"四同"条件下微观企业产排污数据的较大偏差。

⑤污染治理设施的实际处理效果无法在排污系数中体现。系数手册中部分行业的排污系数是按污染治理措施常年稳定运行的理想状态核算的，但污染治理措施实际去除效率是否常年稳定、真正的投运率都对排污量有较大影响，而部分企业在选择排污系数时往往选择最好的污染治理措施对应的最小排污系数，机械地套用系数核算，缺少现场核查，核算结果与实际情况就会产生较大偏离。

⑥产排污系数本身还存在许多需要进一步完善的地方。如既涉及六价铬又涉及总铬的指标，但涉及六价铬的行业中只有部分行业提供了总铬的系数，因此导致了区域的六价铬排放量可能高于总铬；部分行业废气（废水）的产生系数小于排放系数，导致出现废气（废水）的产生量小于排放量的逻辑错误等。

（3）物料衡算法

物料衡算法是指根据物质质量守恒原理，对生产过程中使用的物料变化情况进行定量分析的一种方法。运用物料衡算法进行污染物产排量的核算，是将工业污染源的排放、生产工艺管理、资源（原材料、水、能源）综合利用和环境治理结合起来，系统全面地研究生产过程中污染物产生、排放的一种定量分析方法。其计算公式见式（6-3）。

$$\sum G_{投入} = \sum G_{产品} + \sum G_{流失} \qquad (6\text{-}3)$$

式中：$\sum G_{投入}$ —— 投入系统的物料总量；

　　　$\sum G_{产品}$ —— 产出的产品量；

　　　$\sum G_{流失}$ —— 物料流失量。

当投入的物料在生产过程中发生化学反应时，可按下列总量法公式进行衡算。

$$\sum G_{排放} = \sum G_{投入} - \sum G_{回收} - \sum G_{处理} - \sum G_{转化} - \sum G_{产品} \qquad (6\text{-}4)$$

式中：$\sum G_{排放}$ —— 某污染物的排放量；

　　　$\sum G_{回收}$ —— 进入回收产品中的某污染物总量；

　　　$\sum G_{处理}$ —— 经净化处理掉的某污染物总量；

　　　$\sum G_{转化}$ —— 生产过程中被分解、转化的某污染物总量。

采用物料衡算法核算污染物产生量和排放量时，应对企业生产工艺流程和能源、水、物料的投入、使用、消耗情况进行充分调查、了解，从物料平衡分析着手，对企业的原材料、辅料、能源、水的消耗量和生产工艺过程进行综合分析，使测算出来的污染物产生量和排放量比较真实地反映企业生产过程中的实际情况。

物料衡算可以按需要，围绕整个生产过程或生产过程的某一部分、单元操作、反应过程、设备的某一部分或设备的微分单元进行。这种为进行物料衡算所取的生产过程中某一空间范围称为控制体。为进行物料衡算，首先按分析的需要划定控制体，再选定衡算的物料质量基准。对于间歇操作常取一批原料或单位原料，对于连续操作通常取单位时间处理的物料量。

物料衡算的步骤有：①作控制体的流程图，给出物流编号。根据选取的衡算物料质量基准，在图上注明各已知的物料质量和组成，给待求未知量标以相应的符号。②列出各独立方程，校核独立方程数目是否与未知量数目相等。③解方程组求出各未知量。如果参与过程的物料中，有一个或数个组分（或元素）的质量在进料和某个出料中不发生变化，则这种组分称为联系物或惰性组分。找出过程中的联系物，可使物料衡算变得较为方便。

综上所述，采用物料衡算法核算污染物产生量和排放量时工作量较大，计算过程十分烦琐，还需要考虑到每一个细微环节，只有对各行业的生产工艺十分了解的专业人员才能熟知生产工艺过程中每个环节的物料投入和产出，才能利用物料衡算法准确地核算出污染物的产排量。因此实际操作过程中，由于专业知识有限，且生产过程中的物料损耗、污染物的无组织排放等因素无法准确估算，因此物料衡算法在环境统计中的使用范围十分有限。

6.1.2　污染物产排量的核算原则

（1）对持排污许可证的工业企业按许可证年度执行报告内容填报；排污许可证申请与核发技术规范中有污染物排放量许可限值核算方法的，污染物产生量和排放量核算方法与排污许可证申请与核发技术规范保持一致。

（2）对于暂未持证的工业企业，参照以下原则选取核算方法。

1）电站锅炉、钢铁行业中烧结工序、炼油二氧化硫产生量、排放量优先采用物料衡算法（硫平衡）核算。

由于电站锅炉、钢铁行业中烧结工序、炼油工序等行业燃料或原料等活动水平参数容易获得且数据质量较高，燃料或原料中的硫元素含量及其转化情况较为明确，故根据质量守恒原理，通过硫平衡的计算，即可核算出燃料或原料中转化而成的二氧化硫，因此使用物料衡算法具有独一无二的优势，且准确度较高。

电站锅炉二氧化硫产生量指燃料消耗产生的硫，通过燃料消耗量、燃料含硫率与硫的转化率等参数计算得出；二氧化硫排放量指经烟气排放的硫，通过二氧化硫产生量与脱硫设施综合脱硫效率等参数计算得出。

钢铁行业中烧结工序、炼油二氧化硫产生量包括原料和燃料消耗产生的硫。原料带入的硫通过原料消耗量和原料含硫率等参数计算得出，二氧化硫排放量指经排气筒排放的硫，不包括进入产品的硫，通过硫总量扣除产品、固体废物等的硫计算得出。燃料消耗的二氧化硫产生量和排放量参照电站锅炉核算。

2）除上述特定行业特定污染物外的行业企业，符合以下监测数据有效性认定要求的，通过监测数据法核算污染物产生量、排放量。

采用监测数据法核算污染物产排量的，须提供符合以下有效性认定要求的全部监测数据台账，与报表同时报送环境统计部门，以备数据审核使用。

若进口或出口监测数据不符合有效性认定要求，可选用其他核算方法，污染物产生量、排放量允许使用不同的核算方法。

①监测数据有效性认定要求。

a. 监督性监测数据。调查年度内由县（区）及以上环保部门按照监测技术规范要求进行监督性监测得到的数据。实际监测时企业的生产工况符合相关监测技术规定要求，废水（气）污染物年监测频次达到 4 次以上；并且至少每季度 1 次。季节性生产企业，在监测期内有 4 次监测数据，或每月监测 1 次。废气监测因子至少包含废气流量、二氧化硫（氮氧化物）数据。若废水流量无法监测，可使用企业安装的流量计数据，或通过水平衡核算废水排放量。

b. 自动在线监测数据。调查年度全年按照相应技术规范开展校准、校验和运行维护，季度有效捕集率不低于 75% 的，且保留全年历史数据的自动在线监测数据，可用于污染物产生量、排放量核算。

c. 企业自测数据。调查年度内由企业自行监测或委托有资质相关机构监测的数据。企业自行或委托有资质机构监测的数据必须符合《国家重点监控企业自行监测及信息公开办法（试行）》中的相关要求。

②监测数据使用原则。

按照以下优先顺序使用监测数据核算污染物产生量、排放量：

符合规范要求的自动在线监测数据、企业自测数据、监督性监测数。

③产排污量的计算原则。

a. 废水污染物产排污量。有累计流量计的可按废水流量加权平均浓度和年累计废水流量计算得出；没有累计流量计的，按监测的瞬时排放量（均值）和年生产时间进行核算；没有监测废水流量而有废水污染物监测的，可按水平衡测算出的废水排放量和平均浓度进行核算。

b. 废气污染物产排污量。通过监测的瞬时排放量（均值）和年生产时间进行核算。

3）对以上情况外的，污染物产生量、排放量，可根据产排污系数法核算。

产排污系数使用技术要求如下。

①参考重新调整、修订的《第一次全国污染源普查工业污染源产排污系数手册》，待第二次全国污染源普查产排污系数确定后，使用第二次全国污染源普查系数。

②根据产品、生产过程中产排污的主导生产工艺、技术水平、规模等，选用相对应的产排污系数，结合本企业原、辅材料消耗、生产管理水平、污染治理设施运行情况，确定产排污系数的具体取值，依据本企业调查年度的实际产量，核算产排污量。

③产排污系数手册中没有涉及的行业，可根据企业生产采用的主导工艺、原辅材料，类比采用相近行业的产排污系数进行核算。

④企业生产工艺、规模、产品或原料、污染治理工艺等确实与产排污系数手册所列不能吻合的，或产排污系数手册中没有覆盖的行业且又无法类比的，各地可根据当地企业已有监测数据或其他可靠资料，核算出相应的系数，将系数及核算方法报生态环境部备案后，使用该系数及核算方法核算污染物产生量、排放量。

4）现有企业用监测数据法核算污染物产生量、排放量的，须与产排污系数法进行校核。两种方法核算结果偏差大于 30% 的，须延用 2010 年污染源普查动态更新减排基数库中采用的核算方法。

6.1.3　挥发性有机物（VOCs）产排量核算方法

（1）工业生产过程中 VOCs 核算方法

工业生产过程中的 VOCs 产排量通过产排污系数法进行核算。

$$E=A\times EF\times（1-\eta）\tag{6-5}$$

式中：E——污染源 VOCs 年排放统计量，t；

　　　A——该污染源的经济活动水平，计算工业生产过程时一般为年度产品产量信息，10^3 t；

　　　EF——控制装置前 VOCs 排放系数，kg VOCs/t 产品产量；

　　　η——末端控制装置的 VOCs 去除效率，若企业未安装 VOCs 控制装置，则取 0。

（2）工业溶剂使用过程中 VOCs 核算方法

对于溶剂使用源产生的 VOCs，采用物料衡算法进行核算。

$$E=S_u\times S_v\times（1-\eta）-S_r\times S_{rv}\tag{6-6}$$

式中：S_u——溶剂使用量，t；

　　　S_v——溶剂中 VOCs 含量，g/L；

　　　S_r——该废溶剂回收量，t；

　　　S_{rv}——废溶剂中 VOCs 含量，g/L；

　　　η——工业溶剂使用过程 VOCs 控制装置的控制效率，若没有安装 VOCs 控制装置，则 η 取值为 0。

6.1.4　非重点调查工业源核算方法

以地市级行政单位为基本单元，根据重点调查企业汇总后的实际情况，采用"比率估算法"，估算非重点调查单位的相关数据，并将估算数据分解到所辖各区县填报非重点调查工业污染排放及处理利用情况表。

比率估算法是以重点调查单位的排放总量作为估算的对比基数，按重点调查单位排放总量变化的趋势（与上年相比排放量增加或减少的比率），等比或将比率略做调整，估算出非重点调查单位污染物排放量。

6.1.5　核算常见问题及解决办法

（1）常见问题

1）核算方法任意选取，年际间核算方法不合理变更

①由产排污系数法变更为监测数据法

【案例】某农副食品企业，其主要的原辅材料、生产工艺、产品、生产规模及末端污

染治理设施未有明显变化，上年采用产排污系数法计算，化学需氧量排放量核算为 2 079.7 t；当年采用监测数据法计算，化学需氧量排放量核算为 7.4 t。

a. 上年核算过程：采用的排污系数为 21 168 g/t。

b. 当年核算过程：采用的排放浓度为 26.68 mg/L。

排污环节	废水排放口		核算方法：	○产排污系数法 ●监测法
核算内容：	●自动监测 ○手工监测			
平均浓度（毫克/升）：	26.288032		废水排放量（吨）：	281010.0000
污染物产生量（吨）：	59.659410		污染物排放量（吨）：	7.387200
上传有效数据条数：	4			

②核算方法选用不合理

【案例】某矿业有限责任公司，采用镍精粉生产高冰镍，其主要的原辅材料、生产工艺、产品、生产规模及末端污染治理设施未有明显变化，上年采用产排污系数法，二氧化硫排放量核算为 12 798 t；当年采用了工业、电站锅炉二氧化硫的物料衡算法，二氧化硫排放量核算为 768 t，属于核算方法改变且方法选用不合理。

a. 上年核算过程：选用排污系数 4 957 kg/t。

b. 当年核算过程：采用了工业、电站锅炉二氧化硫的物料衡算法。

燃料/原料类型	燃烧效率（取 0～1）	转换系数	消耗量	单位	含硫量（%）	产生量（吨）	综合去除率（%）	治理设施工艺	排放量（吨）
焦炭量	1	2	3984.554	吨	0.8	63.752864	94	其它烟气脱硫法	3.825172
铁矿石洞耗量	0.85	2	46924.875	吨	16	12763.566000	94	其它烟气脱硫法	765.813960

2）核算参数选取不合理或任意变更

①产排污系数明显变小

【案例】某淀粉生产企业，其主要的原辅材料、生产工艺、产品、生产规模及末端污染治理设施未有明显变化，上年采用产排污系数法计算，化学需氧量排放量核算为 977.7 t；当年采用产排污系数法计算，化学需氧量排放量核算为 17.06 t。

a. 上年核算过程：排污系数采用 193 526.3 g/t。

规模等级	末端治理技术	产品产量/原料消耗量	单位	排污系数	参考排污系数及计算公式	系数说明	排放量(吨)	操作
日处理马铃薯≥10▼	沉淀分离　　▼	5052	克/吨-产品	193526.3	177980.8	第一次全国污染源普查产污系数手……	977.695	删除

b. 当年核算过程：排污系数采用 5 179.8 g/t。

②由排污系数变更为综合去除效率，去除效率偏高

【案例】某医药生产企业，其主要的原辅材料、生产工艺、产品、生产规模及末端污染治理设施未有明显变化，上年采用产排污系数法，化学需氧量排放量核算为 10 136 t；当年采用综合去除效率，化学需氧量排放量核算为 4.99 t。

a. 上年核算过程：采用排污系数 57 600 g/t。

产品产量/原料消耗量	单位	排污系数	参考排污系数及计算公式	系数说明	排放量(吨)
175985.5	克/吨	57600	---		10136.765

b. 当年核算过程：采用综合去除效率 97%。

参考排污系数及计算公式	综合去除效率(%)	系数说明	污染物单位	产生量(吨)	排放量(吨)
57,600,11,700	97		克	23.115000	0.693450
32,100	97		克	143.386900	4.301607

③含硫量、去除效率取值趋向于低排放量核算

【案例】某化工股份有限公司，其主要的原辅材料、生产工艺、产品、生产规模及末端污染治理设施未有明显变化，两年相比，含硫量下降，去除效率上升，二氧化硫排放量从上年的 9 620 t 下降到当年的 237 t。

时间	煤炭消耗量/万 t	含硫量	去除效率	脱硫工艺
上年	132	1.07%	60%	氨法
当年	232	0.75%	99.28%	氨法

【案例】某钢铁生产厂，其主要的原辅材料、生产工艺、产品、生产规模及末端污染治理设施未有明显变化，原料系统、炼焦、烧结或球团、炼钢、炼铁、轧钢等所有排污环节的烟粉尘无组织排放系数，均选取一级除尘装备水平，且只根据烟气浓度确定烧结工艺的二氧化硫去除效率，未考虑烟气收集率的问题。

企业名称	当年			上年			备注
	烟粉尘/t	核算方法	无组织系数	烟粉尘/t	核算方法	无组织系数	
钢铁生产厂	1 784.13	系数法	0.024 3	9 152.63	系数法	1.3	所有环节选取一级除尘装备水平

3）监测数据采用不规范

①使用不符合技术规定要求的监测数据

【案例】某化工股份有限公司，其主要的原辅材料、生产工艺、产品、生产规模及末端污染治理设施未有明显变化，上年、当年两年均用监测法核化学需氧量，上年采用自动在线监测数据，监测数据完整，符合技术规定要求，化学需氧量排放量核算为 456 t；当年仅手工填写一条平均浓度为 11.32 mg/L 的化学需氧量监测数据，未上传原始监测数据，不符合技术规定要求，化学需氧量排放量核算为 0.038 t。

②污染物监测浓度下降幅度过大

【案例】某精细化工有限公司，其主要的原辅材料、生产工艺、产品、生产规模及末端污染治理设施未有明显变化，上年、当年两年均用监测法核算化学需氧量，上年化学需氧量平均排放浓度为 380 mg/L，化学需氧量排放量核算为 1 695 t；当年仍采用监测法，化学需氧量平均排放浓度为 25.49 mg/L，浓度下降幅度过大，化学需氧量排放量核算为 15.3 t。

③利用手工监测数据核算废水污染物，未核实废水流量

利用手工监测数据核算废水污染物，首先需核实废水流量，废水流量与通过水平衡或产污系数得出的废水排放量相差较大时，原则上不能用废水流量核算废水污染物排放量。

【案例】某企业，未注意流量的合理性，手工监测的废水流量与企业的废水排放量差距较大。流量非自动监测的，原则上不能利用数次瞬时流量值核算。

a. 原始手工监测数据。

时间	化学需氧量		氨氮		流量/t
	浓度/（mg/L）	排放量/kg	浓度/（mg/L）	排放量/kg	
1 月	63.46	1 071.54	5.26	88.82	16 885.36
2 月	60.24	941.59	5.21	81.42	15 630.58
3 月	70.12	1 184.89	4.58	77.37	16 892.34
4 月	75.69	1 104.16	6.32	92.19	14 587.99
5 月	69.87	923.29	5.28	69.77	13 214.44
6 月	65.44	948.9	5.48	79.46	14 500.33
7 月	70.45	1 126.51	5.22	83.46	15 990.14
8 月	68.52	882.2	5.27	67.85	12 875.02
9 月	67.22	890.18	5.63	74.56	13 242.84
10 月	69.38	971.42	4.58	64.13	14 001.44
11 月	70.11	1 055.96	4.26	64.16	15 061.47
12 月	70.25	1 185.56	5.19	87.59	16 876.33
年排放总量	—	12 295	—	933	179 758.28

b. 环境统计业务系统填报。

二、工业废水	--	--	--	
工业废水排放量	吨	29	328200.000	

由此可见，流量手工监测值 179 758 t 与企业填报的废水排放量 328 200 t 相差较大，手工监测流量数据明显偏小，不能用手工监测数次瞬时流量值与监测浓度核算废水污染物排放量。

④利用自动在线监测数据，未核实废气流量或废气污染物排放浓度

利用自动在线监测数据核算废气污染物排放量，首先要核实废气流量。废气排放量可根据工程设计参数或经验参数进行校核，对于有烟气旁路且自动在线监测设备装置在净烟道的，核算污染物排放量要考虑烟气旁路漏风、旁路开启等情况。如 2016 年，废气污染源质控抽测的 77 台 CEMS 中，烟气流速比对合格率仅为 46.9%。若自动监测数据与经验参数相差较小，则可用烟气产生量的经验值和自动监测浓度值进行核算，其他行业参照排放标准中的基准排气量校核。

【案例 1】某企业 1 季度生产 2 184 h，数据无效时段小时数为 889 h，数据有效捕集率为 59.3%，低于 75%，不能用于排放量测算。

【案例2】以某火电企业为例。

机组规模/MW	烟气产生量/（Nm³/t 煤）
≥750	8 271
450~749	10 150
250~449	9 713
150~249	9 305

根据在线监测数据推算，吨煤烟气排放量为 4 890 Nm³，远低于 8 000~10 000 Nm³ 的标准水平，自动在线监测废气流量无法用于直接核算。

随机调取的脱硫设施 DCS 曲线（脱硫设施运行参数、生产负荷、二氧化硫排放浓度）表明，每天大概有 9~10 h 停止投运脱硫剂，且该段时间的发电负荷和二氧化硫排放浓度没有明显变化，由此可判定自动在线废气污染物排放浓度无法用于直接核算。

4）重要排污环节漏报或零排放

①核算环节漏报

【案例1】某钢铁集团有限公司当年未计算原料系统烟粉尘无组织部分排放量。

【案例2】某钢铁公司，监督性监测报告中有炼焦和炼钢等工序的污染物监测浓度，但核算系统中无相应工序的污染物排放量核算。

②重要排污工序零排放

【案例】某焦化有限责任公司，炼焦、尿素和电厂废水中化学需氧量上年排放量为 1 747 t，当年填报为零排放。

5）非重点估算常见问题

①由非重点表中的燃料煤消耗量和二氧化硫产生量推算出非重点煤炭含硫率偏低，低于重点调查平均值。

②由非重点表中的污染物产生量和排放量推算出非重点污染物去除效率过高，高于重点调查。

③非重点燃煤消耗量与废气污染物排放量变化趋势不合理。

（2）解决办法

1）若无合理原因（如调查对象采用了清洁生产工艺、有超低排放改造、新建污染治理设施或原有污染治理设施有重大改造），企业应保持年际间核算参数的一致性和连贯性；

2）严格规范监测数据的使用。

监测数据使用要求如下：

①废气。废气排放量自动监测数据应根据工程设计参数进行校核，监测数据明显存在

问题的，不得采用监测数据核算废气排放量。

对于有烟气旁路且自动监测设备装置在净烟道的，核算污染物排放量要考虑烟气旁路漏风、旁路开启等情况。

手工监测数据不用于核算废气污染物排放量。

②废水。未安装流量自动监测设备的，废水排放量原则上不采用监测数据进行计算，而应根据企业取水量或系数法进行核算。

废水污染物监测频次低于每季度 1 次的，不得采用监测数据法核算排放量。

有累计流量计的可按废水流量加权平均浓度和年累计废水流量计算得出；没有累计流量计的，按监测的瞬时排放量（均值）和年生产时间进行核算；没有监测废水流量而有废水污染物监测的，可按水平衡测算出的废水排放量和平均浓度进行核算。

3）核实并补充漏报的重要排污工序和环节

①核实并补充漏报的排污工序和环节；

②监督性监测报告中有污染物检出浓度的排污工序和环节，应确保纳入。

6.2　农业源

6.2.1　大型畜禽养殖场核算方法

（1）核算方法

根据固肥和液肥的产生和利用情况来估算固肥和液肥排入环境的情况，根据固肥和液肥中养分含量，估算污染物排放量。

$$固肥未利用量＝固肥产生量－固肥利用量$$

$$液肥未利用量＝液肥产生量－液肥利用量$$

畜禽养殖场污染物产生量＝饲养量×（粪便产生系数×粪便中污染物浓度＋
$$尿液产生系数×尿液中污染物浓度）$$

畜禽养殖场污染物排放量＝固肥未利用量×固肥中养分含量＋液肥未利用量×
液肥中养分含量＋（液肥处理方式含"处理后排放"的）经过处理排放的液肥
利用量×畜禽养殖业污染物排放标准中污染物排放限值

（2）校核方法

固肥、液肥产生量理论值校核公式：

$$固肥产生量理论值＝畜禽饲养量×畜禽养殖粪便产生系数$$

$$液肥产生量理论值＝畜禽饲养量×畜禽养殖尿液产生系数$$

6.2.2 核算常见问题及解决办法

（1）常见问题

①饲料使用量与饲养量关系不匹配。

【案例1】某奶牛养殖场，饲养量为6 866头，饲料使用量为75 205 t，平均每头奶牛年饲料使用量10.95 t，年均饲料使用量过高，需进一步核算数据。

【案例2】某生猪养殖场，饲养量为100 500头，年饲料使用量为915 t，平均每头生猪牛饲料使用量为0.009 1 t，年均饲料使用量偏低，需进一步核算数据。

②固肥、液肥产生量填报值与理论值差异偏大。

固肥、液肥产生量的理论值可根据固肥、液肥产生系数与饲养量计算，可与固肥、液肥产生量填报值进行校核。

【案例1】某肉鸡养殖场，年饲养量720 000羽，固肥产生量300 t，但理论产生量应为4 320 t，可能存在固肥产生量填报过低的情况。

【案例2】某肉鸡养殖场，饲养量为100 000羽，填报固肥产生量为25 000 t，理论产生量为600 t，可能存在固肥产生量填报过高的情况。

【案例3】某生猪养殖场，饲养量为500头，液肥产生量为0.000 1 t，理论产生量为227.5 t，应存在液肥产生量填报过低的情况。

③污染物产生量小于排放量。

畜禽养殖场污染物的产生量、排放量均通过公式计算获得，由于计算所用的基础指标不同，导致计算结果出现产生量小于排放量的情况。污染物产生量是通过饲养量与理论粪便、尿液产生系数以及平均粪便中、尿液中污染物浓度计算获得，污染物排放量是通过实际的固肥、液肥未利用量与粪便、尿液中污染物浓度，并结合污染物最终处理排放方式计算获得，因此，如果出现固肥、液肥未利用量高于理论上粪便、尿液产生量的，则可能出现污染物产生量小于排放量的情况。

【案例1】某生猪养殖场，饲养量1 200头，测算获得总氮产生量4 423 kg，总氮排放量6 927 kg，大于产生量，进一步审核其他数据发现，填报的固肥产生量为3 500 t，理论产生量应接近267.6 t。

【案例2】某生猪养殖场，饲养量2 000头，测算获得化学需氧量产生量为72 968 kg，化学需氧量排放量为191 823 kg，为产生量的2.6倍，进一步审核其他数据发现，填报固肥产生量为9 710 t，理论产生量应接近446 t。

（2）解决办法

建议填报固肥、液肥产生量时，根据畜禽养殖粪便、尿液产生系数等计算理论产生量，对填报数据进行校核；同时加强日常管理，做好生产经营台账，提高填报数据准确性。畜禽养殖粪便、尿液产生系数见表 6-1。

表 6-1　畜禽养殖粪便、尿液产生系数

种类	统计方式	养殖周期/d	日粪便产生量/[kg/（d·头）]	日尿液产生量/[L/（d·头）]	粪便产生系数/[kg/（头·a）]	尿液产生系数/[L/（头·a）]
生猪	出栏量	180	1.24	2.53	223	455
奶牛	存栏量	365	25.71	12.23	9 384	4 464
肉牛	出栏量	660	10.88	7.58	7 181	5 003
蛋鸡	存栏量	365	0.13	—	47	—
肉鸡	出栏量	52	0.11	—	6	—

6.3　生活源

生活源污染物产生量和排放量采用调查区域内人口、用水量、排水系数、能源使用量等部门统计数据进行测算。

6.3.1　生活污水污染物排放量核算方法

（1）生活污水排放量

生活污水是居民日常生活中排出的废水，包括居民家庭和住宿业与餐饮业、居民服务和其他服务业、医院污水等公共服务设施排出的污水。

污水排放量根据城市供水部门的用水量乘以污水排污系数测算得出，计算公式：

城镇生活污水排放量＝城镇生活用水总量×污水排放系数

污水排放系数可采用城市供水管理部门或市政管理部门的统计数据计算，一般为 0.8～0.9。

如果辖区内的城镇污水处理厂配备再生水回用系统，有再生水利用量，则

城镇生活污水排放量＝城镇生活用水总量×污水排放系数−污水处理厂再生水量

（2）生活污水污染物排放量

生活污水污染物产生量是指各类生活源从贮存场所排入市政管道、排污沟渠和周边环境的量。

生活污水污染物产生量按照城镇人口与人均产污强度计算。

污染物产生量＝人口×人均产污强度×365

城镇居民人均产污强度和服务业污染物排放强度是根据第一次全国污染源普查核算的结果进行调整后并由生态环境部确定的数据。

生活污水中各项污染物的排放量是指最终排入环境的污染物的量，即污染物的产生量

扣减经集中污水处理厂处理生活污水去除的量。

$$污染物排放量＝污染物产生量-污水处理厂去除量$$

$$污染物的去除量＝（污水处理厂的进口浓度-污水处理厂出口浓度）×$$
$$污水处理厂处理的生活水量$$

6.3.2　生活废气污染物排放量核算方法

（1）生活能耗消费量

①生活煤炭消费量：数据来源于统计部门，包括第三产业和居民生活两个部分的煤炭消费量（实物量，下同）。生活煤炭消费量计算公式为

$$生活煤炭消费量＝全社会煤炭消费总量-工业煤炭消费量$$

全社会煤炭消费总量来源于统计年鉴中煤炭平衡表，工业煤炭消费总量来源于环境统计工业调查，包括原料煤和燃料煤的消费量。

②生活天然气消费量：数据来源于统计部门能源平衡表，包括第三产业和居民生活两个部分。全社会天然气消费总量来源于统计年鉴中能源平衡表，工业天然气消费总量来源于环境统计工业调查。

$$生活天然气消费量＝全社会天然气消费量-工业天然气消费量$$

（2）生活废气污染物排放量

1）生活燃煤二氧化硫采用物料衡算法进行核算

$$生活燃煤二氧化硫排放量＝生活煤炭消费量×含硫率×0.85×2$$

天然气燃烧产生的二氧化硫排放量忽略不计。

2）生活源氮氧化物排放量采用排放系数法测算

1 t 煤炭氮氧化物产生量为 1.6～2.6 kg，平均可取 2 kg；1 万 m^3 天然气氮氧化物产生量为 8 kg。

3）生活燃煤烟尘排放量核算

①供热锅炉房燃煤的烟尘排放量，按照工业锅炉燃煤排放烟尘的计算方法和排放系数计算。

②居民生活以及社会生活用煤的烟尘排放量，按照燃用的民用型煤和原煤，分别采用不同的计算系数。

a. 民用型煤的烟尘排放量，以每吨型煤排放 1～2 kg 烟尘量计算，计算公式为：

$$烟尘排放量（t）＝型煤消费量（t）×（1～2）‰$$

b. 原煤的烟尘排放量，以每吨原煤排放 8～10 kg 烟尘量计算，计算公式为：

$$烟尘排放量（t）＝原煤消费量（t）×（8～10）‰$$

4）生活源挥发性有机物排放量核算

生活源挥发性有机物（VOCs）排放量根据居民生活消费燃料消耗量与排放系数进行核算。

$$生活燃煤 VOCs 排放量（t）＝生活煤炭消费量（t）×0.6×10^{-3}$$
$$生活天然气 VOCs 排放量（t）＝生活天然气消费量（万 m^3）×1.3×10^{-3}$$

6.3.3　核算常见问题及解决办法

生活源污染物产生量和排放量采用调查区域内人口、用水量、折污系数、能源使用量等部门统计数据进行测算。由于其他部门统计口径和统计时间节点要求与环境统计不同，在核算生活源污染物排放量时存在的最大问题是指标理解错误、数据使用不正确或不能及时获取，根据这一情况，环境统计对核算需使用的一些参数的来源做了以下规定，并对存在的问题提出了解决的办法。

（1）人口

生活源污染物核算使用的人口数为城镇常住人口而非户籍人口。2005 年起国家统计局公布的分地区年末人口数统计口径为常住人口，各地市向统计部门申请获取人口数时，明确是常住人口，避免由户籍人口核算污染物产生量导致的差异。

存在问题：使用户籍人口核算污染物产生量。

解决办法：向统计部门申请获取城镇常住人口数。

（2）生活用水量

生活用水量数据采用统计部门或住建部门调查的数据，包括公共服务用水量（行政事业单位、公共设施服务和三产用水等）、居民家庭用水量和免费供水量中的生活用水量。

环境统计中出现的主要问题如下。

①指标理解错误：使用居民家庭用水量核算，漏掉了公共服务用水量和免费供水量中的生活用水量，核算的生活污水产生量偏小，导致污水处理厂处理水量大于产生量。

解决办法：请统计部门或住建部门提供统计数据时，说明生活用水量包括 3 个部分：公共服务用水量、居民家庭用水量和免费供水量中的生活用水量，用 3 个部分水量之和核算生活污水产生量。

②统计范围不一致：人口数采用统计局的城镇常住人口，而生活用水量采用住建部门城区和县城的生活用水量，未考虑其他建制镇的用水情况，其不是所有镇的生活用水量，导致生活用水量偏小。

解决办法：住建部门分成城市（县城）和村镇建设两部分，城市（县城）部分统计范围是城区和县城所在地的镇，村镇部分统计范围是其他建制镇和村庄（建制镇以外的区域）。生活用水量应为城区、县城和其他建制镇生活用水量之和。

（3）生活煤炭消费量

生活煤炭消费量一般采用统计部门的数据，数据来自各地区统计部门发布的生活煤炭消费量或省级统计部门发布的各市（区、县）生活煤炭消费量。如果无法从统计部门获取相应的数据，可采用以下任一种方式获取。

①"气十条"调查的生活煤炭量数据：有些城市在制定"气十条"实施方案时对全市生活燃煤情况进行过统计，以此为基数，环境统计可根据每年削减的量（如煤改气、煤改电）后的煤炭量核算废气污染物的排放量；

②排放清单核定的数据：可依据本地区编制民用源废气排放清单时已采用的煤炭消费量数据；

③抽样调查的数据：按照国家有关规定开展抽样调查推算出的数据。

（4）生活燃煤含硫量、灰分

如果无法从质量检验部门获取市场生活燃煤的含硫量、灰分，可采用以下任何一种方式获取。

①参考工业煤炭含硫量、灰分：根据工业污染源调查结果，计算本地区工业工业煤炭平均含硫量和灰分，以此做参考，确定生活燃煤的含硫量和灰分；

②抽样调查：对本地区市场销售的民用燃煤开展抽样调查或分析，推算生活燃煤的含硫量和灰分。

（5）天然气消费量

①统计部门数据：直接采用本地区统计部门统计的数据；

②供气公司汇总：从供气公司获取本地区生活用供气量；

③抽样调查：开展抽样调查，推算出本地区生活用气量。

6.4　集中式污染治理设施

6.4.1　二次污染的污染物产排量核算方法

集中式污染治理设施二次污染的污染物产生、排放量主要采用实际监测法和产排污系数法核算（核算方法使用要求同工业源）。

污水处理厂不核算排放量，通过计算污水处理厂处理生活污水而削减的污染物量，为生活源污染物排放核算提供数据。

垃圾处理厂根据不同的处置方式采用不同的核算方法。开展监测的，采用监测法核算污染物排放量，没有监测数据的，采用排污系数法核算污染物排放量。

危险废物处置厂一般采用监测法进行核算。

污水处理厂污泥、焚烧厂的炉渣和焚烧残渣等固体废物一般按企业运行管理的报表填报。

6.4.2　核算常见问题及解决办法

（1）集中式污水处理厂

1）污水处理设施类型选择错误

存在问题：混淆城镇污水处理厂、农村污水处理厂和集中式工业污水处理厂的划分，污水处理设施类型选择勾选错误。

解决办法：①根据污水处理厂污水的来源判断：如果处理的污水来自城镇生活产生的，则为城镇污水处理厂；如果来自乡或村里，则为农村污水处理厂。②根据污水收集系统判断：污水处理厂建设时按工业污水收集系统建设的，则为工业污水处理厂；如果不是，则为生活污水处理厂。如果建设时按工业污水处理厂立项建设，建成后工业污水没有接入，主要以处理生活污水为主，需进行说明后选择生活污水处理厂。

2）没有理解再生水利用量的界定

存在问题：污水处理厂没有再生水处理工艺或浓度处理工艺，将处理后直接排入环境的污水量计入再生水量统计。

解决办法：无论污水处理厂出水水质达到什么标准，如果没有使用方，均不纳入再生水量统计。

3）污染物浓度不合理

存在问题：有些指标存在逻辑错误，如 BOD 浓度高于 COD 浓度，氨氮浓度高于总氮浓度。

解决办法：一是核实数据是否填反；二是核实数据是否正确。

（2）生活垃圾集中处理厂

1）垃圾处理方式选择错误

存在问题：一种处理方式勾选了多项，如垃圾焚烧发电厂，处置方式既勾选了焚烧，又勾选了焚烧发电；水泥窑协同处置垃圾厂，既勾选了焚烧，又勾选了协同处置，重复勾选。

解决办法：垃圾焚烧发电厂和水泥窑协同处置厂不能勾选焚烧处置方式。

2）调查表填报不全

存在问题：垃圾焚烧发电厂和水泥窑协同处置厂纳入集中式调查，未纳入工业源调查，或都纳入工业源调查而未纳入集中式调查。

解决办法：如果垃圾处理方式勾选了焚烧发电或水泥窑协同处置，则工业源调查表和生活垃圾集中处置厂调查表均要填报，生活垃圾处置厂不填报污染物的产生量和排放量指标，其他指标需填报。

（3）危险废物集中处置厂

存在问题：调查范围不全，有危险废物经营许可证，但未纳入环境统计调查，或所选填报的调查表错误。

解决办法：与当地环境保护主管部门（危险废物管理部门）提供的已申领危险废物经营许可证的企业名单对比，剔除只具有收集和转运资质的企业，将未填报统计报表的企业或已填但选错调查表的企业按下列原则进行核实：

①持有危险废物经营许可证，且综合利用危险废物只是其生产活动一个部分的企业，纳入工业源调查，不再填报危险废物集中处置厂调查表；②持有危险废物经营许可证，且处置危险废物只是其生产活动一个部分的企业，属于协同处置危险废物，纳入集中式调查，填报危险废物集中处置厂调查表，但不填污染物产生量和排放量数据；③持有危险废物经营许可证，且综合利用或处置危险废物是其全部的生产活动，纳入集中式污染治理设施调查。

6.5　机动车（移动源）

6.5.1　污染物排放量核算原理

机动车污染物的种类包括 CO、HC、NO_x 和颗粒物 4 类。机动车污染物排放量测算方法来源于全国第一次污染源普查任务中的机动车污染源测算工作。计算公式为：

$$排放量＝保有量×排放系数$$

$$排放系数＝综合排放因子×年均行驶里程$$

（1）保有量统计

机动车的调查范围包括汽车、摩托车和低速载货汽车，共 3 大类。机动车类型划分为 12 类，细分为 34 小类，包括出租车和公交车。燃料类型包括汽油、柴油和燃气 3 类。排放标准涉及国 0、国 I、国 II、国 III 和国 IV 标准 5 个阶段。机动车分类体系见图 6-2。

1）载客汽车

①大型载客车。车长大于等于 6 m 或者乘坐人数大于等于 20 人的载客汽车。②中型载客车。车长小于 6 m 且乘坐人数为 10～19 人的载客汽车。③小型载客车。车长小于 6 m 且乘坐人数小于等于 9 人的载客汽车，但不含微型载客汽车。④微型载客车。车长小于等于 3.5 m 且发动机气缸总排量小于等于 1 000 ml 的载客汽车。

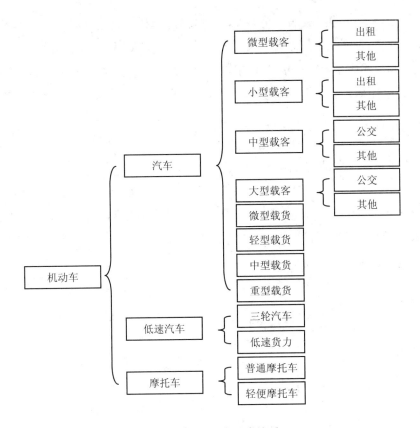

图 6-2　机动车分类体系

2）载货汽车

①重型载货车。总质量大于等于 12 t 的载货汽车。②中型载货车。车长大于等于 6 m 或者总质量大于等于 4.5 t 且小于 12 t 的载货汽车。③小型载货车。车长大于 3.5 m 小于 6 m 且总质量大于 1.8 t 小于 4.5 t 的载货汽车，但不含微型载货汽车。④微型载货车。车长小于等于 3.5 m 且总质量小于等于 1.8 t 的载货汽车。

3）低速汽车

①三轮汽车。以柴油车为动力，最大设计车速小于等于 50 km/h，总质量小于等于 2 t，车长小于等于 4.6 m，车宽小于等于 1.6 m，车高小于等于 2 m，具有 3 个车轮的货车。其中，采用方向盘转向、由传递轴传递动力、有驾驶室且驾驶人座椅后有物品放置空间的，总质量小于等于 3 t，车长小于等于 5.2 m，车宽小于等于 1.8 m，车高小于等于 2.2 m。②低速货车。以柴油车为动力，最大设计车速小于 70 km/h，总质量小于等于 4.5 t，车长小于等于 6 m，车宽小于等于 2 m，车高小于等于 2.5 m，具有 4 个车轮的货车。

4）摩托车

①普通摩托车。无论采用何种驱动方式，最高设计车速大于 50 km/h，或若使用内燃

机，其排量大于 50 ml 的两轮或三轮车辆，包括两轮摩托车、边三轮摩托车和正三轮摩托车（边三轮、正三轮摩托车可合称为三轮摩托车）。②轻便摩托车。无论采用何种驱动方式，最高设计车速不大于 50 km/h，若使用内燃机，其排量不大于 50 ml 的两轮或三轮车辆，包括两轮轻便摩托车、三轮轻便摩托车，但不包括最高设计车速不大于 20 km/h 的电驱动的两轮车辆。

（2）排放系数测算

1）机动车综合排放因子测算

机动车综合排放因子定义为某一类型机动车单车行驶单位距离排放污染物的质量，单位为 g/（km·辆）。其中，基本排放因子指新车使用后经正常劣化的实际排放状况，排放修正因子指表征不同类型车辆污染物排放受工况速度、环境参数、燃料特性等因素影响的参数。机动车综合排放因子以下式表示。

$$EF = BEF \times SCF \times TCF \times LCF \times FCF$$

式中：EF —— 综合排放因子；

　　　BEF —— 基本排放因子；

　　　TCF、SCF、FCF 和 LCF —— 温度、工况速度、燃料和负载等修正因子。

2）机动车年均行驶里程调查

机动车年均行驶里程是某类型机动车在调查基准年行驶的平均里程数。机动车年均行驶里程结果直接影响机动车移动源的污染物排放量，对机动车污染物排放准确化具有相当重要的作用。

为了计算污染物排放系数，需要提供对应机动车排放因子分类的年均行驶里程。调查时，空间分布上要求能够覆盖全国 300 余个地级市，时间上要求针对不同类型的车辆充分考虑其车龄与年均行驶里程的变化关系，对于变化明显，影响比较大的车型，以行驶里程为因变量，以使用年限为自变量按分类的不同车型进行回归，以回归曲线代表机动车逐年的累积行驶里程。

6.5.2　污染物排放量核算方法

为了简化核算过程，并体现各地对机动车的污染治理政策，"十二五"期间机动车污染物排放量的核算方法有所变化，遵照"遵循基数、算清增量、核实减量"的核算原则进行，基本思路如下。

$$污染物排放量 = 上年排放量 + 新增排放量 - 新增削减量$$

其中，新增排放量指由于新注册车辆数、转入车辆数导致的新增废气污染物排放量；新增削减量指由于注销车辆数、转出车辆数、车用油品升级、加强机动车管理导致的新增废气污染物削减量。机动车污染物核算思路见图 6-3。

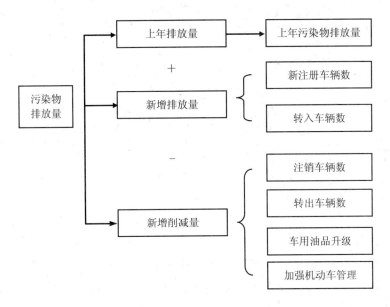

图 6-3　机动车污染物核算思路

即调查年度机动车污染排放量＝机动车保有量导致的排放量−减排措施削减量：

①排放系数为 2010 年机动车年排放强度，是基于 2010 年平均行驶里程数、单位行驶里程排放量测算的，不代表油品升级、交通限行等手段的排放水平。

②机动车保有量导致的排放量＝上年机动车保有量导致的排放量＋由于机动车保有量变化导致的污染物排放量变化＝上年机动车保有量导致的排放量＋（新注册车辆数＋转入车辆数−注销车辆数−转出车辆数）导致的污染物排放量变化。

③减排措施削减量＝上年措施削减量＋当年新增削减量。其中，减排措施包括车用油品升级、加强机动车管理等措施。

第 7 章

环境统计数据质量控制

统计数据质量是环境统计工作的生命线，为使环境统计数据更加全面、客观地反映环境保护工作现状，体现环境保护工作成效，支持环境保护决策的制定，环境统计工作必须采取有效的质量控制措施，不断提高环境统计数据质量，为环境管理提供有价值的信息。

《环境统计管理办法》（国家环境保护总局令 第 37 号）第五条规定，"各级环境保护行政主管部门应当根据国家环境统计任务和本地区、本部门的环境管理需要，在下列方面加强对环境统计工作的领导和监督……（四）按时完成上级环境保护行政主管部门依照法规、规章规定布置的统计任务，采取措施保障统计数据的准确性和及时性，不得随意删改统计数据"；第六条规定，"环境统计范围内的机关、团体、企业事业单位和个体工商户，必须依照有关法律、法规和本办法的规定，如实提供环境统计资料，不得虚报、瞒报、拒报、迟报，不得伪造、篡改"。

环境统计工作按照国家统一领导、地方分级负责工作体制，因此各级环境统计部门负责对辖区内的环境统计工作和环境统计数据开展质量控制工作。经过多年环境统计业务的积累和发展，目前已形成一套切实可行、相对完善，针对各级环境统计部门、各阶段环境统计流程的质控技术要求。各级各地环境统计部门和人员均要按照要求开展环境统计工作。

7.1 环境统计工作部署与培训

根据《环境统计管理办法》《环境统计报表制度》，生态环境部每年开展环境统计年报工作，以生态环境部正式印发文件通知（以下简称《通知》）为年度环境统计工作启动和总体部署。2017 年 11 月，环保部印发《关于开展 2017 年度环境统计年报工作的通知》（环办监测函〔2017〕1756 号），启动 2017 年度环境统计年报工作。

《通知》一般于当年年底前下发，明确次年环境统计工作的总体要求、报送内容、数据报送时间和方式以及数据审核内容等要求，并配套下发《环境统计报表制度》《环境统计技术要求》《环境统计数据审核细则》等文件，相关配套文件同时可在全国环境统计技术支撑单位中国环境监测总站官方网站（http：//www.cnemc.cn/）上下载。

《通知》下发后，各省（市、区）生态环境主管部门应认真研究部署全省（市、区）年度环境统计工作，转发或印发本省（市、区）关于开展环境统计工作的通知，明确本行政区域内企业、区县、地市等各级环境统计数据报送时间等具体工作要求。

一般在每年 11—12 月，由生态环境部组织开展全国环境统计业务培训，通过培训布置年度环境统计工作管理和技术要求，详细讲解工业源、农业源、生活源、集中式污染治理设施、机动车和环境管理等各类源环境统计技术规定、指标解释和报表填报要求。由生态环境部组织的全国环境统计培训一般覆盖各省级、地市级环境统计工作管理人员和技术人员，有时也会延伸到部分区县级环境统计相关人员。

全国环境统计培训工作结束后，各省（市、区）生态环境主管部门应结合本省（市、区）环境统计管理需要，组织开展省（市、区）内环境统计培训班，或组织各地市级环境管理部门分区域组织环境统计培训班。各省级、地市级生态环境主管部门组织的环境统计业务培训，应尽可能覆盖辖区内各级环境统计管理人员、技术人员及企业环境统计数据报送人员，确保将环境统计调查范围和工作要求传达到环境统计工作相关人员，向环境统计数据填报对象告知环境统计数据报送要求，督促环境统计调查对象落实相关法规、规章规定，如实、按时报送环境统计数据，按要求保存相关生产经营台账。

各级生态环境主管部门应将环境统计工作列入本部门环境保护工作总体规划，将环境统计日常工作经费纳入财政预算管理，确保环境统计工作开展所需的人员、设备落实到位。

7.2　建立环境统计调查企业名录库

建立环境统计调查企业名录库是开展环境统计工作的基础和开端，努力确保环境统计调查对象应查尽查、应报尽报，是保证环境统计数据全面性、完整性的前提。

环境统计按照"先入库、再有数"的原则，从 2017 年开始，在"十三五"环境统计业务系统（以下简称"业务系统"）中增加了独立的企业名录库功能模块，加强了环境统计调查企业名录的建立和动态更新管理。

以 2017 年环境统计企业名录库建立及更新工作为例，首先国家环境统计部门将 2016 年环境统计企业基本信息数据库导入业务系统，建立 2017 年统计调查企业的基本库。

其次，根据《通知》要求，地方各级生态环境主管部门于 2017 年年底前完成本行政区域内企业名录库的信息确认和更新工作，主要包括以下几个方面：

①完善调查范围。地方各级生态环境主管部门要结合排污许可制实施、挥发性有机物重点污染源监管等当前环境保护重点工作，按照环境统计调查范围要求，将其纳入环境统计重点调查范围。

②根据国家比对结果，查遗补漏。名录库初步建立后，国家组织将企业名录库与全国排污许可证管理平台企业名单、国家重点污染源监督监测企业名单、全国危险废物经营单位名单、重点排污单位名录等多个重点污染源监管名单比对，查找缺失企业。各省、地市根据名单比对结果，将应纳入而未纳入的企业补充到环境统计企业名录库中。

③企业名单确认及信息更新。各地方环境统计人员补充、完善本辖区内的环境统计企业名录库基本信息，更新企业生产状态，确立本区域企业名录库完整数据库及当年应当开展环境统计调查的企业名录。

7.3　环境统计数据采集与上报

环境统计数据采集与上报过程是环境统计数据全流程的开端，是确保数据源头质量的关键步骤。环境统计调查企业应当依法履行填报主体责任，重点行业企业按管理需要开展精细化核算，完成源头数据审核要求，建立健全相关基础资料。各地方基层环境统计人员应当落实对统计调查企业的监督、指导，督察企业按要求完成数据报送工作。

7.3.1　企业履行填报主体责任

环境统计调查企业依法具有如实填报统计数据的主体责任，并对统计数据质量负责。环境统计调查范围中，工业企业、畜禽养殖场、集中式污染治理设施单位等统计调查对象，均是填报环境统计数据的责任主体，应当坚持依法、自主报送统计数据，不可由环保部门代填代报，统计调查对象报送统计数据，还应当由填报人员、审核人员和单位负责人签字，并加盖公章。

基层环保部门统计人员要加强对统计调查对象的指导、监督，应监督落实调查对象履行填报主体责任。

7.3.2　污染物产排量核算

为了适应环境保护工作精细化管理要求，"十三五"环境统计业务系统建设了数据核算功能，所有企业污染物产生量、排放量均通过业务系统核算功能，根据所填或所选参数计算得到污染物产生量、排放量，核算过程展现核算方法和核算具体参数，使污染物量计算过程可溯源、可核实、可审查。针对火电、钢铁、水泥、造纸等重点行业进一步提炼了常用核算环节，使重点行业企业的核算过程进一步统一规范，对主要产排污环节不遗不漏，所有核算环节所得污染物产生量、排放量汇总，即成为企业全厂污染物产生量、排放量。

企业应当根据实际生产情况，按照所属行业及主要核算环节对应开展核算，不同核算环节可选择不同的核算方法，核算方法的选择要按照核算技术要求，与实际情况相符。

7.3.3　确保数据来源真实、可靠

企业填报过程中应当确保填报的统计资料真实、可靠。企业名称、统一社会信用代码信息要与工商登记备案信息保持一致，主要生产情况、产品产量、原辅材料用量、污染治理设施运行情况等生产活动信息要与实际情况相符。要采用符合技术要求的核算方法核算污染物产排量，并能提供用于核算、证明的相关原始记录台账资料，要明确企业内部相关生产记录台账资料管理要求。

7.3.4　企业数据自审

企业数据填报完成后，须在填报页面上对报表数据进行审核，审核全部通过的报表才能向上一级环保部门报送。

企业自审的主要内容是数据的真实性和填报的完整性，具体包括：企业的名称、组织机构代码、行业代码、所在流域等基本信息是否符合规范；企业的产值、产品、原辅材料、能耗、水耗等是否符合当年企业的生产实际；企业应填的报表和指标是否均填报完整，各指标的单位是否填报准确；企业是否按照环境统计技术规定的要求，采用最合理的方法核算污染物产生和排放情况，尤其是产排污系数的选取是否正确、监测数据的运用是否有效等；企业的污染治理设施情况是否与日常运行维护记录相匹配等。

7.4　环境统计数据审核与整改

7.4.1　数据审核在环境统计数据质控中的地位和作用

环境统计数据审核从广义上讲包含两个部分，即企业自审和环保部门审核，企业自审是企业在填报数据的过程中及数据提交到环保部门前，即通过数据必填项、指标逻辑关系校验等手段，实现的数据源头审核；环保部门审核是企业数据交到环保部门后，由环保部门通过采用一定方法和手段，精准、细致地识别数据的全面性、真实性、合理性、准确性等过程，环保部门审核是环境统计数据审核中最主要的过程，因此，本节中所说的数据审核即指环保部门数据审核。数据审核过程是环保部门辨别环境统计数据合理性、准确性的最主要手段之一，是提高环境统计数据质量的重要途径，也是提升环境统计数据为环境管理决策支撑作用的必备要求。

7.4.2　数据审核组织和实施

环境统计数据审核工作由各级环境统计行政主管部门统一组织实施，并对本级环境统

计数据质量负责。各省级生态环境主管部门应当制定本省（市、区）环境统计数据审核方案，指导并督促本省（市、区）各级环保部门开展环境统计数据审核工作，明确各级数据审核总体要求、审核内容、审核完成时间节点等。

市级及以上生态环境主管部门可根据审核工作需要，组织相关业务部门、技术科研单位和行业专家等，组成审核组，对本级环境统计数据开展联合汇审。

7.4.3　数据审核流程和内容

（1）审核流程

环境统计数据提交到环保部门后，要经过区县级、地市级、省级、国家级四级环保部门逐级审核，最终形成全国环境统计数据库。环境统计数据审核过程如图 7-1 所示。

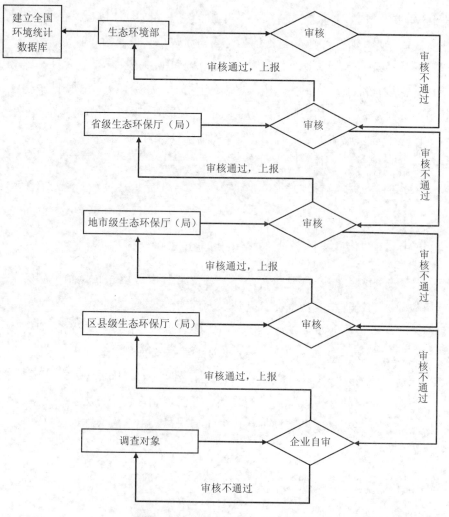

图 7-1　环境统计数据审核流程图

（2）审核内容

环境统计数据审核方式包括区域数据宏观审核和报表审核，报表审核又包括综表审核和基表审核，数据审核内容主要包括报表和数据的完整性、规范性、合理性等。完整性，指调查范围、数据库报表以及报表中应填指标项等的完整性；规范性，指调查对象按照 GB/T 918.1—89、GB/T 2260、GB/T 4754、GB 11714、HJ/T 416 及 HJ 523 等要求填报代码和指标值的规范性，以及各级生态环境主管部门录入、汇总数据等操作的规范性；合理性，指调查对象填报真实性、计量单位准确性、指标间逻辑性、污染物变化趋势、平均排放和治理水平等的合理性。

数据审核内容根据审核强度要求的不同，可分为强制性审核和非强制性审核。强制性审核，是指指标不得漏填或指标之间必须符合一定逻辑关系等，在环保部门数据审核中，强制性审核规则不通过的企业报表数据，必须通过整改达到审核要求，否则无法实施数据汇总和向上级环保部门提交。非强制性审核，是指强制性审核以外的其他审核要求，如对指标设定常见经验数值范围，对超出范围的数据进行提示，对提示的指标重点审核等。非强制性审核根据审核强度要求，可进一步分为必要性审核、辅助性审核等。在环保部门审核中，必要性审核规则不通过的企业报表数据会进行提示，环保部门需督促企业进行修改，或认为企业数据符合实际不需要整改的，需要在系统中备注审核通过意见，描述数据情况等，人工将未通过数据标记为通过数据，方可进入下一步数据流程；辅助性审核规则主要发挥审核提示作用，不通过的企业报表数据，环保部门可根据实际情况由企业修改，或人工将未通过数据标记为通过数据，不需要填写审核通过意见备注，即可使数据进入下一步数据流程。

环境统计数据审核内容参见本书附录 13《"十二五"环境统计技术规定》。

（3）各级审核重点

各级环保部门开展数据审核的重点不同。

区县级环保部门的审核重点是数据填报的完整性和规范性、数据录入和汇总的准确性、数据的逻辑性和合理性，具体包括：调查范围完整性，指是否所有符合重点调查条件的企业均纳入了环境统计调查范围，纳入符合重点调查条件的新改扩建企业，并删除所有已关闭企业；规范性，指报表指标填报符合技术要求和填报规范；突变性，指指标的汇总结果与上年相比，变化率是否在合理范围内等。

地市级环保部门的审核重点是企业生产工艺、能耗、物耗、产品产量、生产工况、监测数据、产排污系数等，系统审核上报数据的完整性、规范性、逻辑性、合理性和一致性，但相比区县级更多侧重于辖区内相关报表的完整性，汇总结果与上年变化合理性以及辖区内各类污染源、工业企业重点行业等污染物排放量的占比合理性等。

省级环保部门审核中应积极组织各方力量，联合监测、监察、环评、总量等部门对地市级环境统计报表数据展开审核，根据辖区内经济发展情况，对照产业结构、主要工业产品产量、能源消耗情况、重点行业发展趋势、人口等社会经济数据，宏观把握辖区内环境统计数据。

国家生态环境主管部门应组织由环境保护相关业务部门、环境统计技术支持单位、行业协会等组成的环境统计数据联合审核组，开展联合会审，对省级统计数据展开全面审核。同时，国家环境统计主管部门采取巡查巡视和现场核查方式，对各省级环境统计数据进行审核和复核。

以 2017 年环境统计工作为例，生态环境部负责组织开展国家级数据审核工作，其过程主要包括初步审核、联合汇审、补充审核 3 个阶段。

首先，初步审核是当首次完成全国数据报送后，国家将针对全国数据开展总体情况的区域宏观性地初步审核。初步审核中，国家重点审核各省（市、区）年度数据总体变化的趋势合理性、总体数据在全国各省（市、区）的排名情况合理性、总量占比合理性等，对全国总体数据及分布有一个把握，对于初步审核结果存在不合理情况的省（市、区），需要将全省（市、区）数据整体退回，省级环保部门要组织全省（市、区）力量再一次对数据进行整体性和细致性的审核，查找导致数据存在不合理情况的原因，并对数据总体情况加以剖析和说明，并完成数据整改再一次上报，上报时间按照国家当年审核工作要求。

其次，初步审核完成后，国家将组织召开数据集中会审会，制定审核方案，邀请国家相关业务管理部门、行业专家、地方审核专家等，按照工业源、生活源、农业源、集中式污染治理设施、机动车、环境管理数据、重点行业等组成各源类审核组，开展全面审核。集中会审过程中，审核专家组发挥专业所长，从环境统计数据与相关业务管理政策、行业发展及环境保护管理措施、地方环境管理措施等多方面关系，对宏观数据趋势进行把握，能较好地确保环境统计数据的总体合理性。同时，对全国数据的年度变化情况进行突变审核，针对存在突变异常的指标在全国范围内进行追溯，对引起全国突变的企业或报表数据进行标记及退回。

最后一个阶段是补充审核，在经过前两个阶段审核后，各级环保用户及企业针对审核结果进行调整后完成上报，国家最后针对全国总体数据进行审核，对仍然存在问题的个别省份、地市或企业数据进行补充审核，提出具体的审核整改要求，使全国数据达到趋势合理、数据准确。

7.4.4　审核反馈和整改

（1）审核反馈

以往环境统计业务系统均是线下软件，数据审核后，上级环保部门向下级发送审核结果时，均是通过电子邮箱发送，下级环保部门向上级报送环境统计整改数据均是通过报送数据包、数据包导入系统的方式，每次导入新数据包后，原有数据被覆盖，如若保留，必须通过另找系统服务器保存才可以，因此对数据整改情况的核实非常不方便。"十三五"环境统计业务系统实现了数据联网直报，数据审核反馈和数据整改的方式也发生了重大变化。

应用"十三五"环境统计业务系统数据审核功能，针对审核规则审核出的问题，要求下级环保部门整改时，只需勾选对应的数据审核规则即可；除审核规则外，若有其他审核意见时，需在报表对应的审核意见框内输入审核意见，即完成审核意见填写。环保部门可以在完成审核后，批量将需要整改的报表数据连同审核意见，退回至下级环保部门。

区县级环保部门审核后，认为企业数据需要整改的，则将企业报表数据退回至企业。

（2）数据整改

当下级环保部门接收到上级环保部门退回的审核意见后，首先应当对上级审核要求进行判定，即是否确实需要企业整改数据，判定的依据是根据了解到的企业生产运营实际情况，是否确实存在与审核规则不符合的实际情况。如确实存在不符合审核规则的特殊情况，则可判定企业数据不需要整改，可以通过备注意见，将审核意见更改为通过，终止向下反馈，报表数据转为待上报上级环保部门；若认为企业数据确实需要整改，则继续向下级环保部门反馈，或将报表退回至企业。

7.5　环境统计数据质量抽查与评估

为了加强对下级审核工作的管理，确保数据审核工作对数据质量控制起到实效，同时为评估各级数据审核工作效果，2017 年开始，市级及以上环保部门开展环境统计数据抽查，掌握下级环境统计数据审核工作执行成效。

（1）数据审核抽查

在开展 2017 年环境统计年报工作中，环境保护部印发《关于做好 2017 年度环境统计年报工作的补充通知》（环办便函〔2018〕52 号），要求市级及以上环保部门对下级环保部门审核报送的环境统计数据进行随机抽查，判断填报内容是否合格。

抽查规则是：对初步审核未通过必要性审核、审核用户人工判定通过的企业，市级环保部门抽查企业比例不低于 20%，省级环保部门抽查比例不低于 5%；对其他企业，市级环保部门抽查比例不低于 5%，省级环保部门抽查比例不低于 1%。

（2）抽查结果评估与通报

各级抽查结果应及时向下一级环保部门反馈。抽查的企业中，审核结果存在问题或企业数据存在未审核出的问题的，视为不合格，根据抽查不合格的企业数除以被抽查企业总数，计算抽查不合格率。市级及以上环保部门根据抽查不合格率评估下一级环保部门环境统计数据审核工作质量，并可作为对下一级环境统计审核工作考评及通报的依据之一。生态环境部根据对省级环保部门的抽查结果评估各省环境统计数据审核工作质量，并视情况向全国通报。

第 8 章

环境统计信息技术

环境统计信息技术是环境统计工作重要的技术支撑。伴随着环境统计业务工作的不断发展和成熟,环境统计信息技术也在不断提升,具体体现在环境统计信息系统的不断完善,并逐渐与环境统计业务工作需要相匹配,成为满足环境统计工作的得力助手。

8.1 环境统计信息系统建设历程

环境统计信息系统伴随着环境统计业务工作的需要而逐步发展,其建设水平主要经过了以下几个发展阶段。

8.1.1 早期业务系统应用

1987 年,国家环保局组织开发了第一个环境统计软件,并辅助各省、自治区、直辖市环保局配备微型计算机,到 1989 年,基本实现了各地向国家环保局报送统计年报数据软盘。

"八五"期间,为适应环境统计工作的需要,国家环保局与清华大学联合开发了第二个环境统计软件并推广应用。

"九五"期间,为适应环境统计报表制度的变化,国家环保局委托江苏省环境信息中心对环境统计软件进行了改版升级。之后的"十五"和"十一五"期间,环境统计软件均由江苏省环境信息中心开发和维护。

8.1.2 离线软件发展成熟

"十二五"期间,为满足环境统计工作需要,2009 年,环境保护部组织开发了"十二五"环境统计年报系统,保证了 2011—2015 年环境统计年报工作的顺利开展。

同时,在"十二五"期间,2011 年,环境保护部组织开发国家重点监控企业季报直报系统,从 2013 年开始服务于全国国家重点监控企业环境统计季报直报工作,实现了环境统计数据的联网在线采集、审核、反馈、汇总等全过程。这是环境保护部门统计数据首次实现联网实时传输，调查对象和各级环境保护部门在数据采集上网的第一时间均可以查看到调查数据，企业报送数据"直达"国家级环境统计部门；同时，系统中保留了数据提交、审核、修改等全过程操作痕迹，提高了数据的可溯源性，实现了全过程监管，极大丰富了数据质量控制的手段。这一探索与国家统计局建设统计"四大工程"、全面实行企业联网直报方式不谋而合，这也完成了环境统计数据传输和报送方式的一次创新尝试。

8.1.3　在线填报全面实现

2016 年，环境保护部组织开发了"十三五"环境统计业务系统（B/S 版），将联网直报方式全面应用于全国环境统计调查数据的报送，所有调查对象均通过互联网实现网上数据填报、核算、提交，各级环境统计部门通过连接环保专网访问系统，实现在线数据查询、审核、分析、汇总等。该系统的开发及应用，使环境统计信息化取得了重大进展。

环境统计信息化的发展，在提高了环境统计工作效率的同时，也对理顺环境统计业务流程、丰富环境统计数据审核手段具有支撑作用，通过信息化手段实现了数据的高效采集、快速退回、及时修改上报，丰富了数据质量审核手段，建立了数据一键审核、多重审核、自定义审核等多种审核方式，对提高环境统计数据质量、提升环境统计在环境保护管理中的支撑作用贡献了力量。

8.2　"十三五"环境统计业务系统设计特点

8.2.1　设计目标

"十三五"环境统计业务系统的设计目标是以"十三五"环境统计业务需要为总设计原则，满足生态环境部、各省、地市、区县、企业五级环境统计用户使用，能够实现数据的采集、处理、审核、管理、统计分析等功能，同时在技术上确保环境统计数据的完整性、准确性、及时性和全面性，提升统计工作效率，保证顺利完成全国环境统计业务工作。

8.2.2　设计特色

（1）采用联网直报技术

随着信息化技术发展和环境统计工作中计算机技术的不断应用发展，实现环境统计数据联网在线操作的更广泛应用，统计调查对象在线填报数据、完成数据自审、修改、提交，环境统计业务部门用户实现联网在线数据审核、分析、上报、查询、汇总等，可实时、精准完成批量数据的各级审核、退回、再提交等操作，较以往离线工作方式极大提高了工作效率，保证了统计数据时效性。

（2）建立动态更新的企业名录库

采用联网直报过程后，针对统计调查对象可建立动态更新的企业名录库，历史数据的填报、审核、退回、整改等过程，可通过系统时间记录、历史记录等均得以保留，不再像以往离线系统中需要将同期历史版本数据覆盖，使得调查企业组织的企业名录库保持稳定。

同时，在开展多年度统计工作后，企业名录库可以实现动态更新、历史比对，实现了对同一企业数据的纵向历史数据库，建立丰富、立体的数据集，为统计数据的综合性、深入性、长期性分析提供了支撑。

（3）实现数据全程质量监督

将企业数据从采集、审核、汇总等视为一个完整的生命周期，实现全生命周期监督，将数据从填报端的填报、修改、提交到审核端的提交审核意见、退回数据、审核通过判定等全过程保留了网络操作痕迹，并针对数据修改过程，保存历次修改记录和数据历史版本，确保数据质量全过程可以溯源。同时，也为掌握各级数据统计过程的质量监督监管提供了手段，可定量评估数据审核质量、评估工作成效，为环境统计效能管理提供了有利工具。

8.2.3　系统设计原则

（1）高性能

环境统计业务系统集中部署在生态环境部信息中心云平台，进行数据采集、存储、分析，对环境统计业务系统项目的响应时间、吞吐量、处理能力提出了很高的要求。同时内部的信息管理、数据统计汇总和实时更新等应用系统对系统也有一定的压力。因此系统的高性能是环境统计业务系统项目正常运行的首要条件，在此基础上还应具有应用灵活、管理方便的特点，并能代表技术发展的趋势，具有更长的生命周期以保护投资。

（2）高可靠性

可靠性是业务连续性的要求，为了保障"十三五"环境统计业务系统项目 24×7 h 的不间断运行，需要使用安全可靠的软硬件产品、对关键设备采取冗余备份、规划合理的拓扑结构能够智能的规避故障点。

（3）高安全性

环境统计业务系统项目担负着国家级环境统计业务的信息支持重任，安全性事关重大。面对网络上复杂的恶意攻击、非法入侵、病毒威胁等行为时，需要提供多层次的安全防护。严格按照国家信息安全等级保护的规定和技术要求进行设计、建设。

（4）灵活性

由于环境统计业务经常会发生统计内容的变更，因此系统能够灵活的根据业务的变化而快速变化，是一项非常重要的工作，不仅可以给用户提供较好的体验，也可以降低系统维护的难度。

（5）可扩展性

由于环境统计业务系统设计时，环境统计报表制度尚在制定过程中，业务需求和业务范围有较大的不确定性，整个项目的设计、实施过程都在进行不断的探索、研究和创新，所以需要业务系统具备不容置疑的可扩展性。未来的业务模式、数据处理的形态都面临着多样性的发展。计算机基础支撑平台应该具备可扩展性以满足未来的业务变化和投资保护，可扩展性一方面表现为物理设备升级能力，另一方面表现为系统的标准化和兼容性要求。

8.3 "十三五"环境统计业务系统主要功能介绍

环境统计工作数据流程主要包括环境统计数据的采集、审核、分析、汇总、企业名录库管理等功能，因此，尽管环境统计业务系统的设计和实现在不断改进，但其主要的业务功能模块基本保持不变。目前，"十三五"环境统计业务系统的主要功能模块包括企业名录库、数据采集、数据审核、数据汇总、数据查询、数据分析、统计报表、系统首页、系统管理、消息管理等主要模块。

8.3.1 名录库管理

按照"先入库，现有数"的原则，企业名录库建立工作一般于年度环境统计工作布置文件印发后、企业数据采集开始前开展。

（1）名录库建立流程

首先，"十三五"环境统计业务系统使用初始年，国家环境统计部门将上一年度环境统计企业基本信息数据库导入业务系统，由地方各级环保部门进行补充和确认，此后，每年环境统计业务系统中可直接将上一年度环境统计企业名录库作为当年名录库的初始库。

其次，国家环境统计部门将初始的企业名录库与最新的其他业务部门掌握的污染源监管名录进行比对，如全国排污许可证管理平台企业名单、国家重点污染源监督监测企业名单、全国危险废物经营单位名单、重点排污单位名录等污染源监管名录，排查应纳入、未纳入的企业名单。

最后，排查结果告知省级环保部门，由省级环保部门组织辖区内各级环保部门根据排查结果，补充当年企业名录库，同时核实企业当年生产运营情况，如存在企业全年停产等情况，则将企业状态修改为"禁用"，则该企业不再填报当年环境统计年报报表。

（2）名录库管理功能菜单

企业名录库管理功能中包括名录库统计、名录库明细、名录库管理等功能菜单。

名录库管理功能菜单中，不同的用户级别具有的功能权限不同：省级、地市级环保用户对企业名录库可进行查询、增加、修改、完成提交、账号下发、Excel 导出功能；区县级环保用户除省级和地市级环保用户的功能外，还可进行企业启用/禁用转换、创建用户等功能；国家级环保用户只有查询、Excel 导出功能。环保用户通过名录库管理功能，可以添加调查企业，并通过系统生成企业登录账号，区县级环保用户应当将企业登录网址、登录账号及初始密码等告知企业，并督促企业登录系统，维护企业基本信息及报送数据。

名录库统计功能菜单中，各级用户可对于所属行政区内名录库中企业总数、启用企业数、禁用企业数、新增企业数，未操作企业数以及上年企业数和区域是否提交台账等查询结果进行统计展示，统计结果可按照分地区、分污染源类别、工业企业分行业等分别进行展示。

名录库明细功能菜单中，可详细展示企业基本信息和上年企业的基本信息，以及两年企业信息的变更情况和企业状态等，并可以批量导出。

8.3.2　数据采集

数据采集模块实现工业源、农业源、城镇生活源、机动车污染源、集中式污染治理设施等污染源数据采集功能，对系统采集数据进行适当验证，并进行友好的信息提示。企业用户端数据采集包括工业源、农业源、集中式污染治理设施等数据，环保用户端数据采集主要为生活源等数据。数据采集流程主要包括数据填报、数据审核、数据核算等流程。

（1）工业源数据采集

工业源数据采集包括对工业企业相关数据、钢铁企业相关数据、火电企业相关数据、水泥企业相关数据、制浆及造纸企业相关数据处理情况、各地区非重点调查工业企业污染物排放指标数据以及工业源包含企业涉及的污染防治投资基本情况指标数据的采集。

工业源数据采集步骤主要包括数据填报、核算、企业自审、提交等。

数据填报过程设置了填报提示，如报表必填项、指标逻辑关系等，会在填报页面通过将指标数据框标红方式进行提示，如果填报错误会在填报页面最上方提示指标间逻辑关系。工业源数据采集指标逻辑关系提示页面见图 8-1。

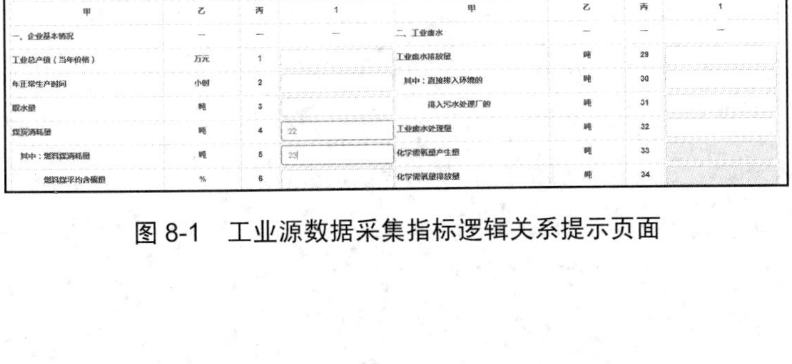

图 8-1　工业源数据采集指标逻辑关系提示页面

企业用户所有指标填报完成后，点击进入核算页面，通过设置企业工序/排口、选择核算方法、（监测数据法）上传监测监测、核算等过程，实现企业污染物排放量的核算。

1）工业源产排量核算

核算模块是"十三五"环境统计业务系统新增的功能模块之一。工业企业污染物产排量通过核算过程得出，从而使将工业企业产排量核算的方法、核算参数的选择、核算用的基础数据等均在系统中呈现，提供了对核算过程进行审核和追溯的可能。工业企业核算的步骤主要包括设置工序或排口、选择核算的污染物指标、选择参数或上传支撑数据、保存核算结果等。

①设置工序或排口。工业企业核算模块会根据企业所属行业类别，分为火电、钢铁、水泥、造纸一般工业企业。根据不同类型的企业，模块中提供了一些已经内置的废气核算工序类型（表8-1），企业通过勾选默认的核算工序或自定义添加其他核算工序进行核算；企业废水及污染物量通过添加排口进行核算，企业废水排口一般包括总排口、车间设施排放口等。

表 8-1 工业企业废气核算工序

钢铁	火电	水泥	造纸	一般工业企业
炼焦 原料 烧结 球团 炼铁 炼钢 轧钢 自备电厂 工业锅炉	电站锅炉 工业锅炉	原料系统 熟料生产 水泥生产 自备电厂 工业锅炉	自备电厂 工业锅炉	自备电厂 工业锅炉

②选择核算指标。点击"选择核算指标"，与选择工序类似，通过勾选或取消勾选指标来增加或删除核算指标。核算指标包括《环境统计报表制度》所有涉及的污染物指标。

③污染物核算。核算污染物产排量时，需在各项污染物指标后新增核算节点，然后选择核算方法，核算方法包括物料平衡法、产排污系数法和监测数据法，企业应该根据实际生产情况及适用条件，合理选择核算方法，根据选择的核算方法填写相应数据、选择相应参数、上传监测数据或支撑文件等，完成核算后，数据保存并返回报表填报页面，核算过程结果自动带入到报表指标填报页面上。通过核算得到的污染物产排量数据只能通过修改核算过程中的参数或数据，不能直接修改污染物产排量指标。

2）以钢铁工业企业为例，填报污染物核算流程示例

首先，钢铁工业企业要填写报表基本信息及生产活动水平数据。所有钢铁企业必须填

报《工业企业污染排放及处理利用情况表》（基 101 表），有自备电厂的企业还需填报《火电企业污染排放及处理利用情况表》（基 102 表），有烧结机或球团设备的还需填报《钢铁冶炼企业污染排放及处理利用情况表》（基 104 表），有污染治理投资项目的还需填报《工业企业污染防治投资情况表》（基 106 表）。企业根据实际情况，确定需要填报的报表，并在数据采集页面中填写基础信息及生产活动水平数据，即除污染物产生量、排放量以外的指标数据。相关系统页面如图 8-2 所示。

（a）基础信息填报

（b）生产活动水平数据填报

图 8-2　基础数据采集页面

其次，企业保存数据，并进入核算页面填写核算信息。核算过程，分工业废水、工业废气两部分分别核算。

工业废气核算的一般步骤是依次选择核算工序—污染物指标—排污节点，分别进行核算。

钢铁企业常用核算工序有炼焦、原料系统、烧结、球团、炼铁、炼钢、轧钢、自备电厂、工业锅炉等，同时还可以自定义添加其他工序，企业根据实际情况选择拥有的工序类型，同一类工序只添加一次即可，对于同一类工序有多个生产线的，在该工序下以多个排污节点的方式体现，如高炉炼铁工序，在工序中以多个排污节点进行区分（如1号高炉、2号高炉）。

选择工序后，确定需要核算的污染物指标，在每一项污染物指标后，添加排污节点名称，并选择核算方法、填报对应的核算参数值、得到污染物产生量或排放量。如果是选择产排污系数法核算，则要选择对应的原料、工艺、规模、末端治理技术等参数，系数自动提示《产排污系数手册》中系数值，如果企业认为有更符合实际情况的产排污系数，可自行填写产排污系数，同时提供自定义产排系数的证明材料，证明材料通过系统上传；如果是选择监测法进行核算，需上传支撑核算的完整监测数据记录，企业从系统中下载监测数据模板，填报数据后，上传监测数据文件，系统能够读取数据文件，自动进行计算。核算得到的污染物产生量、排放量数据自动带入到基础数据报表中，完成核算过程。相关操作页面如图8-3所示。

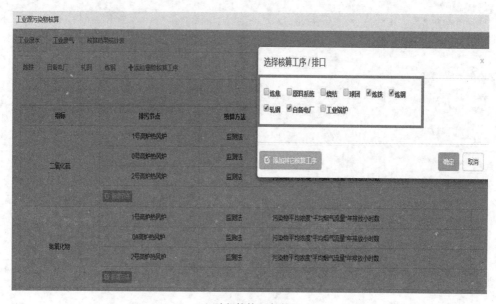

（a）选择核算工序/排口

工业源污染物核算

<u>工业废水</u>　　**工业废气**　　核算结果统计表

炼铁　　自备电厂　　轧钢　　炼钢　　**＋添加/删除核算工序**

指标	排污节点	核算方法	
二氧化硫	1号高炉热风炉	监测法	
	0号高炉热风炉	监测法	
	2号高炉热风炉	监测法	
	☑ 新增节点		
氮氧化物	1号高炉热风炉	监测法	
	0#高炉热风炉	监测法	
	2号高炉热风炉	监测法	
	☑ 新增节点		
烟（粉）尘	炼铁工序（有组织）	产排污系数法	
	炼铁（无组织）	产排污系数法	
	☑ 新增节点		

（b）确定污染物指标

新增 / 编辑核算节点（二氧化硫）

排污节点：	1号高炉热风炉		核算方法：	物料衡算法 ○产排污系数法 ●监测法
核算内容：	●自动监测			
平均浓度（毫克/立方米）：	72.066232		平均烟气流量（标立方米/小时）：	102311.000000
年排放小时数：	2160		上传有效数据条数：	0
污染物产生量（吨）：	15.978621		污染物排放量（吨）：	15.926043
备注：				

（c）添加排污节点

计算产生量

核算方法：	○物料衡算法 ●产排污系数法

＋添加系数　**＋添加自定义系数**

序号	产品名称	原料名称	工艺名称	规模等级	末端治理技术	产品产量或原料消耗量	产品或原料单位	产污系数	参考产污系数及计算公式❓	污染物单位	产污量（吨）
1	炼钢生铁	烧结矿、球团矿、块▼	▼	▼	▼	75017	吨-铁	0.213	0.168【22】	千克	15.978621

（d）产排污系数法核算

新增/编辑核算节点（二氧化硫）

排污节点：	1号高炉热风炉	核算方法：	○物料衡算法 ○产排污系数法 ●监测法
核算内容：	●自动监测		
平均浓度（毫克/立方米）：	72.066232	平均烟气流量（标立方米/小时）：	102311.000000
年排放小时数：	2160	上传有效数据条数：	0
污染物产生量（吨）：	15.978621	污染物排放量（吨）：	15.926043
备注：			

（e）监测法核算

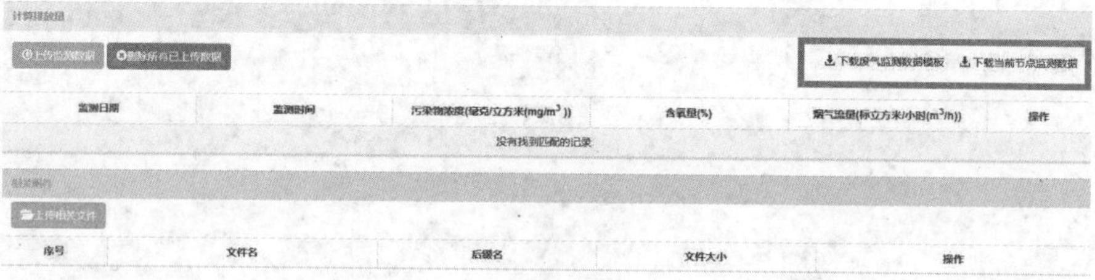

计算排放组

上传监测数据 删除所有已上传数据					下载废气监测数据模板 下载当前节点监测数据
监测日期	监测时间	污染物浓度（毫克/立方米（mg/m³））	含氧量(%)	烟气流量（标立方米/小时(m³/h)）	操作
没有找到匹配的记录					

含生成组件

上传组织文件					
序号	文件名	后缀名		文件大小	操作

（f）上传监测数据

图 8-3　工业源数据核算页面

（2）生活源数据采集

生活源数据采集由各区县级环保用户完成。生活源数据采集与核算过程主要包括填报生活废气/废水核算基础数据、查看辖区内的污水处理厂信息、核算排放量、保存结果等。

生活污水量核算数据主要包括城镇人口总数、生活用水总量、污水排放系数、污水处理厂再生水利用量等；生活污水污染物核算数据主要各项污染物的人均产污系数；生活污水污染物排放量通过填报产生量，扣减污水处理厂对污染物的去除量获得。填报页面上，通过点击相应污染物指标下的污水处理厂信息按钮，可以查看辖区内所有污水处理厂相应指标的处理情况。

生活源废气数据采集。生活源废气污染物核算主要基础数据包括生活煤炭消费量等各类生活能源消耗量、生活煤炭含硫率等基础数据。通过填报核算基础数据后，系统计算得到污染物产排量数据。

（3）其他数据采集

畜禽养殖场、集中式污染治理设施两类污染源的数据采集方法与工业源类似，主要过程也包括数据填报、规则校验、提交等。在填报页面中，系统同样设置了必填项、指标逻辑关系提示等功能。机动车报表数据由国家级环保用户向系统中统一导入。环境管理数据主要包括"三同时"项目竣工验收和环保能力建设情况报表，国家、省、地市、区县四级环保用户均可填写本级数据。

8.3.3　数据审核

实现数据审核、退回和数据审核质量抽查功能。按照《环境统计数据审核细则》，将审核规则内置于系统中，实现审核用户对企业基表数据突变审核、综表数据突变审核、区域总量数据突变审核等，按照分不同地区、不同指标分别进行审核，对综表数据、总量数据突变结果可溯源到突变企业。系统中设置的审核功能主要包括一键审核、基表指标突变审核、综表指标突变审核、总量主要指标突变审核。

（1）一键审核

县级、地市、省级、国家级环保用户对指定的基表数据进行一键审核，该功能已经将所有源的强审、必审、辅助审、自定义审核校验公式写入数据库，审核用户可以根据校验规则一次性完成所有校验。

审核操作页面分为未审核、审核通过、审核未通过。对于审核未通过的企业数据，审核用户可以查看审核规则及不符合规则的相应指标数据，若认为企业报表需要修改，则审核用户可在指定位置填写审核及整改建议；若认为企业数据情况属实，确实属于不符合规则的特殊情况，则可以手动将未通过的指标数据判定为通过。全部完成审核后，对所有需要修改的企业报表可以统一进行退回，即将报表退至下级审核用户或退回给企业，由下级审核用户进一步审核或由企业完成修改后再次逐级上报。

①审核历史。系统中提供审核历史功能，即对于一家企业报表，各级审核用户的审核操作、一键审核结果、人工审核意见等均保留在企业数据审核历史中，便于查看或参照已有审核内容。

②修改历史。系统中对于同一家企业报表数据提供修改历史功能，即所有进行过的数据修改的报表，均保存一次数据版本，可在企业数据修改历史中全部查看，便于了解企业数据的修改过程。

（2）突变审核

突变审核即根据同一企业今年与上年数据的对比，计算变化率，审核是否存在异常突变情况。突变审核可针对企业两年基表数据对比、地区两年综表数据对比、地区污染物排放总量数据指标对比等。

8.3.4　数据汇总

数据汇总功能能够实现数据综表汇总、各类专项汇总等。

①综表汇总。根据系统当前年份和用户所属行政地区，通过基表数据对各个综表进行汇总，以生成综表的原表及各种特定汇总方式的汇总表。

②一键汇总。点击"一键汇总"，系统根据当前年份和用户所在行政区，系统按照设

定顺序对所有报表的原表进行一键汇总。

③专项汇总。根据系统当前年份和用户所属行政地区，通过综表的原表汇总数据和行业汇总数据进行二次汇总，以生成综表的各种专项汇总表和行业专项汇总表。专项汇总应用的用户群为市级以上的用户，根据需要从原表汇总数据或行业汇总数据，来汇总所选行政地区的专项汇总的数据。专项汇总的方式包括按照重点区域、流域、重点城市、工业行业等分类方式进行汇总。

8.3.5 数据查询

实现对系统中相关报表、数据、信息的查询。可以按时间、地区、类别、污染源范围等多种查询条件，实现对基表数据、综表数据、汇总数据进行查询、下载等功能。

通过系统提供的统计年份、行政地区等一些组合条件，用户可以查询、查看权限管辖范围内各污染源相关数据信息，只要企业用户提交了数据到区县级环保用户，则其归属的任一上级环保用户均可查询到到该企业数据。

①综表查询。查询各类综表数据，包括各地区排放总量情况、工业源（各地区工业企业，重点调查工业企业，火电、水泥、钢铁、制浆造纸企业，工业企业投资，非重点调查工业企业）、农业源、生活源、机动车、集中式污染治理设施、"三同时"项目竣工验收和环保能力建设等综合数据。

②高级查询。通过手动选择指标的逻辑关系查询和查看权限管辖范围内各污染源相关数据信息。

8.3.6 数据分析

实现数据多类别、多层次分析。包括各类排行榜排序、百分比计算、趋势变化分析、污染源及污染物排放量空间变化分析等，提供系统使用用户多角度数据分析、导出等。其中，空间分析建立在"天地图"底图上，实现地图上数据分析功能。

①排行榜。可在选择的数据年份、行政区范围内，实行按企业、工业行业、行政区生成排行榜，并对排行结果提供下载功能。

②效率指标分析。计算基表和综表中的各种比率、浓度指标，包括废水和废气污染物的去除率、排放浓度以及工业固体废物的综合利用率、处置率等，方便用户对数据的分析与审核，并对分析结果提供下载功能。

③趋势变化分析。对选定的数据源报表及选定的其下指标项，做设定的年份及行政地区上的数据对比、计算，以此便于用户找出指标值突然发生较大变化的项目，分析具体原因、情况，剥离有问题的数据。趋势变化分析需先设置查询条件，包括比较的年份和行政地区，然后在"正向变化校验规则"中选择对应规则，进行分析校验；趋势变化分析结果

提供绘制图表功能，并可导出分析数据和图表。

8.3.7　统计报表

实现数据报表生成和导出功能。可分别实现统计报表基表、综表、统计数据分析表、各地区总量排放表和年报表的生成与导出。其中，年报表导出是按照《中国环境统计年报》版式设计，实现系统辅助年报报告编写。

①基表输出。用于打印输出标准环境统计基层报表。先选择所要打印的报表表式、年份和行政地区，选择具体企业名称，预览或打印输出该企业报表。"输出 Word 报表"功能可将报表输出到 Word 文档中。状态监控用于察看当前更改的各级表的数据情况。

②综表输出。用于打印输出标准环境统计综合报表。用户可选择所要打印的报表表式、年份和行政地区，对综合报表可选择不同的加和方式（总计、重点、非重点）打印相应的数据。

③统计数据分析表。用于打印上报的主要统计数据分析报表。打印时可选择行政地区。"导出数据"按钮提供数据以 Excel 格式导出。

8.3.8　系统首页

实现工作进度展示、提醒和主要数据展示等功能。系统首页是用户进入系统的默认展示页面，可将用户关注的主要工作展示在页面中，默认展示数据报送进度、消息提醒等，用户可定制展示内容。

①环保用户首页。展示内容包括下级上报情况、提交情况和综合排名。上报情况展示本级用户审核与处理的简要信息，提交情况展示下级用户提交情况的信息，综合排名提供对已经提交的数据按照各种污染物指标进行综合排名分析的功能。

②企业用户首页。展示数据报送任务时间、区县级环保用户审核及退回情况等。

8.3.9　系统管理

实现用户管理和日志管理功能。

用户管理实现对辖区范围内企业用户、环境统计部门用户的建立、取消、权限设置等管理功能。通过"新增用户"功能，可实现增加本级及下级行政区内的操作用户。

日志管理可呈现用户管理范围内所有用户的登录、使用日志信息。登录日志管理中，各级环保用户可以查看本级及下级行政区用户登录的时间、IP、操作系统和所用浏览器等信息。操作日志可以查看本级及下级行政区用户在某个时间段内的操作日志。

8.3.10　消息管理

消息管理主要包括下发消息管理和突变企业预警消息。下发消息管理主要在环保审核用户中，用于详细展示向下级环保用户发出的审核要求信息及附带的相关报表数据、审核意见文档等；突变企业预警消息主要展示本级行政区域内，企业数据突变比例超过一定预警线的企业列表及相关污染物排放量指标突变数值。

8.4　系统使用常见问题及解决办法

"十三五"环境统计业务系统通过各级、各类用户的试用、使用，不断完善性能和功能，目前总结梳理出系统中常见的使用问题及解决途径。

常见使用问题主要包括以下几类：系统用户登录问题、数据核算问题、企业提交问题、数据审核问题等。

8.4.1　系统用户登录问题及解决办法

（1）无法访问页面

问题描述：浏览器页面显示无法访问页面（图 8-4）。

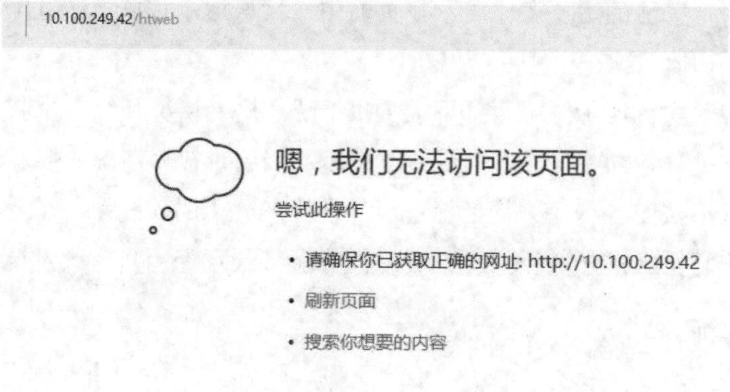

10.100.249.42/htweb

嗯，我们无法访问该页面。

尝试此操作

- 请确保你已获取正确的网址：http://10.100.249.42
- 刷新页面
- 搜索你想要的内容

图 8-4　浏览器页面显示无法访问的情况

原因及解决办法：

①环保用户使用专网登录系统，可能存在专网没有完全连通，需联系相关网络部门调试网络。

②地址输入错误。

环保单位用户登录地址：http：//10.100.249.42/htweb；

环保单位用户登录备用地址：http：//10.100.249.43/htweb；

企业用户登录地址：http://hjtj.mep.gov.cn/htqy/#/Login 或 IP 地址：http://114.251.10.129/htqy。

③可以登录环保专网的其他系统却无法登录环境统计系统。

一般是由于单位内部做了某种安全防护，可以找单位内负责网络相关的部门解决。

（2）链接网址后页面空白

问题描述：浏览器中页面空白（图 8-5）。

图 8-5　浏览器页面为空白的情况

原因及解决办法：

①网络繁忙，需刷新网页。

②浏览器不支持，本系统支持 IE8 以上版本的 IE 浏览器、360 浏览器和谷歌浏览器等主流浏览器。

（3）用户名和密码问题

问题描述：提示用户名或密码错误。

原因及解决办法：首先确定网址、账户名、密码是否正确，如果仍然登录不上，可能存在密码记错或忘记，环保部门用户需联系上级环保部门重置密码，企业用户需联系区县级环保部门用户重置密码。账户默认密码为 ht2017。

（4）用户锁定

问题描述：登录后提供用户被锁定，无法登录。

原因及解决办法：一般为环保用户登录存在的情况，请联系上级环保用户解锁。

8.4.2　数据核算问题及解决办法

（1）删除某项指标/工序/排口

问题描述：如何删除某项指标/工序/排口（图 8-6）。

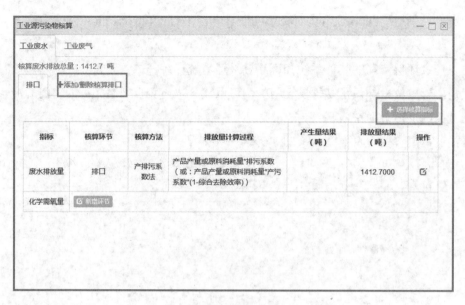

图 8-6　添加或删除废水排口的系统页面

操作方法：

删除指标：点击右上角的"选择核算指标"，将已经勾选的指标反选，再点击"确定"，即可删除指标（这里是不能删除全部指标的，如果想要删除全部指标，就直接把工序/排口删掉即可，里面的指标就连带一起删除了）。

删除工序/排口：删除工序/排口需要点击"添加/删除核算排口"按钮，把想要删除的反选，然后点击"确定"，即可删除（这里可以把所有工序全部删除）。

（2）基表中没有核算完成的结果

问题描述：核算完后基表中没有核算完成的结果。

原因及解决办法：需要将该表核算的全部核算完成后，点击核算页面右下角的"保存"按钮，才能将数据同步至基表中；点击保存时，会弹出提示框，请仔细阅读提示框内容，并确认提示框中的已经完成，点击"是"，即可完成保存并跳转回基表页面。

（3）核算完成后火电、水泥和钢铁企业对应的专表中无数据

问题描述：企业填写了基 102 表、基 103 表或基 104 表后进入核算，核算完成并保存成功后，对应基表中没有数据。

原因及解决办法：确认是否选择了对应基 102 表、基 103 表、基 104 表的工序，只有在对应的工序下核算才能将数据同步至基表中，对应关系如下：

①基 102 表 —→ 电站锅炉（行业代码为 4411、4412、4417、4419）、自备电厂（行业代码非 4411、4412、4417、4419）；

②基 103 表 —→ 熟料生产（水泥行业）；

③基 104 表——烧结（对应基 104 表中的烧结机）、球团（对应基 104 表中的球团设备）。

（4）核算完成后保存时出现保存失败或者弹出确认提示框

问题描述：核算后保存失败或出现如图 8-7 所示对话框。

图 8-7　核算后保存失败出现的提示框页面

原因及解决办法：第一步，检查是否存在着选择了某个工序/排口，但是那个工序/排口下没有添加任何指标或者添加了指标但是一个节点/环节都没有核算的情况；第二步，如果存在上述情况，把没有核算的核算完再提交，或者只是多选了没用的工序/排口，把多余的工序/排口直接删掉。

（5）核算完某个节点或环节后，点击保存提示"数据填写有误或未填写完全"

原因及解决办法：通常这类问题出现在使用监测法核算时，一般是由于上传监测数据计算排放量后，没有计算产生量，所以会提示"数据填写有误或未填写完全"。产生量的计算如图 8-8 所示。

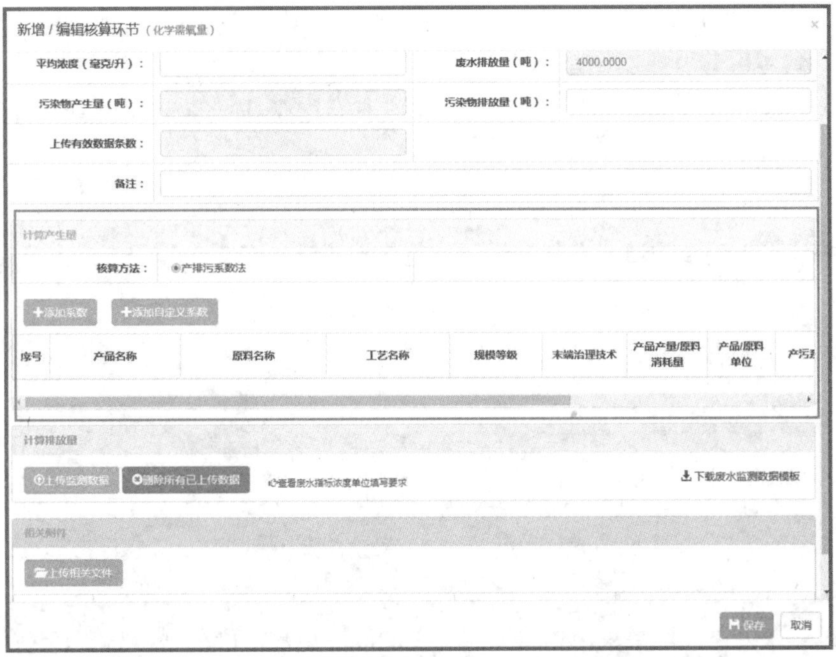

图 8-8　补充核算污染物产生量的系统页面

（6）产排污系数无对应行业或产品选项

问题描述：选择系数时无法找到对应的行业或产品（图8-9）。

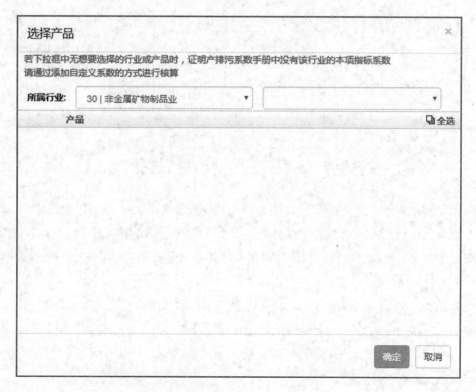

图 8-9 选择产品时对应行业的产品为空的系统显示页面

原因及解决办法：表示产排污系数手册中没有该行业对应需核算的污染物指标的系数信息，此情况下可使用自定义系数进行核算。

（7）产排污系数法中"产品产量/原料消耗量"中应该填什么

问题描述：不确定是填报产品产量还是原料消耗量。

图 8-10 产排污系数法核算页面

原因及解决办法：如果采用的是系统提供的产污系数，可根据如图8-10中黑框所标，"产品/原料单位"这个单元格中，具体单位后跟的是某项具体产品或原料的名称，来确定

"产品产量/原料消耗量"一格中填写的是哪类物质的量；如果采用自定义产污系数的话，则根据自己是怎么推算出的产排污系数，来填写对应物质的量。

（8）烟（粉）尘核算时提示"有组织或无组织未核算完全"

问题描述：核算有组织烟（粉）尘或无组织烟（粉）尘后提示"有组织或无组织未核算完全"。

原因及解决办法：各个重点行业存在几个特殊的工序，是有组织烟（粉）尘和无组织烟（粉）尘必须同时核算才能保存的，包括钢铁类企业的烧结、球团、炼铁、炼钢、轧钢工序，以及水泥企业的熟料生产、水泥生产工序。

（9）无锅炉废气污染物系数

问题描述：企业有锅炉排放废气污染物，但是在排污手册中本行业没有相关锅炉废气污染物的相关系数。

解决办法：第一步，选择"工业锅炉"工序核算企业中的锅炉污染物排放量；第二步，在此工序下选择产排污系数法；第三步，添加系数时，会自动关联至行业代码为 4430 中的工业锅炉，产品选择"蒸汽、热水、其他"。

（10）上传监测数据

问题描述：如何上传监测数据。

解决办法：先下载系统提供的数据模板，按照表头提示将监测数据拷贝或填写进去，注意，流量、浓度这两列不可以填写汉字；另外，如果流量、浓度两列中存在空白数据格，且该段时间内企业正常生产，则请按照监测数据补遗原则进行补遗，补遗原则请咨询当地环保单位（环保局或监测站），若该时间段未生产（即未发生污染物的产生或排放）则可将空白行删除或将空行数据填写为 0。

监测数据上传时的注意事项：

①一定不能修改模板表格的表头文字，符号也不能修改；

②上传的监测数据，必须是实测浓度，不要上传折算浓度；

③只有停产时段可以将数据删除或写 0，不然会导致计算出的数据偏大或偏小；

④废气监测数据必须含有烟气流量、含氧量两类指标数据，且含氧量不可为 0；

⑤数据拷贝时，有些数据可能是通过 Excel 表格公式计算得来的，注意要把数据拷贝为固定文本，不要把公式粘贴进数据模板文件；

⑥注意废水指标浓度单位，化学需氧量、氨氮、总氮、总磷、石油类、挥发酚指标单位要求为 mg/L 或毫克/升，氰化物、砷、铅、镉、汞、总铬、六价铬指标的浓度单位规定为μg/L 或微克/升。

（11）上传监测数据提示文件上传失败或单位不正确

问题描述：上传监测数据时提示文件上传失败或单位不正确，如何修改。

原因及解决办法：提示文件上传失败，一般是因为长时间未操作系统，导致系统自动注销，需重新登录后上传。

①提示文件上传失败，第一步，先确认是否是下载模板后按照模板格式填写并上传；第二步，如果是按照模板格式上传，则检查一下是否存在空白数据格，即想要上传的污染物那列下是否存在空单元格；第三步，如果没有空白单元格，检查一下在浓度、流量两列里是否填写了汉字；第四步，如果以上 4 种情况都没有，选中最后一行数据底下的 20 行左右的空白行，删除空白行，然后再上传。

②提示"单位不正确"，检查单位是否填错，若填写正确，则检查单位后面是否多填了一个空格，把空格删掉后再重新上传。

（12）废气核算上传监测数据，在输入框中显示"false"

问题描述：废气核算上传监测数据时，输入框中显示"false"，如何修改。确认是否读取已上传监测数据内容的提示页面。

解决办法：检查流量、含氧量两列里是否存在空白的单元格，将单元格按照补遗原则进行补遗，然后将已上传的监测数据删除，重新上传。

（13）选择监测法时弹出是否读取已上传数据的弹框，但是点"是"或"否"以后页面未变化

问题描述：如图 8-11 所示。

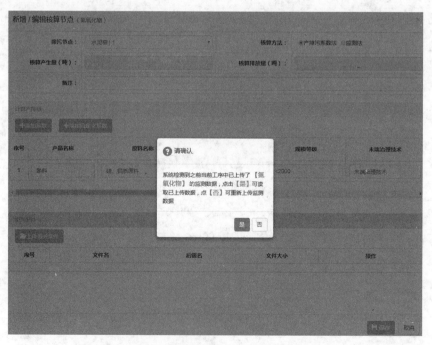

图 8-11　确认是否读取已上传监测数据内容的提示页面

解决办法：选择监测法时，不要点击监测法左边的圆点或圆圈，直接点击"监测法"：这三个汉字的选项就可以了。

8.4.3 企业提交问题及解决办法

（1）提示总氮和氨氮数量关系错误而无法保存

问题描述：核算数据无法保存，并提示总氮应大于等于氨氮。

基101表续表（一）【总氮排放量】应该>=【氨氮排放量】

确定

图 8-12 提示总氮应大于等于氨氮排放量的页面

解决办法：需要把总氮也进行核算，核算时可以用氨氮的系数。

（2）燃料煤消耗量存在，则基 101 续表（二）二氧化硫等应该存在

问题描述：如图 8-13 所示。

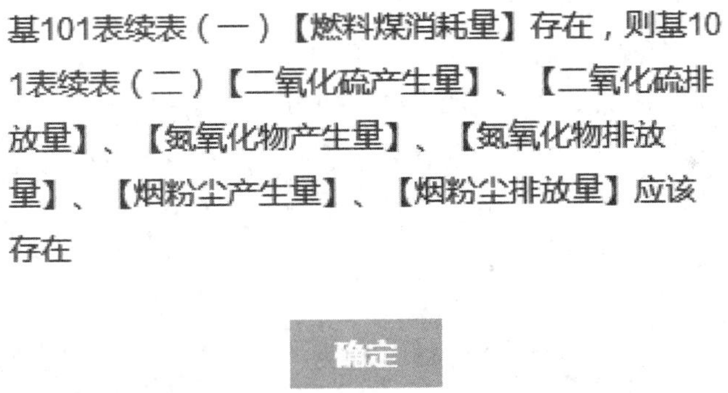

基101表续表（一）【燃料煤消耗量】存在，则基101表续表（二）【二氧化硫产生量】、【二氧化硫排放量】、【氮氧化物产生量】、【氮氧化物排放量】、【烟粉尘产生量】、【烟粉尘排放量】应该存在

确定

图 8-13 燃料煤与废气污染物指标并存关系提示页面

原因及解决办法：燃料煤消耗量与二氧化硫、氮氧化物、烟（粉）尘污染物指标有逻辑相关关系，即燃料煤消耗量大于 0 时，上述 3 种污染物的产生量和排放量必须大于 0。出现上述问题，是由于废气污染物没有进行核算，需要进入核算界面把废气的污染物核算完成。

（3）只有废水排放量，没有任何污染物排放量

问题描述：如图 8-14 所示。

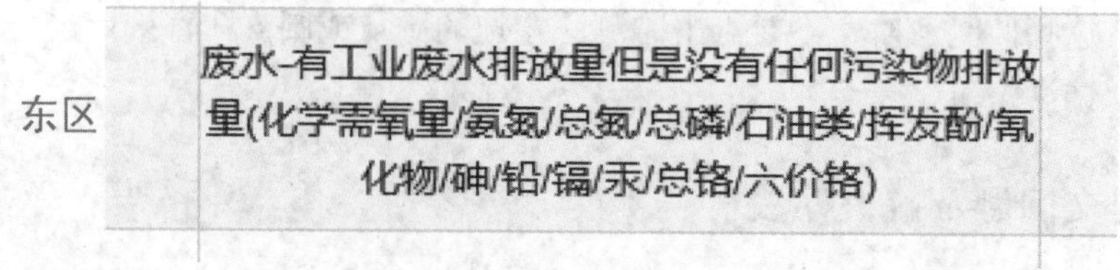

东区 废水-有工业废水排放量但是没有任何污染物排放量(化学需氧量/氨氮/总氮/总磷/石油类/挥发酚/氰化物/砷/铅/镉/汞/总铬/六价铬)

图 8-14 废水量与废水污染物量并存关系提示页面

原因及解决办法:原因与本节问题(2)相同,需要进入核算界面完成废水的污染物核算。

(4)排污许可证编码与统一社会信用代码不一致。

问题描述:排污许可证编码的前 18 位与统一社会信用代码不一致。

原因及解决办法:排污许可证编码只采集国家发放的许可证编码,地方发放的排污许可证与统一社会信用代码无法匹配,不用采集信息。

(5)基 101 续表(一)无法填写。

问题描述:基 101 续表(一)中原辅材料和产品无法填写。

解决办法:火电、水泥、钢铁、造纸等行业企业,原辅材料和产品信息都填写在相应的基 102 表、基 103 表、基 104 表、基 105 表等行业专表中。

(6)治理设施数和治理设施处置能力不能填写。

问题描述:企业报表无法填写治理设施数和治理设施处置能力两个指标。

解决办法:首先确认是否为造纸企业,造纸企业在基 105 表填写设施数和能力,非造纸企业需要把下面的填写完成后,自动显示数值(图 8-15)。

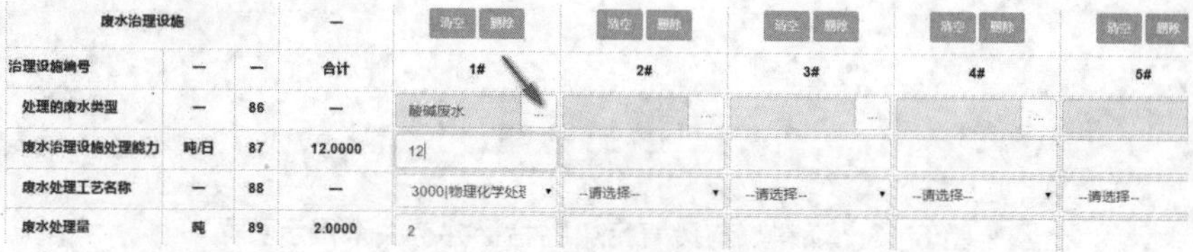

图 8-15 非造纸企业填报治理设施和能力页面

(7)企业不是自备电厂,系统页面默认选为自备电厂

问题描述:如图 8-16 所示。

图 8-16 显示是否为企业自备电厂的系统页面

原因及解决办法：所有非火电行业默认显示为自备电厂，不填报基 102 表的企业可忽略该选项。

8.4.4　数据审核问题及解决办法

（1）审核里没有退回按钮

问题描述：在【通过企业】菜单中，想退回该未通过审核的企业，但没有退回按钮。

解决办法：退回按钮仅设置在【未通过企业】菜单里，审核已通过的企业需要先通过标记为"未通过"，再进行退回。

（2）必审未通过的企业点击"通过"却无法提交

问题描述：企业数据采集页面，数据填好后校验，其中属于必审条件未通过的企业，填写备注信息点击"通过"后，仍然没有显示通知。

原因及解决办法：此处为操作步骤的问题，应当对所有必审未通过企业，均点击"通过"后，点击页面最下方的确定按钮，才会通过。有些用户容易忽视最下方的确定按钮。如图 8-17 所示。

图 8-17　数据审核中必审未通过企业确认页面

（3）点击"审核"按钮没有反应

问题描述：环保用户在对企业进行一键审核时，出现点击"审核"按钮却没有反应的情况。

解决办法：需要勾选企业后再点击"审核"按钮，如果没有起到作用，则需要确认企业是否为"市管企业"，如果是"市管企业"，需要在页面上方把市管企业的选项改为【包含】，就可以进行审核了。

第9章

环境统计报告编写

9.1 环境统计报告的主要类型

根据当前国家和各地环境统计工作情况，常见的环境统计报告主要有 3 种类型。

（1）以信息发布为主要目的的统计报告，包括统计年鉴、统计年报、统计公报等

国家层面的年鉴包括《中国统计年鉴》《中国环境统计年鉴》。《中国统计年鉴》是我国统计数据的权威发布载体，其中包括部分来自环境统计中的数据。《中国环境统计年鉴》是以环境类数据为主的年鉴，其中一部分来自环境统计，其他来自其他数据获取渠道。《中国统计年鉴》《中国环境统计年鉴》均由出版社正式出版印刷。

《中国环境统计年报》是对每年的环境统计数据进行分类汇总、整理和编辑，形成完整的年度报告和数据表的书刊，是环境统计数据的年度总结和成果体现。《中国环境统计年报》包括综述和数据表两大部分。综述是对环境统计数据的文字叙述，综合采用图、表等多种形式全面体现当年环境污染排放和治理的情况。数据表包括各地环境统计情况，重点城市环境统计情况，工业行业环境统计情况，重点流域、湖泊、三峡地区、南水北调中线、海域环境统计情况，以及环境管理的情况等。《中国环境统计年报》通常是由出版社正式印刷出版，个别年份内部使用。

《中国环境统计公报》是对当年环境污染排放、治理和环境管理情况进行简明扼要的叙述的公报，仅选取环境统计中最重要的指标进行发布，发布时间早于《中国环境统计年报》和《环境统计提要》，以便于及时向公众公布当年环境污染排放、治理和环境管理的简要情况。《中国环境统计公报》通过环境保护官网公布。从"十二五"后期开始，国家未再发布《中国环境统计公报》（数据不包含港澳台）。

（2）以方便数据查询应用的数据手册类，包括环境数据手册、环境统计提要等

为了便于查询与环境相关的各类社会、经济、环境数据，国家从 2013 年开始编写《环境数据手册》，收录国内外可以收集到的相关数据，包括国内外环境质量数据、能源消耗

等与污染产生相关的社会经济数、污染物排放数据、污染治理相关信息等。《环境数据手册》仅供内部使用，未公开公布发行。

《环境统计提要》是对每年的环境统计数据进行初步汇总和整理，形成数据汇编的简本，是仅在环保系统内部流通使用的数据提要。《环境统计提要》仅选取较重要的环境统计指标，并提供全国的环境污染排放、治理和环境管理情况。《环境统计提要》每年早于《中国环境统计年报》印刷发布，但只在环保系统内部进行流通使用，主要目的是优先为决策者和系统内研究人员提供反映环境统计数据的"小册子"。

（3）以支撑环境管理为目的的专题综合分析报告

这类报告内容比较灵活，涉及内容较为广泛，一般是就某一个特定的问题综合利用各种数据进行集中分析论证，以识别环境管理中存在的问题，为环境管理提供支撑。

国家层面多年编写的综合分析报告有环保投资分析报告，是指以环境统计、环境评价、城建等部门的数据为基础，每年对社会各有关投资主体用于环境保护的资金进行成本—效益分析，以识别环保投资的来源、变化趋势及其在区域、行业等分布的分析报告。环保投资分析报告有利于决策者更好地判断环保投资的关键领域，更有效地投入和使用资金，并取得最佳的环境保护投资效益。

除此之外，还就部分重点区域、重点行业、重点污染物的排放治理状况编写了一些综合分析报告提交管理部门。

9.2 各类报告的主要内容框架与编写注意事项

以下重点对目前比较重要的报告的内容和编写注意事项进行说明，主要包括《中国环境统计年报》《环境数据手册》、专题分析报告 3 种。

9.2.1 中国环境统计年报

（1）主要内容

《中国环境统计年报》从整体布局上分为综述和数据表两部分。综述部分是对重点数据进行分析，包括文字和图表。数据表部分则是按照不同方式展示出的数据。

1）综述的主要内容

统计调查对象基本情况：对统计调查的对象类型，调查范围和数量进行说明。

①废水及废水污染物：从分地区、分行业、分流域、重点城市等方面，对不同污染物的排放结构、污染治理状况、变化趋势进行展示和说明。

②废气及废气污染物：从分地区、分行业、分区域、重点城市等方面，对不同污染物的排放结构、污染治理状况、变化趋势进行展示和说明。

③工业固体废物：从分地区、分行业、重点城市等方面，对不同类型的一般工业固体废物、危险固体废物的产生和治理状况、变化趋势进行展示和说明。

④集中式污染治理设施：对不同地区各类集中式污染治理设施的治理能力、实际治理状况进行说明。

⑤环境污染治理投资：对不同领域环境治理投资现状和变化进行说明。

⑥环境管理：对当前环境管理重点指标的现状和变化进行说明。

⑦全国辐射环境水平：对全国辐射环境水平进行说明。

2）数据表的主要内容

在数据表之前，往往以"简要说明"的形式，对年报数据的调查范围、核算方法等重点事项进行说明。

数据表可以分为多个维度，包括各地区、各行业、重点城市、重点流域、重点区域等层面，工业源（废水、废气、固体废物、投资）、城镇生活、农业源、机动车、集中式污染治理设施等方面重点指标数据以及环境管理重点指标数据。

（2）编写注意事项

统计年报作为环境统计数据发布的重要载体，要重点把握以下2个要点。

一是以公众的关注点为年报编写的重要出发点和立足点。要发布社会公众关注的重点内容，要将污染治理与环境管理的核心信息向社会公众进行展示。

二是以数据合理为年报数据的重要考虑因素。因为环境统计年报中的数据是要向社会公布的，为了避免对社会公众产生误导，应充分考虑所有公布数据的准确性与合理性，对于明显偏离常规认识的数据，要慎重发布。

（3）编写框架建议

统计报告一般包含以下内容：

> 1 综述
>
> 2 调查对象情况
>
> 2.1 工业源
>
> 2.2 农业源
>
> 2.3 集中式污染治理设施
>
> 2.4 其他调查对象情况
>
> 3 废水及水污染物
>
> 3.1 废水及污染物排放总体情况
>
> 3.2 各地区废水及污染物排放情况
>
> 3.3 工业行业废水及污染物排放情况

3.4 重点流域废水及污染物排放情况

3.5 沿海地区废水及污染物排放情况

4 废气及大气污染物

4.1 废气及污染物排放总体情况

4.2 各地区废气及污染物排放情况

4.3 工业行业废气及污染物排放情况

4.4 大气污染防治重点区域废气及污染物排放情况

4.5 机动车大气污染物排放情况

5 工业固体废物

5.1 一般工业固体废物产生及处理情况

5.2 危险废物产生及处理情况

6 环境污染治理投资

6.1 环境污染治理投资总体情况

6.2 现有工业污染源治理投资

6.3 建设项目"三同时"环保投资

7 其他内容

8 数据表

8.1 各地区数据表

8.2 重点城市数据表

8.3 工业行业数据表

8.4 流域及入海陆源数据表

8.5 大气污染防治重点区域数据表

8.6 其他报表

8.7 附表

9.2.2　环境数据手册

（1）主要内容

《环境数据手册》作为数据表应尽可能将管理关注的重点数据进行集中展现，可不限于环境统计数据。《环境数据手册》包括综合内容（包括国内外社会、经济、污染排放数据），各地区经济、社会、能源数据，我国环境质量、环境质量、环境排放数据。

（2）编写注意事项

《环境数据手册》编写过程中，应以数据的高效、便利性展示为主要目标。首先，可将相关性高、可比性高的数据尽可能进行整合，在同一张或同一部分进行展示；其次，应将与我国（对地方）具有可比性、参考性的国家和地区数据进行收集和展示；最后，将影响污染排放的重点社会经济指标进行收集和展示。

9.2.3 专题分析报告

专题分析报告可以综合利用各类信息对某一个具体问题进行集中阐述，以识别其中存在的问题，并给出政策建议。在编写过程中应注意以下内容。

首先，要聚集具体环境问题。编制专题分析报告时，应聚集某一个或某一类环境问题，通过对统计数据的分析，识别存在的问题或问题的根源，并基于分析给出对策建议。

其次，不限于环境统计数据。在编写专题分析报告时，可不局限于仅对环境统计数据进行分析，可以综合利用各类社会、经济数据，从各个角度对问题进行论证，从而提高专题分析的全面性，提高问题分析的深入性，提高对策建议的可信性与可行性。

最后，展示形式可多样化。要根据专题分析报告读者的关注点，合理安排报告的文字表达和展示形式，提高专题分析报告的可读性和直观性，让读者在短时间内可以快速获得有用的信息。

参考文献

[1] 王志远. 环境统计在环境保护中的应用[J]. 环境保护科学，2012，38（4）：66-70.

[2] 彭立颖，贾金虎. 中国环境统计历史与展望[J]. 环境保护，2008（4）：52-55.

[3] 中国环境监测总站. 在实践中创新环境统计报表制度[J]. 环境保护，2010（7）：20-23.

[4] 宋国君，傅德黔，姜岩. 论水污染物排放统计指标体系[J]. 中国环境监测，2006，22（4）：37-42.

[5] 国家环境保护局科技标准司. 工业污染物产生和排放系数手册[M]. 北京：中国环境科学出版社，1996.

[6] 陆新元，田为勇. 环境监察[M]. 北京：中国环境科学出版社，2002：10.

[7] 毛应淮，刘定慧. 工业污染源现场检查执法指南[M]. 北京：中国环境科学出版社，2003：9.

[8] 段宁，郭庭政，孙启宏，等. 国内外产排污系数开发现状及其启示[J]. 环境科学研究，2009，22（5）：622-626.

[9] 董广霞，周囧，王军霞，等. 工业污染源核算方法探讨[J]. 环境保护，2013，41（12）：57-59.

[10] 金瑜. 浅谈工业源产排污系数的应用[J]. 污染防治技术，2009，22（5）：88-90.

[11] 冯元群，康颖，童国璋，等. 排污权交易中污染源排污核算技术方法的分析[J]. 环境污染与防治，2009，31（7）：92-96.

[12] 李贵林，路学军，陈程. 物料衡算法在工业源污染物排放量核算中的应用探讨[J]. 淮海工学院学报（自然科学版），2012，21（4）：66-69.

[13] 董广霞，景立新，周囧，等. 监测数据法在工业污染核算中的若干问题探讨[J]. 环境监测管理与技术，2011，23（4）：1-4.

[14] 齐珺，魏佳，罗志云. 对我国环境统计制度的思考和建议[J]. 环境与可持续发展，2011（2）：66-69.

[15] 茅晶晶，沈红军，徐洁. 全国环境统计数据审核软件设计与实现[J]. 环境科技，2011，24（4）：65-68.

[16] 洪亚雄. 环境统计方法及环境统计指标体系研究[D]. 长沙：湖南大学，2005.

[17] 胡瑞，张学伟. 环境统计中污染物产生量排放量核算方法的探讨[J]. 科技视界，2012，34：115，91.

[18] 刘英杰. 浅论环境统计中数据的审核方法[J]. 中国环境监测，2007，23（3）：40-44.

[19] 俞宗尧. 中国政府统计在环境统计中作用的探讨[J]. 安顺师范高等专科学校学报，2002（2）：66-68，81.

[20] 胡月红. 我国现行环境统计指标体系改进方向[J]. 环境保护科学，2008（2）：102-103.

[21] 周囧，景立新，王军霞. 中荷环境统计体系对比研究[J]. 环境保护，2013（7）：75-77.

[22] 马淑学. 浅论环境统计中数据的审核方法[J]. 中国新技术新产品，2013，12：44-45.

[23] 陈翠芝. 关于提高环境统计数据质量的探讨[J]. 环境污染与防治，1990，12（2）：35-36，31.

[24] 李灵. 浅谈环境统计综合年报中的数据审核方法[J]. 三峡环境与生态，2010，32（6）：52-53，56.

[25] 陈涛，李灿. 美国环境统计简介[J]. 上海统计，2001，10：41-42.

[26] 淦峰，唐振华，张建莉，等. 开展环境统计核查 保证环境统计质量[J]. 中国环境管理，2003，22（6）：38-39.

[27] 陈默. 德国环境统计概述及启示[J]. 中国环保产业，2005（8）：44-46.

[28] 王军霞，董广霞，董文福，等. 我国环境统计调查制度历史回顾及展望[A]//2014中国环境科学学会学术年会（第三章）[C]. 中国环境科学学会，2014：5.

[29] 陈默，周颖. 美国和欧盟环境统计的借鉴意义[J]. 中国统计，2009（7）：52-53.

[30] 董广霞，陈默，傅德黔. 我国环境统计存在的主要问题及对策[J]. 中国环境监测，2009，25（5）：70-73.

[31] 赵云城，李锁强，胡卫. 挪威、德国环境统计简况[J]. 中国统计，2004（3）：54-56.

[32] 宋国君，傅德黔，姜岩. 论水污染物排放统计指标体系[J]. 中国环境监测，2006，22（4）：37-42.

[33] 毛应淮，罗丽萍，官金华. 污染物排放相关指标计算方法的研究[J]. 中国环境管理干部学院学报，2005，15（3）：13-16.

[34] 李沸. 机动车污染物排放系数估算探讨[J]. 环境保护与循环经济，2008（4）：44-45.

[35] 张谦. 机动车排放污染控制策略及应对措施[J]. 甘肃科技，2008，24（11）：65-66.

[36] 蔺宏良. 我国机动车污染物排放现状及控制对策分析[J]. 西安文理学院学报（自然科学版），2008，11（3）：86-89.

[37] 张清宇，魏玉梅，田伟利. 机动车排放控制标准对污染物排放因子的影响[J]. 环境科学研究，2010，23（5）：606-612.

[38] 蔡皓，谢绍东. 中国不同排放标准机动车排放因子的确定[J]. 北京大学学报（自然科学版），2010，46（3）：319-326.

[39] 王军方，丁焰，汤大钢. 机动车污染防治政策与管理[J]. 环境保护，2010，24：14-17.

[40] 傅立新，郝吉明，何东全，等. 北京市机动车污染物排放特征[J]. 环境科学，2000，21（3）：68-70.

[41] 邓顺熙，陈洁陕，李百川. 中国城市道路机动车CO、HC和NO_x排放因子的测定[J]. 中国环境科学，2000，20（1）：82-85.

[42] 霍红，贺克斌，王歧东. 机动车污染排放模型研究综述[J]. 环境污染与防治，2006，28（7）：526-530.

[43] 訾琨，黄永青，涂先库，等. 城市机动车污染物排放总量调查[J]. 汽车工程，2006，28（8）：707-710.

[44] 王伯光，张远航，祝昌健，等. 城市机动车排放因子隧道试验研究[J]. 环境科学，2001，22（2）：55-59.

[45] 李伟，傅立新，郝吉明，等. 中国道路机动车10种污染物的排放量[J]. 城市环境与城市生态，2003，16（2）：36-38.

[46] 樊守彬. 北京机动车尾气排放特征研究[J]. 环境科学与管理，2011，36（4）：28-31.

[47] 林秀丽. 中国机动车污染物排放系数研究[J]. 环境科学与管理，2009，36（6）：29-33，57.

[48] 周鑫，闫岩，石福禄. 北京市机动车主要污染物排放量测算研究[J]. 车辆与动力技术，2012（4）：58-62.

[49] 金书秦，韩冬梅，王莉，等. 畜禽养殖污染防治的美国经验[J]. 环境保护，2013（2）：65-67.

[50] 王俊能，许振成，吴根义，等. 畜禽养殖业产排污系数核算体系构建[J]. 中国环境监测，2013，29（2）：143-147.

[51] 吴崇丹，王丽娟，唐小军，等. 四川省畜牧养殖业污染现状及防治研究[J]. 四川环境，2013，32（4）：139-143.

[52] 王宣，申剑. 畜禽养殖场污染状况监测与评价[J]. 中国环境监测，2007，23（3）：94-96.

[53] 李震宇，宣昊，胡斯翰. 规模化畜禽养殖小区替代分散养殖模式污染物减排核算及建议[J]. 环境与可持续发展，2012（6）：56-59.

[54] 曲思禹. 钢铁行业清洁生产指标体系建立及评价方法研究[D]. 长春：吉林大学，2009.

[55] 王仲旭，周闾，程杰，等. 工业污染源产排污系数存在的问题分析及修订建议[J]. 中国环境监测，2018，34（2）：109-113.

[56] 王鑫，周景博，鲍劲，等. 工业源重点调查单位分界点的确定[J]. 中国环境监测，2014，30（3）：75-79.

[57] 董广霞. 废污水排放量数据的统计比较和分析[J]. 中国统计，2013，10：22-24.

[58] 王军霞，董文福，董广霞，等. 基于公共政策设计的我国环境统计体系完善建议[J]. 环境保护，2014（16）：55-57.

[59] 王俊能，杨剑，王军霞，等. 农业源环境统计调查方案设计[A]//2017 中国环境科学学会科学与技术年会[C]. 中国环境科学学会，2017：10.

[60] 王军霞，封雪，周闾，等. 中英污染物排放统计对比研究[J]. 世界环境，2014（5）：81-83.

[61] 王鑫，赵学涛，吕卓，等. 国家重点监控企业环境统计直报数据质量存在问题及改进建议[J]. 中国环境监测，2014，30（6）：36-41.

[62] 王军霞，徐菲，刘瑞民，等. 我国畜禽养殖总量空间热点分析及主要污染物核算[J]. 农业环境科学学报，2017，36（7）：1316-1322.

[63] 韩小铮，董文福，毛应淮. 重点污染行业环境统计准专家系统制作[J]. 中国环境监测，2010，26（6）：42-45.

[64] 国务院第二次全国污染源普查领导小组办公室. 关于印发《第二次全国污染源普查制度》的通知，国污普〔2018〕15 号，第二次全国污染源普查工业污染源普查制度[S]，2018.

[65] 国务院第二次全国污染源普查领导小组办公室. 关于印发《第二次全国污染源普查制度》的通知，国污普〔2018〕15 号，第二次全国污染源普查集中式污染治理设施普查制度[S]，2018.

[66] 国务院第二次全国污染源普查领导小组办公室. 关于印发《第二次全国污染源普查制度》的通知，国污普〔2018〕16 号，第二次全国污染源普查工业污染源普查技术规定[S]，2018.

[67] 国务院第二次全国污染源普查领导小组办公室. 关于印发《第二次全国污染源普查制度》的通知，国污普〔2018〕16 号，第二次全国污染源普查集中式污染治理设施普查技术规定[S]，2018.

[68] 董广霞，封雪，吕卓，等. 工业锅炉污染调查研究[M]. 北京：中国环境出版社，2017.

[69] 环境统计教材编写委员会. 环境统计基础[M]. 北京：中国环境出版社，2016.

[70] 环境统计教材编写委员会. 环境统计实务[M]. 北京：中国环境出版社，2016.

[71] 环境统计教材编写委员会. 环境统计分析与应用[M]. 北京：中国环境出版社，2016.

[72] 陆新元，毛应淮，扬子江. 工业污染核算[M]. 北京：中国环境科学出版社，2007.

附录1

中华人民共和国统计法

全国人民代表大会常务委员会

中华人民共和国主席令　第 15 号

（1983 年 12 月 8 日第六届全国人民代表大会常务委员会第三次会议通过　根据 1996
年 5 月 15 日第八届全国人民代表大会常务委员会第十九次会议《关于修改〈中华人民共
和国统计法〉的决定》修正　2009 年 6 月 27 日第十一届全国人民代表大会常务委员会第
九次会议修订）

第一章　总　则

第一条　为了科学、有效地组织统计工作，保障统计资料的真实性、准确性、完整性
和及时性，发挥统计在了解国情国力、服务经济社会发展中的重要作用，促进社会主义现
代化建设事业发展，制定本法。

第二条　本法适用于各级人民政府、县级以上人民政府统计机构和有关部门组织实施
的统计活动。

统计的基本任务是对经济社会发展情况进行统计调查、统计分析，提供统计资料和统
计咨询意见，实行统计监督。

第三条　国家建立集中统一的统计系统，实行统一领导、分级负责的统计管理体制。

第四条　国务院和地方各级人民政府、各有关部门应当加强对统计工作的组织领导，
为统计工作提供必要的保障。

第五条　国家加强统计科学研究，健全科学的统计指标体系，不断改进统计调查方法，
提高统计的科学性。

国家有计划地加强统计信息化建设，推进统计信息搜集、处理、传输、共享、存储技
术和统计数据库体系的现代化。

第六条　统计机构和统计人员依照本法规定独立行使统计调查、统计报告、统计监督
的职权，不受侵犯。

地方各级人民政府、政府统计机构和有关部门以及各单位的负责人，不得自行修改统
计机构和统计人员依法搜集、整理的统计资料，不得以任何方式要求统计机构、统计人员
及其他机构、人员伪造、篡改统计资料，不得对依法履行职责或者拒绝、抵制统计违法行
为的统计人员打击报复。

第七条 国家机关、企业事业单位和其他组织以及个体工商户和个人等统计调查对象，必须依照本法和国家有关规定，真实、准确、完整、及时地提供统计调查所需的资料，不得提供不真实或者不完整的统计资料，不得迟报、拒报统计资料。

第八条 统计工作应当接受社会公众的监督。任何单位和个人有权检举统计中弄虚作假等违法行为。对检举有功的单位和个人应当给予表彰和奖励。

第九条 统计机构和统计人员对在统计工作中知悉的国家秘密、商业秘密和个人信息，应当予以保密。

第十条 任何单位和个人不得利用虚假统计资料骗取荣誉称号、物质利益或者职务晋升。

第二章　统计调查管理

第十一条 统计调查项目包括国家统计调查项目、部门统计调查项目和地方统计调查项目。

国家统计调查项目是指全国性基本情况的统计调查项目。部门统计调查项目是指国务院有关部门的专业性统计调查项目。地方统计调查项目是指县级以上地方人民政府及其部门的地方性统计调查项目。

国家统计调查项目、部门统计调查项目、地方统计调查项目应当明确分工，互相衔接，不得重复。

第十二条 国家统计调查项目由国家统计局制定，或者由国家统计局和国务院有关部门共同制定，报国务院备案；重大的国家统计调查项目报国务院审批。

部门统计调查项目由国务院有关部门制定。统计调查对象属于本部门管辖系统的，报国家统计局备案；统计调查对象超出本部门管辖系统的，报国家统计局审批。

地方统计调查项目由县级以上地方人民政府统计机构和有关部门分别制定或者共同制定。其中，由省级人民政府统计机构单独制定或者和有关部门共同制定的，报国家统计局审批；由省级以下人民政府统计机构单独制定或者和有关部门共同制定的，报省级人民政府统计机构审批；由县级以上地方人民政府有关部门制定的，报本级人民政府统计机构审批。

第十三条 统计调查项目的审批机关应当对调查项目的必要性、可行性、科学性进行审查，对符合法定条件的，作出予以批准的书面决定，并公布；对不符合法定条件的，作出不予批准的书面决定，并说明理由。

第十四条 制定统计调查项目，应当同时制定该项目的统计调查制度，并依照本法第十二条的规定一并报经审批或者备案。

统计调查制度应当对调查目的、调查内容、调查方法、调查对象、调查组织方式、调查表式、统计资料的报送和公布等作出规定。

统计调查应当按照统计调查制度组织实施。变更统计调查制度的内容，应当报经原审批机关批准或者原备案机关备案。

第十五条　统计调查表应当标明表号、制定机关、批准或者备案文号、有效期限等标志。

对未标明前款规定的标志或者超过有效期限的统计调查表，统计调查对象有权拒绝填报；县级以上人民政府统计机构应当依法责令停止有关统计调查活动。

第十六条　搜集、整理统计资料，应当以周期性普查为基础，以经常性抽样调查为主体，综合运用全面调查、重点调查等方法，并充分利用行政记录等资料。

重大国情国力普查由国务院统一领导，国务院和地方人民政府组织统计机构和有关部门共同实施。

第十七条　国家制定统一的统计标准，保障统计调查采用的指标含义、计算方法、分类目录、调查表式和统计编码等的标准化。

国家统计标准由国家统计局制定，或者由国家统计局和国务院标准化主管部门共同制定。

国务院有关部门可以制定补充性的部门统计标准，报国家统计局审批。部门统计标准不得与国家统计标准相抵触。

第十八条　县级以上人民政府统计机构根据统计任务的需要，可以在统计调查对象中推广使用计算机网络报送统计资料。

第十九条　县级以上人民政府应当将统计工作所需经费列入财政预算。

重大国情国力普查所需经费，由国务院和地方人民政府共同负担，列入相应年度的财政预算，按时拨付，确保到位。

第三章　统计资料的管理和公布

第二十条　县级以上人民政府统计机构和有关部门以及乡、镇人民政府，应当按照国家有关规定建立统计资料的保存、管理制度，建立健全统计信息共享机制。

第二十一条　国家机关、企业事业单位和其他组织等统计调查对象，应当按照国家有关规定设置原始记录、统计台账，建立健全统计资料的审核、签署、交接、归档等管理制度。

统计资料的审核、签署人员应当对其审核、签署的统计资料的真实性、准确性和完整性负责。

第二十二条　县级以上人民政府有关部门应当及时向本级人民政府统计机构提供统计所需的行政记录资料和国民经济核算所需的财务资料、财政资料及其他资料，并按照统计调查制度的规定及时向本级人民政府统计机构报送其组织实施统计调查取得的有关资料。

县级以上人民政府统计机构应当及时向本级人民政府有关部门提供有关统计资料。

第二十三条 县级以上人民政府统计机构按照国家有关规定，定期公布统计资料。

国家统计数据以国家统计局公布的数据为准。

第二十四条 县级以上人民政府有关部门统计调查取得的统计资料，由本部门按照国家有关规定公布。

第二十五条 统计调查中获得的能够识别或者推断单个统计调查对象身份的资料，任何单位和个人不得对外提供、泄露，不得用于统计以外的目的。

第二十六条 县级以上人民政府统计机构和有关部门统计调查取得的统计资料，除依法应当保密的外，应当及时公开，供社会公众查询。

第四章 统计机构和统计人员

第二十七条 国务院设立国家统计局，依法组织领导和协调全国的统计工作。

国家统计局根据工作需要设立的派出调查机构，承担国家统计局布置的统计调查等任务。

县级以上地方人民政府设立独立的统计机构，乡、镇人民政府设置统计工作岗位，配备专职或者兼职统计人员，依法管理、开展统计工作，实施统计调查。

第二十八条 县级以上人民政府有关部门根据统计任务的需要设立统计机构，或者在有关机构中设置统计人员，并指定统计负责人，依法组织、管理本部门职责范围内的统计工作，实施统计调查，在统计业务上受本级人民政府统计机构的指导。

第二十九条 统计机构、统计人员应当依法履行职责，如实搜集、报送统计资料，不得伪造、篡改统计资料，不得以任何方式要求任何单位和个人提供不真实的统计资料，不得有其他违反本法规定的行为。

统计人员应当坚持实事求是，恪守职业道德，对其负责搜集、审核、录入的统计资料与统计调查对象报送的统计资料的一致性负责。

第三十条 统计人员进行统计调查时，有权就与统计有关的问题询问有关人员，要求其如实提供有关情况、资料并改正不真实、不准确的资料。

统计人员进行统计调查时，应当出示县级以上人民政府统计机构或者有关部门颁发的工作证件；未出示的，统计调查对象有权拒绝调查。

第三十一条 国家实行统计专业技术职务资格考试、评聘制度，提高统计人员的专业素质，保障统计队伍的稳定性。

统计人员应当具备与其从事的统计工作相适应的专业知识和业务能力。

县级以上人民政府统计机构和有关部门应当加强对统计人员的专业培训和职业道德教育。

第五章 监督检查

第三十二条 县级以上人民政府及其监察机关对下级人民政府、本级人民政府统计机构和有关部门执行本法的情况，实施监督。

第三十三条 国家统计局组织管理全国统计工作的监督检查，查处重大统计违法行为。

县级以上地方人民政府统计机构依法查处本行政区域内发生的统计违法行为。但是，国家统计局派出的调查机构组织实施的统计调查活动中发生的统计违法行为，由组织实施该项统计调查的调查机构负责查处。

法律、行政法规对有关部门查处统计违法行为另有规定的，从其规定。

第三十四条 县级以上人民政府有关部门应当积极协助本级人民政府统计机构查处统计违法行为，及时向本级人民政府统计机构移送有关统计违法案件材料。

第三十五条 县级以上人民政府统计机构在调查统计违法行为或者核查统计数据时，有权采取下列措施：

（一）发出统计检查查询书，向检查对象查询有关事项；

（二）要求检查对象提供有关原始记录和凭证、统计台账、统计调查表、会计资料及其他相关证明和资料；

（三）就与检查有关的事项询问有关人员；

（四）进入检查对象的业务场所和统计数据处理信息系统进行检查、核对；

（五）经本机构负责人批准，登记保存检查对象的有关原始记录和凭证、统计台账、统计调查表、会计资料及其他相关证明和资料；

（六）对与检查事项有关的情况和资料进行记录、录音、录像、照相和复制。

县级以上人民政府统计机构进行监督检查时，监督检查人员不得少于二人，并应当出示执法证件；未出示的，有关单位和个人有权拒绝检查。

第三十六条 县级以上人民政府统计机构履行监督检查职责时，有关单位和个人应当如实反映情况，提供相关证明和资料，不得拒绝、阻碍检查，不得转移、隐匿、篡改、毁弃原始记录和凭证、统计台账、统计调查表、会计资料及其他相关证明和资料。

第六章 法律责任

第三十七条 地方人民政府、政府统计机构或者有关部门、单位的负责人有下列行为之一的，由任免机关或者监察机关依法给予处分，并由县级以上人民政府统计机构予以通报：

（一）自行修改统计资料、编造虚假统计数据的；

（二）要求统计机构、统计人员或者其他机构、人员伪造、篡改统计资料的；

（三）对依法履行职责或者拒绝、抵制统计违法行为的统计人员打击报复的；

（四）对本地方、本部门、本单位发生的严重统计违法行为失察的。

第三十八条 县级以上人民政府统计机构或者有关部门在组织实施统计调查活动中有下列行为之一的，由本级人民政府、上级人民政府统计机构或者本级人民政府统计机构责令改正，予以通报；对直接负责的主管人员和其他直接责任人员，由任免机关或者监察机关依法给予处分：

（一）未经批准擅自组织实施统计调查的；

（二）未经批准擅自变更统计调查制度的内容的；

（三）伪造、篡改统计资料的；

（四）要求统计调查对象或者其他机构、人员提供不真实的统计资料的；

（五）未按照统计调查制度的规定报送有关资料的。

统计人员有前款第三项至第五项所列行为之一的，责令改正，依法给予处分。

第三十九条 县级以上人民政府统计机构或者有关部门有下列行为之一的，对直接负责的主管人员和其他直接责任人员由任免机关或者监察机关依法给予处分：

（一）违法公布统计资料的；

（二）泄露统计调查对象的商业秘密、个人信息或者提供、泄露在统计调查中获得的能够识别或者推断单个统计调查对象身份的资料的；

（三）违反国家有关规定，造成统计资料毁损、灭失的。

统计人员有前款所列行为之一的，依法给予处分。

第四十条 统计机构、统计人员泄露国家秘密的，依法追究法律责任。

第四十一条 作为统计调查对象的国家机关、企业事业单位或者其他组织有下列行为之一的，由县级以上人民政府统计机构责令改正，给予警告，可以予以通报；其直接负责的主管人员和其他直接责任人员属于国家工作人员的，由任免机关或者监察机关依法给予处分：

（一）拒绝提供统计资料或者经催报后仍未按时提供统计资料的；

（二）提供不真实或者不完整的统计资料的；

（三）拒绝答复或者不如实答复统计检查查询书的；

（四）拒绝、阻碍统计调查、统计检查的；

（五）转移、隐匿、篡改、毁弃或者拒绝提供原始记录和凭证、统计台账、统计调查表及其他相关证明和资料的。

企业事业单位或者其他组织有前款所列行为之一的，可以并处五万元以下的罚款；情节严重的，并处五万元以上二十万元以下的罚款。

个体工商户有本条第一款所列行为之一的，由县级以上人民政府统计机构责令改正，给予警告，可以并处一万元以下的罚款。

第四十二条　作为统计调查对象的国家机关、企业事业单位或者其他组织迟报统计资料，或者未按照国家有关规定设置原始记录、统计台账的，由县级以上人民政府统计机构责令改正，给予警告。

企业事业单位或者其他组织有前款所列行为之一的，可以并处一万元以下的罚款。

个体工商户迟报统计资料的，由县级以上人民政府统计机构责令改正，给予警告，可以并处一千元以下的罚款。

第四十三条　县级以上人民政府统计机构查处统计违法行为时，认为对有关国家工作人员依法应当给予处分的，应当提出给予处分的建议；该国家工作人员的任免机关或者监察机关应当依法及时作出决定，并将结果书面通知县级以上人民政府统计机构。

第四十四条　作为统计调查对象的个人在重大国情国力普查活动中拒绝、阻碍统计调查，或者提供不真实或者不完整的普查资料的，由县级以上人民政府统计机构责令改正，予以批评教育。

第四十五条　违反本法规定，利用虚假统计资料骗取荣誉称号、物质利益或者职务晋升的，除对其编造虚假统计资料或者要求他人编造虚假统计资料的行为依法追究法律责任外，由作出有关决定的单位或者其上级单位、监察机关取消其荣誉称号，追缴获得的物质利益，撤销晋升的职务。

第四十六条　当事人对县级以上人民政府统计机构作出的行政处罚决定不服的，可以依法申请行政复议或者提起行政诉讼。其中，对国家统计局在省、自治区、直辖市派出的调查机构作出的行政处罚决定不服的，向国家统计局申请行政复议；对国家统计局派出的其他调查机构作出的行政处罚决定不服的，向国家统计局在该派出机构所在的省、自治区、直辖市派出的调查机构申请行政复议。

第四十七条　违反本法规定，构成犯罪的，依法追究刑事责任。

第七章　附　则

第四十八条　本法所称县级以上人民政府统计机构，是指国家统计局及其派出的调查机构、县级以上地方人民政府统计机构。

第四十九条　民间统计调查活动的管理办法，由国务院制定。

中华人民共和国境外的组织、个人需要在中华人民共和国境内进行统计调查活动的，应当按照国务院的规定报请审批。

利用统计调查危害国家安全、损害社会公共利益或者进行欺诈活动的，依法追究法律责任。

第五十条 本法自 2010 年 1 月 1 日起施行。

附录 2

中华人民共和国环境保护法

全国人民代表大会常务委员会

中华人民共和国主席令　第 9 号

(1989 年 12 月 26 日第七届全国人民代表大会常务委员会第十一次会议通过　2014 年 4 月 24 日第十二届全国人民代表大会常务委员会第八次会议修订)

第一章　总　则

第一条　为保护和改善环境，防治污染和其他公害，保障公众健康，推进生态文明建设，促进经济社会可持续发展，制定本法。

第二条　本法所称环境是指影响人类生存和发展的各种天然的和经过人工改造的自然因素的总体，包括大气、水、海洋、土地、矿藏、森林、草原、湿地、野生生物、自然遗迹、人文遗迹、自然保护区、风景名胜区、城市和乡村等。

第三条　本法适用于中华人民共和国领域和中华人民共和国管辖的其他海域。

第四条　保护环境是国家的基本国策。

国家采取有利于节约和循环利用资源、保护和改善环境、促进人与自然和谐的经济、技术政策和措施，使经济社会发展与环境保护相协调。

第五条　环境保护坚持保护优先、预防为主、综合治理、公众参与、损害担责的原则。

第六条　一切单位和个人都有保护环境的义务。

地方各级人民政府应当对本行政区域的环境质量负责。

企业事业单位和其他生产经营者应当防止、减少环境污染和生态破坏，对所造成的损害依法承担责任。

公民应当增强环境保护意识，采取低碳、节俭的生活方式，自觉履行环境保护义务。

第七条　国家支持环境保护科学技术研究、开发和应用，鼓励环境保护产业发展，促进环境保护信息化建设，提高环境保护科学技术水平。

第八条　各级人民政府应当加大保护和改善环境、防治污染和其他公害的财政投入，提高财政资金的使用效益。

第九条　各级人民政府应当加强环境保护宣传和普及工作，鼓励基层群众性自治组织、社会组织、环境保护志愿者开展环境保护法律法规和环境保护知识的宣传，营造保护环境的良好风气。

教育行政部门、学校应当将环境保护知识纳入学校教育内容，培养学生的环境保护意识。

新闻媒体应当开展环境保护法律法规和环境保护知识的宣传，对环境违法行为进行舆论监督。

第十条 国务院环境保护主管部门，对全国环境保护工作实施统一监督管理；县级以上地方人民政府环境保护主管部门，对本行政区域环境保护工作实施统一监督管理。

县级以上人民政府有关部门和军队环境保护部门，依照有关法律的规定对资源保护和污染防治等环境保护工作实施监督管理。

第十一条 对保护和改善环境有显著成绩的单位和个人，由人民政府给予奖励。

第十二条 每年6月5日为环境日。

第二章 监督管理

第十三条 县级以上人民政府应当将环境保护工作纳入国民经济和社会发展规划。

国务院环境保护主管部门会同有关部门，根据国民经济和社会发展规划编制国家环境保护规划，报国务院批准并公布实施。

县级以上地方人民政府环境保护主管部门会同有关部门，根据国家环境保护规划的要求，编制本行政区域的环境保护规划，报同级人民政府批准并公布实施。

环境保护规划的内容应当包括生态保护和污染防治的目标、任务、保障措施等，并与主体功能区规划、土地利用总体规划和城乡规划等相衔接。

第十四条 国务院有关部门和省、自治区、直辖市人民政府组织制定经济、技术政策，应当充分考虑对环境的影响，听取有关方面和专家的意见。

第十五条 国务院环境保护主管部门制定国家环境质量标准。

省、自治区、直辖市人民政府对国家环境质量标准中未作规定的项目，可以制定地方环境质量标准；对国家环境质量标准中已作规定的项目，可以制定严于国家环境质量标准的地方环境质量标准。地方环境质量标准应当报国务院环境保护主管部门备案。

国家鼓励开展环境基准研究。

第十六条 国务院环境保护主管部门根据国家环境质量标准和国家经济、技术条件，制定国家污染物排放标准。

省、自治区、直辖市人民政府对国家污染物排放标准中未作规定的项目，可以制定地方污染物排放标准；对国家污染物排放标准中已作规定的项目，可以制定严于国家污染物排放标准的地方污染物排放标准。地方污染物排放标准应当报国务院环境保护主管部门备案。

第十七条 国家建立、健全环境监测制度。国务院环境保护主管部门制定监测规范，会同有关部门组织监测网络，统一规划国家环境质量监测站（点）的设置，建立监测数据共享机制，加强对环境监测的管理。

有关行业、专业等各类环境质量监测站（点）的设置应当符合法律法规规定和监测规范的要求。

监测机构应当使用符合国家标准的监测设备，遵守监测规范。监测机构及其负责人对监测数据的真实性和准确性负责。

第十八条　省级以上人民政府应当组织有关部门或者委托专业机构，对环境状况进行调查、评价，建立环境资源承载能力监测预警机制。

第十九条　编制有关开发利用规划，建设对环境有影响的项目，应当依法进行环境影响评价。

未依法进行环境影响评价的开发利用规划，不得组织实施；未依法进行环境影响评价的建设项目，不得开工建设。

第二十条　国家建立跨行政区域的重点区域、流域环境污染和生态破坏联合防治协调机制，实行统一规划、统一标准、统一监测、统一的防治措施。

前款规定以外的跨行政区域的环境污染和生态破坏的防治，由上级人民政府协调解决，或者由有关地方人民政府协商解决。

第二十一条　国家采取财政、税收、价格、政府采购等方面的政策和措施，鼓励和支持环境保护技术装备、资源综合利用和环境服务等环境保护产业的发展。

第二十二条　企业事业单位和其他生产经营者，在污染物排放符合法定要求的基础上，进一步减少污染物排放的，人民政府应当依法采取财政、税收、价格、政府采购等方面的政策和措施予以鼓励和支持。

第二十三条　企业事业单位和其他生产经营者，为改善环境，依照有关规定转产、搬迁、关闭的，人民政府应当予以支持。

第二十四条　县级以上人民政府环境保护主管部门及其委托的环境监察机构和其他负有环境保护监督管理职责的部门，有权对排放污染物的企业事业单位和其他生产经营者进行现场检查。被检查者应当如实反映情况，提供必要的资料。实施现场检查的部门、机构及其工作人员应当为被检查者保守商业秘密。

第二十五条　企业事业单位和其他生产经营者违反法律法规规定排放污染物，造成或者可能造成严重污染的，县级以上人民政府环境保护主管部门和其他负有环境保护监督管理职责的部门，可以查封、扣押造成污染物排放的设施、设备。

第二十六条　国家实行环境保护目标责任制和考核评价制度。县级以上人民政府应当将环境保护目标完成情况纳入对本级人民政府负有环境保护监督管理职责的部门及其负责人和下级人民政府及其负责人的考核内容，作为对其考核评价的重要依据。考核结果应当向社会公开。

第二十七条 县级以上人民政府应当每年向本级人民代表大会或者人民代表大会常务委员会报告环境状况和环境保护目标完成情况，对发生的重大环境事件应当及时向本级人民代表大会常务委员会报告，依法接受监督。

第三章　保护和改善环境

第二十八条 地方各级人民政府应当根据环境保护目标和治理任务，采取有效措施，改善环境质量。

未达到国家环境质量标准的重点区域、流域的有关地方人民政府，应当制定限期达标规划，并采取措施按期达标。

第二十九条 国家在重点生态功能区、生态环境敏感区和脆弱区等区域划定生态保护红线，实行严格保护。

各级人民政府对具有代表性的各种类型的自然生态系统区域，珍稀、濒危的野生动植物自然分布区域，重要的水源涵养区域，具有重大科学文化价值的地质构造、著名溶洞和化石分布区、冰川、火山、温泉等自然遗迹，以及人文遗迹、古树名木，应当采取措施予以保护，严禁破坏。

第三十条 开发利用自然资源，应当合理开发，保护生物多样性，保障生态安全，依法制定有关生态保护和恢复治理方案并予以实施。

引进外来物种以及研究、开发和利用生物技术，应当采取措施，防止对生物多样性的破坏。

第三十一条 国家建立、健全生态保护补偿制度。

国家加大对生态保护地区的财政转移支付力度。有关地方人民政府应当落实生态保护补偿资金，确保其用于生态保护补偿。

国家指导受益地区和生态保护地区人民政府通过协商或者按照市场规则进行生态保护补偿。

第三十二条 国家加强对大气、水、土壤等的保护，建立和完善相应的调查、监测、评估和修复制度。

第三十三条 各级人民政府应当加强对农业环境的保护，促进农业环境保护新技术的使用，加强对农业污染源的监测预警，统筹有关部门采取措施，防治土壤污染和土地沙化、盐渍化、贫瘠化、石漠化、地面沉降以及防治植被破坏、水土流失、水体富营养化、水源枯竭、种源灭绝等生态失调现象，推广植物病虫害的综合防治。

县级、乡级人民政府应当提高农村环境保护公共服务水平，推动农村环境综合整治。

第三十四条 国务院和沿海地方各级人民政府应当加强对海洋环境的保护。向海洋排放污染物、倾倒废弃物，进行海岸工程和海洋工程建设，应当符合法律法规规定和有关标准，防止和减少对海洋环境的污染损害。

第三十五条　城乡建设应当结合当地自然环境的特点，保护植被、水域和自然景观，加强城市园林、绿地和风景名胜区的建设与管理。

第三十六条　国家鼓励和引导公民、法人和其他组织使用有利于保护环境的产品和再生产品，减少废弃物的产生。

国家机关和使用财政资金的其他组织应当优先采购和使用节能、节水、节材等有利于保护环境的产品、设备和设施。

第三十七条　地方各级人民政府应当采取措施，组织对生活废弃物的分类处置、回收利用。

第三十八条　公民应当遵守环境保护法律法规，配合实施环境保护措施，按照规定对生活废弃物进行分类放置，减少日常生活对环境造成的损害。

第三十九条　国家建立、健全环境与健康监测、调查和风险评估制度；鼓励和组织开展环境质量对公众健康影响的研究，采取措施预防和控制与环境污染有关的疾病。

第四章　防治污染和其他公害

第四十条　国家促进清洁生产和资源循环利用。

国务院有关部门和地方各级人民政府应当采取措施，推广清洁能源的生产和使用。

企业应当优先使用清洁能源，采用资源利用率高、污染物排放量少的工艺、设备以及废弃物综合利用技术和污染物无害化处理技术，减少污染物的产生。

第四十一条　建设项目中防治污染的设施，应当与主体工程同时设计、同时施工、同时投产使用。防治污染的设施应当符合经批准的环境影响评价文件的要求，不得擅自拆除或者闲置。

第四十二条　排放污染物的企业事业单位和其他生产经营者，应当采取措施，防治在生产建设或者其他活动中产生的废气、废水、废渣、医疗废物、粉尘、恶臭气体、放射性物质以及噪声、振动、光辐射、电磁辐射等对环境的污染和危害。

排放污染物的企业事业单位，应当建立环境保护责任制度，明确单位负责人和相关人员的责任。

重点排污单位应当按照国家有关规定和监测规范安装使用监测设备，保证监测设备正常运行，保存原始监测记录。

严禁通过暗管、渗井、渗坑、灌注或者篡改、伪造监测数据，或者不正常运行防治污染设施等逃避监管的方式违法排放污染物。

第四十三条　排放污染物的企业事业单位和其他生产经营者，应当按照国家有关规定缴纳排污费。排污费应当全部专项用于环境污染防治，任何单位和个人不得截留、挤占或者挪作他用。

依照法律规定征收环境保护税的，不再征收排污费。

第四十四条 国家实行重点污染物排放总量控制制度。重点污染物排放总量控制指标由国务院下达，省、自治区、直辖市人民政府分解落实。企业事业单位在执行国家和地方污染物排放标准的同时，应当遵守分解落实到本单位的重点污染物排放总量控制指标。

对超过国家重点污染物排放总量控制指标或者未完成国家确定的环境质量目标的地区，省级以上人民政府环境保护主管部门应当暂停审批其新增重点污染物排放总量的建设项目环境影响评价文件。

第四十五条 国家依照法律规定实行排污许可管理制度。

实行排污许可管理的企业事业单位和其他生产经营者应当按照排污许可证的要求排放污染物；未取得排污许可证的，不得排放污染物。

第四十六条 国家对严重污染环境的工艺、设备和产品实行淘汰制度。任何单位和个人不得生产、销售或者转移、使用严重污染环境的工艺、设备和产品。

禁止引进不符合我国环境保护规定的技术、设备、材料和产品。

第四十七条 各级人民政府及其有关部门和企业事业单位，应当依照《中华人民共和国突发事件应对法》的规定，做好突发环境事件的风险控制、应急准备、应急处置和事后恢复等工作。

县级以上人民政府应当建立环境污染公共监测预警机制，组织制定预警方案；环境受到污染，可能影响公众健康和环境安全时，依法及时公布预警信息，启动应急措施。

企业事业单位应当按照国家有关规定制定突发环境事件应急预案，报环境保护主管部门和有关部门备案。在发生或者可能发生突发环境事件时，企业事业单位应当立即采取措施处理，及时通报可能受到危害的单位和居民，并向环境保护主管部门和有关部门报告。

突发环境事件应急处置工作结束后，有关人民政府应当立即组织评估事件造成的环境影响和损失，并及时将评估结果向社会公布。

第四十八条 生产、储存、运输、销售、使用、处置化学物品和含有放射性物质的物品，应当遵守国家有关规定，防止污染环境。

第四十九条 各级人民政府及其农业等有关部门和机构应当指导农业生产经营者科学种植和养殖，科学合理施用农药、化肥等农业投入品，科学处置农用薄膜、农作物秸秆等农业废弃物，防止农业面源污染。

禁止将不符合农用标准和环境保护标准的固体废物、废水施入农田。施用农药、化肥等农业投入品及进行灌溉，应当采取措施，防止重金属和其他有毒有害物质污染环境。

畜禽养殖场、养殖小区、定点屠宰企业等的选址、建设和管理应当符合有关法律法规规定。从事畜禽养殖和屠宰的单位和个人应当采取措施，对畜禽粪便、尸体和污水等废弃物进行科学处置，防止污染环境。

县级人民政府负责组织农村生活废弃物的处置工作。

第五十条　各级人民政府应当在财政预算中安排资金，支持农村饮用水水源地保护、生活污水和其他废弃物处理、畜禽养殖和屠宰污染防治、土壤污染防治和农村工矿污染治理等环境保护工作。

第五十一条　各级人民政府应当统筹城乡建设污水处理设施及配套管网，固体废物的收集、运输和处置等环境卫生设施，危险废物集中处置设施、场所以及其他环境保护公共设施，并保障其正常运行。

第五十二条　国家鼓励投保环境污染责任保险。

第五章　信息公开和公众参与

第五十三条　公民、法人和其他组织依法享有获取环境信息、参与和监督环境保护的权利。

各级人民政府环境保护主管部门和其他负有环境保护监督管理职责的部门，应当依法公开环境信息、完善公众参与程序，为公民、法人和其他组织参与和监督环境保护提供便利。

第五十四条　国务院环境保护主管部门统一发布国家环境质量、重点污染源监测信息及其他重大环境信息。省级以上人民政府环境保护主管部门定期发布环境状况公报。

县级以上人民政府环境保护主管部门和其他负有环境保护监督管理职责的部门，应当依法公开环境质量、环境监测、突发环境事件以及环境行政许可、行政处罚、排污费的征收和使用情况等信息。

县级以上地方人民政府环境保护主管部门和其他负有环境保护监督管理职责的部门，应当将企业事业单位和其他生产经营者的环境违法信息记入社会诚信档案，及时向社会公布违法者名单。

第五十五条　重点排污单位应当如实向社会公开其主要污染物的名称、排放方式、排放浓度和总量、超标排放情况，以及防治污染设施的建设和运行情况，接受社会监督。

第五十六条　对依法应当编制环境影响报告书的建设项目，建设单位应当在编制时向可能受影响的公众说明情况，充分征求意见。

负责审批建设项目环境影响评价文件的部门在收到建设项目环境影响报告书后，除涉及国家秘密和商业秘密的事项外，应当全文公开；发现建设项目未充分征求公众意见的，应当责成建设单位征求公众意见。

第五十七条　公民、法人和其他组织发现任何单位和个人有污染环境和破坏生态行为的，有权向环境保护主管部门或者其他负有环境保护监督管理职责的部门举报。

公民、法人和其他组织发现地方各级人民政府、县级以上人民政府环境保护主管部门和其他负有环境保护监督管理职责的部门不依法履行职责的，有权向其上级机关或者监察机关举报。

接受举报的机关应当对举报人的相关信息予以保密，保护举报人的合法权益。

第五十八条　对污染环境、破坏生态，损害社会公共利益的行为，符合下列条件的社会组织可以向人民法院提起诉讼：

（一）依法在设区的市级以上人民政府民政部门登记；

（二）专门从事环境保护公益活动连续五年以上且无违法记录。

符合前款规定的社会组织向人民法院提起诉讼，人民法院应当依法受理。

提起诉讼的社会组织不得通过诉讼牟取经济利益。

第六章　法律责任

第五十九条　企业事业单位和其他生产经营者违法排放污染物，受到罚款处罚，被责令改正，拒不改正的，依法作出处罚决定的行政机关可以自责令改正之日的次日起，按照原处罚数额按日连续处罚。

前款规定的罚款处罚，依照有关法律法规按照防治污染设施的运行成本、违法行为造成的直接损失或者违法所得等因素确定的规定执行。

地方性法规可以根据环境保护的实际需要，增加第一款规定的按日连续处罚的违法行为的种类。

第六十条　企业事业单位和其他生产经营者超过污染物排放标准或者超过重点污染物排放总量控制指标排放污染物的，县级以上人民政府环境保护主管部门可以责令其采取限制生产、停产整治等措施；情节严重的，报经有批准权的人民政府批准，责令停业、关闭。

第六十一条　建设单位未依法提交建设项目环境影响评价文件或者环境影响评价文件未经批准，擅自开工建设的，由负有环境保护监督管理职责的部门责令停止建设，处以罚款，并可以责令恢复原状。

第六十二条　违反本法规定，重点排污单位不公开或者不如实公开环境信息的，由县级以上地方人民政府环境保护主管部门责令公开，处以罚款，并予以公告。

第六十三条　企业事业单位和其他生产经营者有下列行为之一，尚不构成犯罪的，除依照有关法律法规规定予以处罚外，由县级以上人民政府环境保护主管部门或者其他有关部门将案件移送公安机关，对其直接负责的主管人员和其他直接责任人员，处十日以上十五日以下拘留；情节较轻的，处五日以上十日以下拘留：

（一）建设项目未依法进行环境影响评价，被责令停止建设，拒不执行的；

（二）违反法律规定，未取得排污许可证排放污染物，被责令停止排污，拒不执行的；

（三）通过暗管、渗井、渗坑、灌注或者篡改、伪造监测数据，或者不正常运行防治污染设施等逃避监管的方式违法排放污染物的；

（四）生产、使用国家明令禁止生产、使用的农药，被责令改正，拒不改正的。

第六十四条　因污染环境和破坏生态造成损害的，应当依照《中华人民共和国侵权责任法》的有关规定承担侵权责任。

第六十五条　环境影响评价机构、环境监测机构以及从事环境监测设备和防治污染设施维护、运营的机构，在有关环境服务活动中弄虚作假，对造成的环境污染和生态破坏负有责任的，除依照有关法律法规规定予以处罚外，还应当与造成环境污染和生态破坏的其他责任者承担连带责任。

第六十六条　提起环境损害赔偿诉讼的时效期间为三年，从当事人知道或者应当知道其受到损害时起计算。

第六十七条　上级人民政府及其环境保护主管部门应当加强对下级人民政府及其有关部门环境保护工作的监督。发现有关工作人员有违法行为，依法应当给予处分的，应当向其任免机关或者监察机关提出处分建议。

依法应当给予行政处罚，而有关环境保护主管部门不给予行政处罚的，上级人民政府环境保护主管部门可以直接作出行政处罚的决定。

第六十八条　地方各级人民政府、县级以上人民政府环境保护主管部门和其他负有环境保护监督管理职责的部门有下列行为之一的，对直接负责的主管人员和其他直接责任人员给予记过、记大过或者降级处分；造成严重后果的，给予撤职或者开除处分，其主要负责人应当引咎辞职：

（一）不符合行政许可条件准予行政许可的；

（二）对环境违法行为进行包庇的；

（三）依法应当作出责令停业、关闭的决定而未作出的；

（四）对超标排放污染物、采用逃避监管的方式排放污染物、造成环境事故以及不落实生态保护措施造成生态破坏等行为，发现或者接到举报未及时查处的；

（五）违反本法规定，查封、扣押企业事业单位和其他生产经营者的设施、设备的；

（六）篡改、伪造或者指使篡改、伪造监测数据的；

（七）应当依法公开环境信息而未公开的；

（八）将征收的排污费截留、挤占或者挪作他用的；

（九）法律法规规定的其他违法行为。

第六十九条 违反本法规定，构成犯罪的，依法追究刑事责任。

第七章 附 则

第七十条 本法自 2015 年 1 月 1 日起施行。

附录 3

中华人民共和国统计法实施条例

中华人民共和国国务院令　第 681 号

《中华人民共和国统计法实施条例》已经于 2017 年 4 月 12 日国务院第 168 次常务会议通过，现予公布，自 2017 年 8 月 1 日起施行。

总理　李克强

2017 年 5 月 28 日

第一章　总　则

第一条　根据《中华人民共和国统计法》（以下简称《统计法》），制定本条例。

第二条　统计资料能够通过行政记录取得的，不得组织实施调查。通过抽样调查、重点调查能够满足统计需要的，不得组织实施全面调查。

第三条　县级以上人民政府统计机构和有关部门应当加强统计规律研究，健全新兴产业等统计，完善经济、社会、科技、资源和环境统计，推进互联网、大数据、云计算等现代信息技术在统计工作中的应用，满足经济社会发展需要。

第四条　地方人民政府、县级以上人民政府统计机构和有关部门应当根据国家有关规定，明确本单位防范和惩治统计造假、弄虚作假的责任主体，严格执行统计法和本条例的规定。

地方人民政府、县级以上人民政府统计机构和有关部门及其负责人应当保障统计活动依法进行，不得侵犯统计机构、统计人员独立行使统计调查、统计报告、统计监督职权，不得非法干预统计调查对象提供统计资料，不得统计造假、弄虚作假。

统计调查对象应当依照《统计法》和国家有关规定，真实、准确、完整、及时地提供统计资料，拒绝、抵制弄虚作假等违法行为。

第五条　县级以上人民政府统计机构和有关部门不得组织实施营利性统计调查。

国家有计划地推进县级以上人民政府统计机构和有关部门通过向社会购买服务组织实施统计调查和资料开发。

第二章　统计调查项目

第六条　部门统计调查项目、地方统计调查项目的主要内容不得与国家统计调查项目的内容重复、矛盾。

第七条　统计调查项目的制定机关（以下简称制定机关）应当就项目的必要性、可行性、科学性进行论证，征求有关地方、部门、统计调查对象和专家的意见，并由制定机关按照会议制度集体讨论决定。

重要统计调查项目应当进行试点。

第八条　制定机关申请审批统计调查项目，应当以公文形式向审批机关提交统计调查项目审批申请表、项目的统计调查制度和工作经费来源说明。

申请材料不齐全或者不符合法定形式的，审批机关应当一次性告知需要补正的全部内容，制定机关应当按照审批机关的要求予以补正。

申请材料齐全、符合法定形式的，审批机关应当受理。

第九条　统计调查项目符合下列条件的，审批机关应当作出予以批准的书面决定：

（一）具有法定依据或者确为公共管理和服务所必需；

（二）与已批准或者备案的统计调查项目的主要内容不重复、不矛盾；

（三）主要统计指标无法通过行政记录或者已有统计调查资料加工整理取得；

（四）统计调查制度符合统计法律法规规定，科学、合理、可行；

（五）采用的统计标准符合国家有关规定；

（六）制定机关具备项目执行能力。

不符合前款规定条件的，审批机关应当向制定机关提出修改意见；修改后仍不符合前款规定条件的，审批机关应当作出不予批准的书面决定并说明理由。

第十条　统计调查项目涉及其他部门职责的，审批机关应当在作出审批决定前，征求相关部门的意见。

第十一条　审批机关应当自受理统计调查项目审批申请之日起 20 日内作出决定。20 日内不能作出决定的，经审批机关负责人批准可以延长 10 日，并应当将延长审批期限的理由告知制定机关。

制定机关修改统计调查项目的时间，不计算在审批期限内。

第十二条　制定机关申请备案统计调查项目，应当以公文形式向备案机关提交统计调查项目备案申请表和项目的统计调查制度。

统计调查项目的调查对象属于制定机关管辖系统，且主要内容与已批准、备案的统计调查项目不重复、不矛盾的，备案机关应当依法给予备案文号。

第十三条　统计调查项目经批准或者备案的，审批机关或者备案机关应当及时公布统计调查项目及其统计调查制度的主要内容。涉及国家秘密的统计调查项目除外。

第十四条　统计调查项目有下列情形之一的，审批机关或者备案机关应当简化审批或者备案程序，缩短期限：

（一）发生突发事件需要迅速实施统计调查；

（二）统计调查制度内容未作变动，统计调查项目有效期届满需要延长期限。

第十五条　统计法第十七条第二款规定的国家统计标准是强制执行标准。各级人民政府、县级以上人民政府统计机构和有关部门组织实施的统计调查活动，应当执行国家统计标准。

制定国家统计标准，应当征求国务院有关部门的意见。

第三章　统计调查的组织实施

第十六条　统计机构、统计人员组织实施统计调查，应当就统计调查对象的法定填报义务、主要指标含义和有关填报要求等，向统计调查对象作出说明。

第十七条　国家机关、企业事业单位或者其他组织等统计调查对象提供统计资料，应当由填报人员和单位负责人签字，并加盖公章。个人作为统计调查对象提供统计资料，应当由本人签字。统计调查制度规定不需要签字、加盖公章的除外。

统计调查对象使用网络提供统计资料的，按照国家有关规定执行。

第十八条　县级以上人民政府统计机构、有关部门推广使用网络报送统计资料，应当采取有效的网络安全保障措施。

第十九条　县级以上人民政府统计机构、有关部门和乡（镇）统计人员，应当对统计调查对象提供的统计资料进行审核。统计资料不完整或者存在明显错误的，应当由统计调查对象依法予以补充或者改正。

第二十条　国家统计局应当建立健全统计数据质量监控和评估制度，加强对各省、自治区、直辖市重要统计数据的监控和评估。

第四章　统计资料的管理和公布

第二十一条　县级以上人民政府统计机构、有关部门和乡（镇）人民政府应当妥善保管统计调查中取得的统计资料。

国家建立统计资料灾难备份系统。

第二十二条　统计调查中取得的统计调查对象的原始资料，应当至少保存 2 年。

汇总性统计资料应当至少保存 10 年，重要的汇总性统计资料应当永久保存。法律法规另有规定的，从其规定。

第二十三条　统计调查对象按照国家有关规定设置的原始记录和统计台账，应当至少保存 2 年。

第二十四条 国家统计局统计调查取得的全国性统计数据和分省、自治区、直辖市统计数据，由国家统计局公布或者由国家统计局授权其派出的调查机构或者省级人民政府统计机构公布。

第二十五条 国务院有关部门统计调查取得的统计数据，由国务院有关部门按照国家有关规定和已批准或者备案的统计调查制度公布。

县级以上地方人民政府有关部门公布其统计调查取得的统计数据，比照前款规定执行。

第二十六条 已公布的统计数据按照国家有关规定需要进行修订的，县级以上人民政府统计机构和有关部门应当及时公布修订后的数据，并就修订依据和情况作出说明。

第二十七条 县级以上人民政府统计机构和有关部门应当及时公布主要统计指标含义、调查范围、调查方法、计算方法、抽样调查样本量等信息，对统计数据进行解释说明。

第二十八条 公布统计资料应当按照国家有关规定进行。公布前，任何单位和个人不得违反国家有关规定对外提供，不得利用尚未公布的统计资料谋取不正当利益。

第二十九条 《统计法》第二十五条规定的能够识别或者推断单个统计调查对象身份的资料包括：

（一）直接标明单个统计调查对象身份的资料；

（二）虽未直接标明单个统计调查对象身份，但是通过已标明的地址、编码等相关信息可以识别或者推断单个统计调查对象身份的资料；

（三）可以推断单个统计调查对象身份的汇总资料。

第三十条 统计调查中获得的能够识别或者推断单个统计调查对象身份的资料应当依法严格管理，除作为统计执法依据外，不得直接作为对统计调查对象实施行政许可、行政处罚等具体行政行为的依据，不得用于完成统计任务以外的目的。

第三十一条 国家建立健全统计信息共享机制，实现县级以上人民政府统计机构和有关部门统计调查取得的资料共享。制定机关共同制定的统计调查项目，可以共同使用获取的统计资料。

统计调查制度应当对统计信息共享的内容、方式、时限、渠道和责任等作出规定。

第五章 统计机构和统计人员

第三十二条 县级以上地方人民政府统计机构受本级人民政府和上级人民政府统计机构的双重领导，在统计业务上以上级人民政府统计机构的领导为主。

乡、镇人民政府应当设置统计工作岗位，配备专职或者兼职统计人员，履行统计职责，在统计业务上受上级人民政府统计机构领导。乡、镇统计人员的调动，应当征得县级人民政府统计机构的同意。

县级以上人民政府有关部门在统计业务上受本级人民政府统计机构指导。

第三十三条　县级以上人民政府统计机构和有关部门应当完成国家统计调查任务，执行国家统计调查项目的统计调查制度，组织实施本地方、本部门的统计调查活动。

第三十四条　国家机关、企业事业单位和其他组织应当加强统计基础工作，为履行法定的统计资料报送义务提供组织、人员和工作条件保障。

第三十五条　对在统计工作中做出突出贡献、取得显著成绩的单位和个人，按照国家有关规定给予表彰和奖励。

第六章　监督检查

第三十六条　县级以上人民政府统计机构从事统计执法工作的人员，应当具备必要的法律知识和统计业务知识，参加统计执法培训，并取得由国家统计局统一印制的统计执法证。

第三十七条　任何单位和个人不得拒绝、阻碍对统计工作的监督检查和对统计违法行为的查处工作，不得包庇、纵容统计违法行为。

第三十八条　任何单位和个人有权向县级以上人民政府统计机构举报统计违法行为。

县级以上人民政府统计机构应当公布举报统计违法行为的方式和途径，依法受理、核实、处理举报，并为举报人保密。

第三十九条　县级以上人民政府统计机构负责查处统计违法行为；法律、行政法规对有关部门查处统计违法行为另有规定的，从其规定。

第七章　法律责任

第四十条　下列情形属于统计法第三十七条第四项规定的对严重统计违法行为失察，对地方人民政府、政府统计机构或者有关部门、单位的负责人，由任免机关或者监察机关依法给予处分，并由县级以上人民政府统计机构予以通报：

（一）本地方、本部门、本单位大面积发生或者连续发生统计造假、弄虚作假；

（二）本地方、本部门、本单位统计数据严重失实，应当发现而未发现；

（三）发现本地方、本部门、本单位统计数据严重失实不予纠正。

第四十一条　县级以上人民政府统计机构或者有关部门组织实施营利性统计调查的，由本级人民政府、上级人民政府统计机构或者本级人民政府统计机构责令改正，予以通报；有违法所得的，没收违法所得。

第四十二条　地方各级人民政府、县级以上人民政府统计机构或者有关部门及其负责人，侵犯统计机构、统计人员独立行使统计调查、统计报告、统计监督职权，或者采用下发文件、会议布置以及其他方式授意、指使、强令统计调查对象或者其他单位、人员编造虚假统计资料的，由上级人民政府、本级人民政府、上级人民政府统计机构或者本级人民政府统计机构责令改正，予以通报。

第四十三条　县级以上人民政府统计机构或者有关部门在组织实施统计调查活动中有下列行为之一的，由本级人民政府、上级人民政府统计机构或者本级人民政府统计机构责令改正，予以通报：

（一）违法制定、审批或者备案统计调查项目；

（二）未按照规定公布经批准或者备案的统计调查项目及其统计调查制度的主要内容；

（三）未执行国家统计标准；

（四）未执行统计调查制度；

（五）自行修改单个统计调查对象的统计资料。

乡、镇统计人员有前款第三项至第五项所列行为的，责令改正，依法给予处分。

第四十四条　县级以上人民政府统计机构或者有关部门违反本条例第二十四条、第二十五条规定公布统计数据的，由本级人民政府、上级人民政府统计机构或者本级人民政府统计机构责令改正，予以通报。

第四十五条　违反国家有关规定对外提供尚未公布的统计资料或者利用尚未公布的统计资料谋取不正当利益的，由任免机关或者监察机关依法给予处分，并由县级以上人民政府统计机构予以通报。

第四十六条　统计机构及其工作人员有下列行为之一的，由本级人民政府或者上级人民政府统计机构责令改正，予以通报：

（一）拒绝、阻碍对统计工作的监督检查和对统计违法行为的查处工作；

（二）包庇、纵容统计违法行为；

（三）向有统计违法行为的单位或者个人通风报信，帮助其逃避查处；

（四）未依法受理、核实、处理对统计违法行为的举报；

（五）泄露对统计违法行为的举报情况。

第四十七条　地方各级人民政府、县级以上人民政府有关部门拒绝、阻碍统计监督检查或者转移、隐匿、篡改、毁弃原始记录和凭证、统计台账、统计调查表及其他相关证明和资料的，由上级人民政府、上级人民政府统计机构或者本级人民政府统计机构责令改正，予以通报。

第四十八条　地方各级人民政府、县级以上人民政府统计机构和有关部门有本条例第四十一条至第四十七条所列违法行为之一的，对直接负责的主管人员和其他直接责任人员，由任免机关或者监察机关依法给予处分。

第四十九条　乡、镇人民政府有《统计法》第三十八条第一款、第三十九条第一款所列行为之一的，依照《统计法》第三十八条、第三十九条的规定追究法律责任。

第五十条　下列情形属于《统计法》第四十一条第二款规定的情节严重行为：

（一）使用暴力或者威胁方法拒绝、阻碍统计调查、统计监督检查；

（二）拒绝、阻碍统计调查、统计监督检查，严重影响相关工作正常开展；

（三）提供不真实、不完整的统计资料，造成严重后果或者恶劣影响；

（四）有《统计法》第四十一条第一款所列违法行为之一，1年内被责令改正3次以上。

第五十一条　统计违法行为涉嫌犯罪的，县级以上人民政府统计机构应当将案件移送司法机关处理。

第八章　附　　则

第五十二条　中华人民共和国境外的组织、个人需要在中华人民共和国境内进行统计调查活动的，应当委托中华人民共和国境内具有涉外统计调查资格的机构进行。涉外统计调查资格应当依法报经批准。统计调查范围限于省、自治区、直辖市行政区域内的，由省级人民政府统计机构审批；统计调查范围跨省、自治区、直辖市行政区域的，由国家统计局审批。

涉外社会调查项目应当依法报经批准。统计调查范围限于省、自治区、直辖市行政区域内的，由省级人民政府统计机构审批；统计调查范围跨省、自治区、直辖市行政区域的，由国家统计局审批。

第五十三条　国家统计局或者省级人民政府统计机构对涉外统计违法行为进行调查，有权采取《统计法》第三十五条规定的措施。

第五十四条　对违法从事涉外统计调查活动的单位、个人，由国家统计局或者省级人民政府统计机构责令改正或者责令停止调查，有违法所得的，没收违法所得；违法所得50万元以上的，并处违法所得1倍以上3倍以下的罚款；违法所得不足50万元或者没有违法所得的，处200万元以下的罚款；情节严重的，暂停或者取消涉外统计调查资格，撤销涉外社会调查项目批准决定；构成犯罪的，依法追究刑事责任。

第五十五条　本条例自2017年8月1日起施行。1987年1月19日国务院批准、1987年2月15日国家统计局公布，2000年6月2日国务院批准修订、2000年6月15日国家统计局公布，2005年12月16日国务院修订的《中华人民共和国统计法实施细则》同时废止。

附录 4

环境统计管理办法

第一章 总 则

第一条 为加强环境统计管理，保障环境统计资料的准确性和及时性，根据《中华人民共和国环境保护法》《中华人民共和国统计法》（以下简称《统计法》）及其实施细则的有关规定，制定本办法。

第二条 环境统计的任务是对环境状况和环境保护工作情况进行统计调查、统计分析，提供统计信息和咨询，实行统计监督。

环境统计的内容包括环境质量、环境污染及其防治、生态保护、核与辐射安全、环境管理及其他有关环境保护事项。

环境统计的类型有：普查和专项调查；定期调查和不定期调查。定期调查包括统计年报、半年报、季报和月报等。

第三条 环境统计工作实行统一管理、分级负责。

国务院环境保护行政主管部门在国务院统计行政主管部门的业务指导下，对全国环境统计工作实行统一管理，制定环境统计的规章制度、标准规范、工作计划，组织开展环境统计科学研究，部署指导全国环境统计工作，汇总、管理和发布全国环境统计资料。

县级以上地方环境保护行政主管部门在上级环境保护行政主管部门和同级统计行政主管部门的指导下，负责本辖区的环境统计工作。

第四条 各级环境保护行政主管部门应当加强环境统计能力建设，将环境统计信息建设列入发展计划，建立健全环境统计信息系统，有计划地用现代信息技术装备本部门及其管辖系统的统计机构，提高环境统计信息处理能力，满足辖区内环境统计信息需求。

第五条 各级环境保护行政主管部门应当根据国家环境统计任务和本地区、本部门的环境管理需要，在下列方面加强对环境统计工作的领导和监督：

（一）将环境统计事业发展纳入环境保护工作计划，并组织实施；

（二）建立、健全环境统计机构；

（三）安排并保障环境统计业务经费；

（四）按时完成上级环境保护行政主管部门依照法规、规章规定布置的统计任务，采取措施保障统计数据的准确性和及时性，不得随意删改统计数据；

（五）开展环境统计科学研究，改进和完善环境统计制度和方法；

（六）建立环境统计工作奖惩制度。

第六条　环境统计范围内的机关、团体、企业事业单位和个体工商户，必须依照有关法律、法规和本办法的规定，如实提供环境统计资料，不得虚报、瞒报、拒报、迟报，不得伪造、篡改。

第二章　环境统计机构和人员

第七条　国务院环境保护行政主管部门设置专门的统计机构，归口管理环境统计工作。国务院环境保护行政主管部门有关司（办、局），负责本司（办、局）业务范围内的专业统计工作。

县级以上地方环境保护行政主管部门应当确定承担环境统计职能的机构，设定岗位，配备人员，负责归口管理环境统计工作。

第八条　各级环境保护行政主管部门的统计机构（以下简称环境统计机构）的职责是：

（一）制订环境统计工作规章制度和工作计划，并组织实施；

（二）建立健全环境统计指标体系，归口管理环境统计调查项目；

（三）开展环境统计分析和预测；

（四）实行环境统计质量控制和监督，采取措施保障统计资料的准确性和及时性；

（五）收集、汇总和核实环境统计资料，建立和管理环境统计数据库，提供对外公布的环境统计信息；

（六）按照规定向同级统计行政主管部门和上级环境保护行政主管部门报送环境统计资料；

（七）指导下级环境保护行政主管部门和调查对象的环境统计工作；组织环境统计人员的业务培训；

（八）开展环境统计科研和国内外环境统计业务的交流与合作；

（九）负责环境统计的保密工作。

第九条　各级环境保护行政主管部门的相关职能机构负责其业务范围内的统计工作，其职责是：

（一）编制业务范围内的环境统计调查方案，提交同级环境统计机构审核，并按规定经批准后组织实施；

（二）收集、汇总、审核其业务范围内的环境统计数据，并按照调查方案的要求，上报上级环境保护行政主管部门对口的相关职能机构，同时抄报给同级环境统计机构；

（三）开展环境统计分析，对本部门业务工作提出建议。

第十条　环境统计范围内的机关、团体、企业事业单位应当指定专人负责环境统计工作。

环境统计范围内的机关、团体、企业事业单位和个体工商户的环境统计职责是：

（一）完善环境计量、监测制度，建立健全生产活动及其环境保护设施运行的原始记录、统计台账和核算制度；

（二）按照规定，报送和提供环境统计资料，管理本单位的环境统计调查表和基本环境统计资料。

第十一条 环境统计机构和统计人员在环境统计工作中依法独立行使以下职权，任何单位和个人不得干扰或者阻挠：

（一）统计调查权：调查、搜集有关资料，召开有关调查会议，要求有关单位和人员提供环境统计资料，检查与环境统计资料有关的各种原始记录，要求更正不实的环境统计数据；

（二）统计报告权：调查人员必须将环境统计调查所得资料和情况进行整理、分析，及时、如实地向上级机关和统计部门提供环境统计资料；

（三）统计监督权：根据环境统计调查和统计分析，对环境统计工作进行监督，指出存在的问题，提出改进的建议。

第十二条 各级环境保护行政主管部门和企业事业单位的环境统计人员应当保持相对稳定。

变动环境统计人员的，应当及时向上级环境保护行政主管部门和同级统计行政主管部门报告，并做好环境统计资料的交接工作。

第三章 环境统计调查制度

第十三条 各级环境保护行政主管部门设定环境统计调查项目，必须事先制定环境统计调查方案。

环境统计调查方案应当包括项目名称、调查机关、调查目的、调查范围、调查对象、调查方式、调查时间、调查的主要内容，供调查对象填报用的统计调查表及说明、供整理上报用的综合表及说明和统计调查所需人员及经费来源。

环境统计调查方案的内容可以定期调整。

第十四条 环境统计调查方案应当按照规定程序经审查批准后实施。

统计调查对象属于本部门管辖系统内的，应当经本级环境统计机构审核后，由本级环境保护行政主管部门负责人审批，报同级统计行政主管部门备案。

统计调查对象超出本部门管辖系统的，应当由本级环境统计机构审核后，经本级环境保护行政主管部门负责人同意，报同级统计行政主管部门审批，其中重要的，报国务院或者本级地方人民政府审批。

第十五条 编制环境统计调查方案应当遵循以下原则：

（一）凡可从已有资料或利用现有资料整理加工得到所需资料的，不得重复调查；

（二）抽样调查、重点调查或者行政记录可以满足需要的，不得制发全面统计调查表；一次性统计调查可以满足需要的，不得进行经常性统计调查；年度统计调查可以满足需要的，不得按季度统计调查；季度统计调查可以满足需要的，不得按月统计调查；月以下的进度统计调查必须从严控制；

（三）编制新的环境统计调查方案，必须事先试点或者充分征求有关地方环境保护行政主管部门、其他有关部门和基层单位的意见，进行可行性论证；

（四）统计调查需要的人员和经费应当有保证；

（五）地方环境统计调查方案，其指标解释、计算方法、完成期限及其他有关内容，不得与国家环境统计调查方案相抵触。

第十六条　按照规定程序批准的环境统计调查表，必须在右上角标明统一编号、制表机关、批准或者备案机关、批准或者备案文号及有效期限。

未标明前款所列内容或者超过有效期限的环境统计调查表属无效报表，被调查单位和个人有权拒绝填报。

第十七条　环境统计调查表中的指标必须有确定的含义、数据采集来源和计算方法。

国务院环境保护行政主管部门制定全国性环境统计调查表，并对其指标的含义、数据采集来源、计算方法和汇总程序等作出统一规定。

县级以上地方环境保护行政主管部门可以根据地方环境管理需要，补充制定地方性环境统计调查表，并对其指标的含义、数据采集来源和计算方法等作出规定。

第十八条　各级环境保护行政主管部门必须按照批准的环境统计调查方案开展环境统计调查。

环境统计调查中所采取的统计标准和计量单位、统计编码及标准必须符合国家有关标准。未经批准机关同意，任何单位及个人不得擅自修改、变动。

第十九条　在环境统计调查中，污染物排放量数据应当按照自动监控、监督性监测、物料衡算、排污系数以及其他方法综合比对获取。

第二十条　各级环境保护行政主管部门应当建立健全环境统计数据质量控制制度，加强对重要环境统计数据的逐级审核和评估。

县级以上地方环境保护行政主管部门应当采取现场核查、资料核查以及其他有效方式，对企业环境统计数据进行审查和核实。

第二十一条　国家建立环境统计的周期普查和定期抽样调查制度。

国务院环境保护行政主管部门定期组织开展全国污染源普查，并在普查基础上适时校正污染物排放统计数据；周期普查外的其他年份，组织开展环境统计定期抽样调查，并根据环境管理需要，适时开展专项调查。

第四章　环境统计资料的管理和公布

第二十二条　各部门、各单位提供环境统计资料，必须经本部门、本单位负责人审核、签署或者盖章。

第二十三条　环境统计资料是制定环境保护政策、规划、计划，考核环境保护工作的基本依据。

各级环境保护行政主管部门制定环境保护政策、年度计划和中长期规划，开展各类环境保护考核，需要使用环境统计资料的，应当以环境统计机构或者统计负责人签署或者盖章的统计资料为准。

各级环境保护行政主管部门的相关职能机构使用环境统计资料进行各项环境管理考核评比，其结果需经同级环境统计机构会签。

第二十四条　各级环境保护行政主管部门的相关职能机构应当在规定的日期内，将其组织实施的其业务范围内的统计调查所获得的调查结果（含调查汇总资料及数据），报送环境统计机构。

前款所述的环境统计调查结果应当纳入环境统计年报或者其他形式的环境统计资料，统一发布。

第二十五条　各级环境保护行政主管部门应当建立健全环境统计资料定期公布制度，依法定期公布本辖区的环境统计资料，并向同级人民政府统计行政主管部门提供环境统计资料。

第二十六条　环境统计机构应当做好统计信息咨询服务工作。

提供《统计法》和环境统计报表制度规定外的环境统计信息咨询、查询，可以实行有偿服务。

第二十七条　各级环境保护行政主管部门必须执行国家有关统计资料保密管理的规定，加强对环境统计资料的保密管理。

第二十八条　各级环境保护行政主管部门和各企业事业单位必须建立环境统计资料档案。环境统计资料档案的保管、调用和移交，应当遵守国家有关档案管理的规定。

第五章　奖励与惩罚

第二十九条　各级环境保护行政主管部门对有下列表现之一的环境统计机构或者个人，应当给予表彰或者奖励：

（一）在改革和完善环境统计制度、统计调查方法等方面，有重要贡献的；

（二）在完成规定的环境统计调查任务，保障环境统计资料准确性、及时性方面，做出显著成绩的；

（三）在进行环境统计分析、预测和监督方面取得突出成绩的；

（四）在环境统计方面，运用和推广现代信息技术有显著效果的；

（五）在环境统计科学研究方面有所创新、做出重要贡献的；

（六）忠于职守，执行统计法律、法规和本办法表现突出的。

第三十条　国务院环境保护行政主管部门每年对全国环境统计工作进行评比和表扬，每 5 年对全国环境统计工作进行专项表彰。

第三十一条　违反本办法的规定，有下列行为之一的，由有关部门责令改正，并依照有关法律、法规的规定给予处分或者行政处罚：

（一）未经批准，擅自制发环境统计调查表的；

（二）虚报、瞒报、拒报、屡次迟报或者伪造、篡改环境统计资料的；

（三）妨碍环境统计人员执行环境统计公务的；

（四）环境统计人员滥用职权、玩忽职守的；

（五）未按规定保守国家或者被调查者的秘密的；

（六）有其他违反法律、法规关于统计规定的行为的。

有前款所列行为之一，情节严重构成犯罪的，依法追究刑事责任。

第六章　附　则

第三十二条　本办法自 2006 年 12 月 1 日起施行。1995 年 6 月 15 日国家环境保护局发布的《环境统计管理暂行办法》同时废止。

附录 5

统计违法违纪行为处分规定

中华人民共和国监察部　中华人民共和国人力资源和社会保障部　国家统计局令

第 18 号

《统计违法违纪行为处分规定》已经监察部 2009 年 2 月 9 日第一次部长办公会议、人力资源社会保障部 2008 年 12 月 30 日第十六次部务会议、国家统计局 2008 年 11 月 6 日第十八次局务会议审议通过。现予公布，自 2009 年 5 月 1 日起施行。

监 察 部 部 长　马　馼

人力资源社会保障部部长　尹蔚民

国家统计局局长　马建堂

二〇〇九年三月二十五日

第一条　为了加强统计工作，提高统计数据的准确性和及时性，惩处和预防统计违法违纪行为，促进统计法律法规的贯彻实施，根据《中华人民共和国统计法》《中华人民共和国行政监察法》《中华人民共和国公务员法》《行政机关公务员处分条例》及其他有关法律、行政法规，制定本规定。

第二条　有统计违法违纪行为的单位中负有责任的领导人员和直接责任人员，以及有统计违法违纪行为的个人，应当承担纪律责任。属于下列人员的（以下统称有关责任人员），由任免机关或者监察机关按照管理权限依法给予处分：

（一）行政机关公务员；

（二）法律、法规授权的具有公共事务管理职能的事业单位中经批准参照《中华人民共和国公务员法》管理的工作人员；

（三）行政机关依法委托的组织中除工勤人员以外的工作人员；

（四）企业、事业单位、社会团体中由行政机关任命的人员。

法律、行政法规、国务院决定和国务院监察机关、国务院人力资源社会保障部门制定的处分规章对统计违法违纪行为的处分另有规定的，从其规定。

第三条　地方、部门以及企业、事业单位、社会团体的领导人员有下列行为之一的，给予记过或者记大过处分；情节较重的，给予降级或者撤职处分；情节严重的，给予开除处分：

（一）自行修改统计资料、编造虚假数据的；

（二）强令、授意本地区、本部门、本单位统计机构、统计人员或者其他有关机构、人员拒报、虚报、瞒报或者篡改统计资料、编造虚假数据的；

（三）对拒绝、抵制篡改统计资料或者对拒绝、抵制编造虚假数据的人员进行打击报复的；

（四）对揭发、检举统计违法违纪行为的人员进行打击报复的。

有前款第（三）项、第（四）项规定行为的，应当从重处分。

第四条　地方、部门以及企业、事业单位、社会团体的领导人员，对本地区、本部门、本单位严重失实的统计数据，应当发现而未发现或者发现后不予纠正，造成不良后果的，给予警告或者记过处分；造成严重后果的，给予记大过或者降级处分；造成特别严重后果的，给予撤职或者开除处分。

第五条　各级人民政府统计机构、有关部门及其工作人员在实施统计调查活动中，有下列行为之一的，对有关责任人员，给予记过或者记大过处分；情节较重的，给予降级或者撤职处分；情节严重的，给予开除处分：

（一）强令、授意统计调查对象虚报、瞒报或者伪造、篡改统计资料的；

（二）参与篡改统计资料、编造虚假数据的。

第六条　各级人民政府统计机构、有关部门及其工作人员在实施统计调查活动中，有下列行为之一的，对有关责任人员，给予警告、记过或者记大过处分；情节较重的，给予降级处分；情节严重的，给予撤职处分：

（一）故意拖延或者拒报统计资料的；

（二）明知统计数据不实，不履行职责调查核实，造成不良后果的。

第七条　统计调查对象中的单位有下列行为之一，情节较重的，对有关责任人员，给予警告、记过或者记大过处分；情节严重的，给予降级或者撤职处分；情节特别严重的，给予开除处分：

（一）虚报、瞒报统计资料的；

（二）伪造、篡改统计资料的；

（三）拒报或者屡次迟报统计资料的；

（四）拒绝提供情况、提供虚假情况或者转移、隐匿、毁弃原始统计记录、统计台账、统计报表以及与统计有关的其他资料的。

第八条　违反国家规定的权限和程序公布统计资料，造成不良后果的，对有关责任人员，给予警告或者记过处分；情节较重的，给予记大过或者降级处分；情节严重的，给予撤职处分。

第九条　有下列行为之一，造成不良后果的，对有关责任人员，给予警告、记过或者记大过处分；情节较重的，给予降级或者撤职处分；情节严重的，给予开除处分：

（一）泄露属于国家秘密的统计资料的；

（二）未经本人同意，泄露统计调查对象个人、家庭资料的；

（三）泄露统计调查中知悉的统计调查对象商业秘密的。

第十条 包庇、纵容统计违法违纪行为的，对有关责任人员，给予记过或者记大过处分；情节较重的，给予降级或者撤职处分；情节严重的，给予开除处分。

第十一条 受到处分的人员对处分决定不服的，依照《中华人民共和国行政监察法》《中华人民共和国公务员法》《行政机关公务员处分条例》等有关规定，可以申请复核或者申诉。

第十二条 任免机关、监察机关和人民政府统计机构建立案件移送制度。

任免机关、监察机关查处统计违法违纪案件，认为应当由人民政府统计机构给予行政处罚的，应当将有关案件材料移送人民政府统计机构。人民政府统计机构应当依法及时查处，并将处理结果书面告知任免机关、监察机关。

人民政府统计机构查处统计行政违法案件，认为应当由任免机关或者监察机关给予处分的，应当及时将有关案件材料移送任免机关或者监察机关。任免机关或者监察机关应当依法及时查处，并将处理结果书面告知人民政府统计机构。

第十三条 有统计违法违纪行为，应当给予党纪处分的，移送党的纪律检查机关处理。涉嫌犯罪的，移送司法机关依法追究刑事责任。

第十四条 本规定由监察部、人力资源社会保障部、国家统计局负责解释。

第十五条 本规定自 2009 年 5 月 1 日起施行。

附录 6

环境统计技术规范　污染源统计

(2015 年 11 月 20 日发布，2016 年 1 月 1 日实施)

1　适用范围

本标准规定了污染源统计的调查方案设计，数据采集与核算，数据填报、汇总和报送，数据审核，统计报告编制的一般原则与方法。

本标准适用于我国各级污染源统计工作。

2　规范性引用文件

本标准内容引用了下列文件或其中的条款。凡是未注明日期的引用文件，其最新版本适用于本标准。

GB/T 918.1—89　道路车辆分类与代码　机动车

GB/T 2260　中华人民共和国行政区划代码

GB 3101　有关量、单位和符号的一般原则

GB/T 4754　国民经济行业分类

GB/T 8170　数值修约规则

GB 11714　全国组织机构代码编制规则

HJ/T 416　环境信息术语

HJ 523　废水排放去向代码

《全国污染源普查条例》(中华人民共和国国务院令　第 508 号)

3　术语和定义

下列术语和定义适用于本标准。

3.1　环境统计 environmental statistics

指对环境状况和环境保护工作情况进行统计调查、统计分析、提供统计信息和咨询、实行统计监督等并经同级统计行政主管部门审核批准的统计行为。

3.2　污染源统计 pollution sources statistics

指为了解污染源污染物产生、治理、排放等情况而组织开展的，并经同级统计行政主管部门审核批准的统计行为。

3.3 污染源统计工作 pollution sources statistics work

指污染源统计的调查方案设计，数据采集与核算，数据填报、汇总和报送，数据审核，统计报告编制等。

3.4 污染源统计调查对象 pollution sources statistics investigation object

指接受统计调查的总体，由有社会经济活动的、有污染物产生或排放的个体单位构成。本标准中，调查对象分为基本调查单位和综合调查单位。

3.5 基本调查单位 individual investigation unit

指有明确的责任主体、污染物产生和排放有明显边界的，需要逐家开展调查的个体单位。

3.6 综合调查单位 comprehensive investigation unit

指在一定行政级别的行政单元辖区内，除基本调查单位外的其他个体单位组成的整体。

3.7 重点统计指标 key statistics index

指废水及水污染物（化学需氧量、氨氮、重金属等）、大气污染物［二氧化硫、氮氧化物、烟（粉）尘、重金属等］、固体废物等指标，具体指标由组织调查的各级环境保护行政主管部门确定。

4 调查方案设计

根据调查目的，确定调查类型、调查内容和范围、调查对象、调查方法以及调查指标的过程。

4.1 调查类型

本标准中，调查类型根据调查周期分为定期调查和不定期调查。

4.1.1 定期调查

包括普查、年度调查和季度调查。

普查，调查周期为一年，调查时期为公历年的 1 月 1 日至 12 月 31 日，调查频次为每 10 年一次，参照《全国污染源普查条例》执行。

年度调查，调查周期为一年，调查时期为公历年的 1 月 1 日至 12 月 31 日，调查频次为每年一次，年度调查数据即为年报数据。

季度调查，调查周期为一个季度，调查时期为公历年的 1 月 1 日至 3 月 31 日、4 月 1 日至 6 月 30 日、7 月 1 日至 9 月 30 日，10 月 1 日至 12 月 31 日，调查频次为每季度一次，季度调查数据即为季报数据。

4.1.2 不定期调查

为了某一特定目的，专门组织的专项统计调查，统计调查时间由组织调查的各级环境保护行政主管部门确定。

4.2 调查内容

调查内容包括各类污染源的污染物产生、治理和排放等情况。

4.3 调查范围

调查范围包括工业污染源、农业污染源、生活污染源、移动源，以及实施污染物集中处理（置）的污水处理厂、生活垃圾处理厂（场）、危险废物（医疗废物）集中处理（置）厂以及一定行政级别的行政单元等。

4.4 调查对象

调查对象分为基本调查单位和综合调查单位。

4.4.1 基本调查单位

a）基本调查单位的确定。基本调查单位根据以下三个原则确定。

1）比例筛选原则

以最新的全国污染源普查数据库为总体，按个体单位的重点统计指标值降序排列，筛选出累计到一定比例的个体单位确定为基本调查单位。

2）特定条件原则

产生有毒有害且危及人体健康的污染物的个体单位，以及对污染实施集中处理（置）的个体单位确定为基本调查单位。

3）规模值原则

重点统计指标超过一定规模值以上的个体单位确定为基本调查单位。规模值由组织调查的各级环境保护行政主管部门根据调查目的确定。

b）基本调查单位的调整。基本调查单位每年调整一次。

1）删除基本调查单位。当原有基本调查单位因关闭（指主要生产设施拆除等不具备恢复生产能力）、减产、实施清洁生产等原因，不能满足筛选的比例或规模值时，将其删除。

2）新增基本调查单位。符合基本调查单位确定原则的所有当年新、改（扩）建单位，以及因其他原因上年未确定为基本调查单位的，将其新增确定为基本调查单位。

4.4.2 综合调查单位

根据调查目的和数据获取可操作性等由组织调查的各级环境保护行政主管部门确定。

4.5 调查方法

常用的调查方法有全面调查、重点调查和抽样调查。根据调查对象特点，选用不同的调查方法。

4.5.1 全面调查

指对构成调查对象总体的所有单位一一进行调查。如对实施污染物集中处理（置）的污水处理厂、生活垃圾处理厂（场）、危险废物（医疗废物）集中处理（置）厂等基本调查单位，或按一定行政级别实施调查的综合调查单位开展全面调查。

4.5.2　重点调查

指在调查对象中选择部分单位进行重点调查。如对 4.4.1 按比例或规模值原则筛选的基本调查单位逐家开展重点调查。

4.5.3　抽样调查

指从调查对象中随机抽取部分样本单位进行调查，获取样本单位数据，并据以推断总体情况。如对污染源统计调查对象开展抽样调查。

4.6　调查指标

4.6.1　基本调查单位指标

a）基本情况指标

包括基础信息指标如名称、位置、类型、规模、行业、所处污染防治规划范围等；以及生产台账指标如用水量、能源消耗量、原辅材料用量、产品生产情况等。

b）污染治理指标

包括污染治理设施运行情况指标如污染治理工艺、设施数量、处理能力、运行时间、运行方式、药剂消耗及副产物产生情况等；污染治理投资指标如废水、废气、固体废物等污染治理设施的固定资产投资及运行费用等。

c）污染物产生与排放指标

包括废水及水污染物产生、排放情况；废气及大气污染物的产生、排放情况；固体废物的产生、综合利用、贮存、处置、倾倒丢弃，以及处理处置过程中的二次污染物产生与排放情况等。

4.6.2　综合调查单位指标

包括基础信息、经济活动水平参数、污染物产生和排放情况等。

5　数据采集与核算

5.1　数据采集

5.1.1　基本调查单位的数据来源

a）基础信息指标数据来源于企业营业执照及环境影响评价文件等。

b）生产台账指标数据来源于生产运行报表。

c）污染治理指标数据来源于污染治理设施运行报表。

5.1.2　综合调查单位数据来源

经济活动水平数据来源于统计、住建、水务、农业、公安等部门公开发布的数据。

5.2 数据核算

5.2.1 基本调查单位污染物核算方法

基本调查单位常用核算方法有监测数据法、物料衡算法、产排污系数法等。

a）监测数据法

1）计算方法

依据实际监测的废水、废气（流）量及污染物浓度，计算出水和大气污染物的产生量和排放量。

以水污染物排放量计算为例，计算公式：

$$P_j = \sum_{i=1}^{n} Q_i \times C_{ij} \tag{1}$$

式中：P_j —— 报告期内污染物 j 的排放量；

Q_i —— 报告期内第 i 段时间的废水排放总量；

C_{ij} —— 报告期内第 i 段时间污染物 j 的加权平均排放浓度。

2）适用条件

对具有由县级及以上环保部门或有资质的社会监测机构按照监测技术规范要求进行监测得到数据的调查对象，可采用监测数据法核算污染物的产生量和排放量。

b）物料衡算法

1）计算方法

根据质量守恒原理，对生产过程中使用的物料变化情况进行定量分析的方法。

物料衡算公式：

进入系统的物质量＝系统输出的物质量＋系统内积累的物质量＋损耗量　（2）

2）适用条件

对生产工艺相对简单、活动水平参数容易获得且数据质量较高、燃料或原料中的某类元素含量及其转化情况较为明确等的调查对象，可采用物料衡算法核算污染物的产生量和排放量。

c）产排污系数法

1）计算方法

根据生产过程中单位产品、原料或能源消耗等系数，计算污染物的产生量和排放量的方法。

计算公式：

$$G_j = K_j \cdot W \tag{3}$$

式中：G_j —— 报告期内污染物 j 的产生/排放量；

K_j —— 污染物 j 的产生/排放系数；

W —— 报告期内产品产量（或原料、能源消耗等）。

2）适用条件

对具有省级及以上环境保护行政主管部门制定的，且经国务院环境保护行政主管部门备案的产排污系数的调查对象，可采用产排污系数法核算污染物的产生量和排放量。

5.2.2 综合调查单位污染物核算方法

根据综合调查单位的经济活动水平数据和平均产排污系数，计算污染物产生量和排放量。

6 数据填报、汇总和报送

6.1 数据填报

数据按照 GB 3101 和 GB/T 8170 要求进行填报，以纸质报表、电子报表、网络在线填报等方式为主，分别以手工录入、模板导入、直接写入等方式存入统计业务系统。优先采用电子报表或网络在线填报数据。

6.2 数据汇总

数据汇总指由基础表生成汇总表的过程，由全国统一的统计业务系统完成。

数据汇总分为原表汇总和专项分类汇总，原表汇总指按各地区行政区划代码标示汇总，专项分类汇总指按行业代码、流域代码、海域代码等专项代码标示汇总。

6.3 数据报送

数据报送按照调查对象、县级、市级、省级、国务院环境保护行政主管部门的顺序，依次上报。实行垂直管理地区可按隶属关系上报。

6.3.1 逐级报送

调查对象将电子或纸质报表，经县级、市级、省级逐级向上报送至国务院环境保护行政主管部门，如年报数据采用逐级报送方式。

6.3.2 直报

调查对象直接将数据报送至国务院环境保护行政主管部门，如季报数据采用直报方式。

7 数据审核

7.1 审核内容

a）完整性。指调查范围、数据库报表以及报表中应填指标项等的完整性。

b）规范性。指调查对象按照 GB/T 918.1—89、GB/T 2260、GB/T 4754、GB 11714、HJ/T 416 及 HJ 523 等要求填报代码的规范性；各级环境保护行政主管部门录入、汇总数据等操作的规范性。

c）合理性。指调查对象填报真实性、计量单位准确性、指标间逻辑性、污染物变化趋势、平均排放和治理水平等的合理性。

7.2 审核流程

7.2.1 逐级审核流程

按审核主体，由调查对象，县级、市级、省级至国务院环境保护行政主管部门逐级完成审核。

7.2.2 直报审核流程

按审核主体，由调查对象，市级、省级、国务院环境保护行政主管部门依次完成审核。

7.3 审核技术路线

数据审核采用资料审核与现场核查相结合的技术路线。

a）资料审核

1）区域汇总数据审核

根据区域经济发展情况，对照产品产量、能源消耗、用水排水、城镇人口等社会经济数据，审核区域汇总数据的合理性。

2）行业汇总数据审核

根据统计部门公布的行业结构等，审核行业汇总数据的合理性。

3）调查对象数据审核

根据 7.1 审核内容，全面审核调查对象数据填报的完整性、规范性和合理性。

b）现场核查

现场核查重点为重点统计指标产生量或排放量大，且资料审核中存在明显问题的基本调查单位。

现场核查内容包括生产台账指标和污染治理设施运行指标的相关数据及凭证。

7.4 审核规则

审核规则分为强制性规则和非强制性规则。

强制性规则，是指指标不得漏填或指标之间必须符合一定逻辑关系等。

非强制性规则，是指强制性审核规则以外的其他审核规则，如对指标设定常见经验数值范围，对超出范围的数据进行提示，对提示的指标重点审核等。

7.5 审核方法

a）比较法。将统计口径相同的指标从时间或空间等不同维度进行对比，审核数据的合理性。

b）排序法。对某类指标数据进行升序或降序排列，审核该指标数据的异常值。

c）比例法。计算某类指标的区域或行业比例，根据区域或行业结构等判断数据的合理性。

d）平均效率法。计算区域或行业污染物平均产生或排放浓度、去除效率等，判断相关数据合理性。

e）逻辑分析法。根据指标之间的逻辑关系，审核数据之间的逻辑性。

f）推算法。根据产品产量、原辅材料用量、水耗、能耗及监测数据等，采用监测数据法、产排污系数法或物料衡算法进行推算，审核污染物产生量和排放量数据的真实性。

8　统计报告编制

8.1　报告主要类型

统计报告类型主要有统计年报、统计公报和专题报告。

a）统计年报

指对统计数据进行整理、分类汇总和编辑，形成完整年度报告和数据表的书刊。

b）统计公报

指对污染物产生、治理、排放等情况进行简明扼要叙述的公报。

c）专题报告

指通过收录经济、社会、能源、环境各领域中的基本数据，针对特定专题形成的统计报告。

8.2　编制要求

a）报告按照废水及水污染物、废气及大气污染物、工业固体废物等要素进行分类编制。

b）报告以统计数据表为主，并配以必要的文字描述。

c）报告中每类数据表按专题分别设置，如按区域、行业、流域等。

d）报告对数据的调查范围、统计口径、数据来源、核算方法等进行简要说明，并附主要指标的指标解释，方便用户理解和使用统计资料。

附录7

"九五"前的环境统计年报制度

统环年1表 各地区工业"三废"排放、处理及利用情况

序号	指标名称	计量单位	序号	指标名称	计量单位
1	行业代码	一	21	硫化物	千克
2	统计年份	一	22	工业废气排放总量	万标立方米
3	填报单位		23	燃料燃烧过程废气排放量合计	万标立方米
4	汇总工业企业数	个	24	其中：经过消烟除尘的	万标立方米
5	按90年不变价计工业总产值	万元	25	生产工艺过程中废气排放量合计	万标立方米
6	工业废水排放总量	吨	26	其中：经净化处理的	万标立方米
7	直接排入江河湖海的	吨	27	工业二氧化硫排放量合计	千克
8	直接排入海的	吨	28	其中：生产工艺过程中排放的	千克
9	工业废水污水集中处理厂的	吨	29	工业二氧化硫去除量合计	千克
10	工业废水排放达标量	吨	30	其中：生产工艺过程中去除的	千克
11	汞	千克	31	工业烟尘排放量	千克
12	镉	千克	32	工业烟尘去除量	千克
13	六价铬	千克	33	工业粉尘排放量	千克
14	铅	千克	34	工业粉尘回收量	千克
15	砷	千克	35	工业固体废物产生量	吨
16	挥发酚	千克	36	冶炼废渣	吨
17	氰化物	千克	37	炉渣	吨
18	石油类	千克	38	煤矸石	吨
19	COD	千克	39	化工废渣	吨
20	悬浮物	千克	40	尾矿	吨

序号	指标名称	计量单位	序号	指标名称	计量单位
41	放射性废渣	吨	57	其中：粉煤灰	吨
42	其他	吨	58	历年累计堆存量	吨
43	工业固体废物综合利用量	吨	59	占地面积	平方米
44	冶炼废渣	吨	60	其中：占耕地面积	平方米
45	粉煤灰	吨	61	工业企业工业总产值（90年不变价）	万元
46	炉渣	吨	62	汇总工业企业环保人员数	人
47	煤矸石	吨	63	其中：监测人员	人
48	化工废渣	吨	64	"三废"综合利用产品产值	万元
49	尾矿	吨	65	"三废"综合利用产品利润	万元
50	放射性废渣	吨	66	污染事故赔款总额	万元
51	其他	吨	67	工业锅炉（台）	台
52	工业固体废物贮存量	吨	68	工业锅炉（蒸吨）	蒸吨
53	工业固体废物处置量	吨	69	其中：烟尘排放达标的（台）	台
54	其中：处置往年堆存量	吨	70	其中：烟尘排放达标的（蒸吨）	蒸吨
55	工业固体废物排放量	吨	71	工业炉窑台数	座
56	排入江河湖海总量	吨	72	其中：烟尘排放达标的	座

统环年 2 表　各地区工业污染治理投资情况

序号	指标名称	计量单位	序号	指标名称	计量单位
1	加和方式	—	18	当年安排治理项目	个
2	统计年份	—	19	治理废水	个
3	填报单位	—	20	治理废气	个
4	汇总单位数	个	21	治理固体废物	个
5	污染治理资金来源合计	万元	22	治理噪声	个
6	基本国家预算内建设资金	万元	23	其他	个
7	更新改造国家预算内资金	万元	24	当年竣工项目	个
8	综合利用润留成资金	万元	25	治理废水	个
9	环境保护补助资金	万元	26	治理废气	个
10	其中：贷款	万元	27	治理固体废物	个
11	其他资金	万元	28	治理噪声	个
12	污染治理资金使用合计	万元	29	其他	个
13	治理废水	万元	30	当年竣工项目累计完成投资额	万元
14	治理废气	万元	31	废水	吨/日
15	治理固体废物	万元	32	废气	万立米/时
16	治理噪声	万元	33	固体废物	吨/日
17	其他	万元			

续环年 3 表 各地区污水集中处理情况

序号	指标名称	计量单位
1	加和方式	—
2	统计年份	—
3	填报单位	—
4	汇总单位数	个
5	废水处理设施总投资	万元
6	废水处理设施数	套
7	其中：当年新增的	套
8	正常运行的废水处理设施数	套
9	废水处理量	吨
10	废水处理回用量	吨
11	废水处理排放达标量	吨
12	运行费用	万元
13	汞	千克
14	镉	千克
15	六价铬	千克
16	铅	千克
17	砷	千克
18	挥发酚	千克
19	氰化物	千克
20	石油类	千克
21	化学需氧量	千克
22	悬浮物	千克
23	硫化物	千克

"九五"环境统计年报制度

环 境 统 计 报 表 制 度

国家环境保护总局指定

一九九九年九月

附录 8

环境统计报表目录

一、综合报表

1. 综合年报

表号	表名	报告期别	统计范围	报送单位	报送日期
环年综 1 表	各地区工业"三废"排放及处理利用情况	年报	辖区内有污染的工业企业	各省、自治区、直辖市环境保护部门	次年 1 月 15 日前
环年综 1-1 表	各地区非重点调查乡镇工业污染情况	年报	辖区内有污染的非重点调查乡镇工业企业	同环年综 1 表	同环年综 1 表
环年综 2 表	各地区工业污染治理情况	年报	辖区内有污染治理项目的工业企业	同环年综 1 表	同环年综 1 表
环年综 3 表	各地区城市污水处理厂运行情况	年报	辖区内有城市污水处理厂	同环年综 1 表	同环年综 1 表
环年综 4 表	各地区生活及其他污染情况	年报	辖区内	同环年综 1 表	同环年综 1 表

二、基层报表

表号	表名	报告期别	报送单位	报送日期
环年基 1 表	工业企业"三废"排放及处理利用情况	年报	有污染的重点调查工业企业	各省、自治区、直辖市按有关要求自定
环年基 2 表	工业企业排放废水中污染物监测情况	年报	同环年基 1 表	同环年基 1 表
环年基 3 表	工业企业污染治理情况	年报	有污染治理项目的工业企业	同环年基 1 表
环年基 4 表	城市污水处理厂运行情况	年报	城市污水处理厂	同环年基 1 表

各地区工业 "三废" 排放及处理利用情况

199　年

填报单位：

表　号：环年综 1 表
制表机关：国家环境保护局
批准机关：国家统计局
批准文号：国统字（1997）343 号

行业名称	汇总工业企业数/个	工业废水排放总量/万吨	其中：直接排入海的/万吨	工业废水排放达标量/万吨	其中：处理排放达标量/万吨	工业废水中污染物排放量/吨										
						汞	镉	六价铬	铅	砷	挥发酚	氰化物	化学需氧量	石油类	悬浮物	硫化物
甲	1	2	3	4	5	6	7	8	9	10	11	12	13	14	15	16
总　计																
其中：重点调查工业企业																
其中：县以上																
乡镇																
其中：非重点调查乡镇工业	—	—	—	—	—	—	—	—	—	—	—	—	—	—	—	—
在总计中：																
06/12 采掘业																
13/16 食品、烟草加工及食品、饮料制造业																
17 纺织业																
19 皮革、毛皮、羽绒及其制品业																

行业名称	汇总工业企业数/个	工业废水排放总量/万吨	其中:直接排入海的/万吨	工业废水排放达标量/万吨	其中:处理排放达标量/万吨	工业废水中污染物排放量/吨										
						汞	镉	六价铬	铅	砷	挥发酚	氰化物	化学需氧量	石油类	悬浮物	硫化物
22 造纸及纸制品业																
23 印刷业、记录媒介的复制																
25 石油加工及炼焦业																
26 化工原料及化学制品制造业																
27 医药制造业																
28 化学纤维制造业																
29 橡胶制品业																
30 塑料制品业																
31 非金属矿物制品业																
其中:3110 水泥制造业																
32 黑色金属冶炼和压延加工业																
33 有色金属冶炼及压延加工业																
34 金属制品业																
35/42 机械、电气、电子设备制造业																
44/46 电力、煤气及水的生产和供应业																
其他行业																
在总计中:城市(全市)																
其中:市区																

各地区工业"三废"排放及处理利用情况（续表1）

行业名称	废水治理设施数/套	其中：正常运行的/套	废水治理设施设备原价/万元	本年运行费用/万元	工业废水处理量/万吨	工业废水处理回用量/万吨	工业废水中污染物去除量/吨										
							汞	镉	六价铬	铅	砷	挥发酚	氰化物	化学需氧量	石油类	悬浮物	硫化物
甲	18	19	20	21	22	23	24	25	26	27	28	29	30	31	32	33	34
总　计																	
其中：重点调查工业企业																	
其中：县以上	—	—	—	—	—	—	—	—			—	—	—	—	—	—	
乡镇	—	—	—	—	—	—	—	—			—	—	—	—	—	—	
其中：非重点调查乡镇工业	—	—	—	—	—	—											
任总计中：																	
06/12 采掘业																	
13/16 食品、烟草加工及食品、饮料制造业																	
17 纺织业																	
19 皮革、毛皮、羽绒及其制品业																	
22 造纸及纸制品业																	
23 印刷业、记录媒介的复制																	
25 石油加工及炼焦业																	

行业名称	废水治理设施数/套	其中：正常运行的/套	废水治理设施设备原价/万元	本年运行费用/万元	工业废水处理量/万吨	工业废水处理回用量/万吨	工业废水中污染物去除量/吨										
							汞	镉	六价铬	铅	砷	挥发酚	氰化物	化学需氧量	石油类	悬浮物	硫化物
26 化工原料及化学制品制造业																	
27 医药制造业																	
28 化学纤维制造业																	
29 橡胶制品业																	
30 塑料制品业																	
31 非金属矿物制造业																	
其中：3110 水泥制造业																	
32 黑色金属冶炼和压延加工业																	
33 有色金属冶炼及压延加工业																	
34 金属制品业																	
35/42 机械、电气、电子设备制造业																	
44/46 电力、煤气及水的生产和供应业																	
其他行业																	
在总计中：城市（全市）																	
其中：市区																	

各地区工业"三废"排放及处理利用情况（续表2）

行业名称	燃料煤消耗量/万吨	燃料煤消费量/万吨	燃料油消费量/万吨	废气治理设施数/套	其中：正常运行的/套	废气治理设施设备原价/万元	本年运行费用/万元	工业废气排放总量/万标米³	其中：燃料燃烧中排放的 合计	其中：经过消除烟尘的	其中：生产工艺中排放的 合计	其中：经过净化处理的	工业二氧化硫去除量/吨	其中：燃料燃烧中去除的	其中：生产工艺中去除的
甲	35	36	37	38	39	40	41	42	43	44	45	46	47	48	49
总　计															
其中：重点调查工业企业															
其中：县以上															
乡镇	—	—	—					—	—	—	—	—	—	—	—
其中：非重点调查乡镇工业															
在总计中：	—	—	—					—	—	—	—	—	—	—	—
06/12 采掘业															
13/16 食品、烟草加工及食品、饮料制造业															
17 纺织业															
19 皮革、毛皮、羽绒及其制品业															
22 造纸及纸制品业															
23 印刷业、记录媒介的复制															

行业名称	燃料煤消耗量/万吨	燃料油消费量/万吨	废气治理设施数/套	其中：正常运行的/套	废气治理设施设备原价/万元	本年运行费用/万元	工业废气排放总量/万标米³	其中：燃料燃烧中排放的 合计	其中：经过消除烟尘的	其中：生产工艺中排放的 合计	其中：经过净化处理的	工业二氧化硫去除量/吨	其中：燃料燃烧中去除的	其中：生产工艺中去除的
25 石油加工及炼焦业														
26 化工原料及化学制品制造业														
27 医药制造业														
28 化学纤维制造业														
29 橡胶制品业														
30 塑料制品业														
31 非金属矿物制品业														
其中：3110 水泥制造业														
32 黑色金属冶炼和压延加工业														
33 有色金属冶炼及压延加工业														
34 金属制品业														
35/42 机械、电气、电子设备制造业														
44/46 电力、煤气及水的生产和供应业														
其他行业														
在总计中：城市（全市）														
其中：市区														

各地区工业"三废"排放及处理利用情况（续表 3）

行业名称	工业二氧化硫排放量/吨	其中：燃料燃烧中排放的	其中：生产工艺中排放的	烟尘去除量/吨	烟尘排放量/吨	工业粉尘去除量/吨	工业粉尘排放量/吨	工业固体废物产生量/万吨	危险废物/吨	其中：冶炼废渣	粉煤灰	炉渣	煤矸石	尾矿	放射性废物	其他废物
甲	50	51	52	53	54	55	56	57	58	59	60	61	62	63	64	65
总　计																
其中：重点调查工业企业																
其中：县级以上				—												
乡镇				—												
其中：非重点调查乡镇工业	—	—	—	—	—	—	—	—	—						—	
在总计中：																
06/12 采掘业																
13/16 食品、烟草加工及食品、饮料制造业																
17 纺织业																
19 皮革、毛皮、羽绒及其制品业																
22 造纸及纸制品业																
23 印刷业、记录媒介的复制																

行业名称	工业二氧化硫排放量/吨	其中: 燃料燃烧中排放的	生产工艺中排放的	烟尘去除量/吨	烟尘排放量/吨	工业粉尘去除量/吨	工业粉尘排放量/吨	工业固体废物产生量/万吨	危险废物/吨	其中: 冶炼废渣	粉煤灰	炉渣	煤矸石	尾矿	放射性废物	其他废物
25 石油加工及炼焦业																
26 化工原料及化学制品制造业																
27 医药制造业																
28 化学纤维制造业																
29 橡胶制品业																
30 塑料制品业																
31 非金属矿物制品业																
其中: 3110 水泥制造业																
32 黑色金属冶炼和压延加工业																
33 有色金属冶炼及压延加工业																
34 金属制品业																
35/42 机械、电气、电子设备制造业																
44/46 电力、煤气及水的生产和供应业																
其他行业																
在总计中: 城市（全市）																
其中: 市区																

各地区工业"三废"排放及处理利用情况（续表4）

行业名称	工业固体废物综合利用量/万吨	其中: 危险废物/吨	冶炼废渣	粉煤灰	炉渣	煤矸石	尾矿	其他废物	其中:综合利用往年贮存量/万吨	工业固体废物贮存量/万吨	其中:危险废物贮存量/吨	工业固体废物历年累计贮存量/万吨	工业固体废物历年累计贮存占地面积/万平方米	工业固体废物处置量/万吨	其中:危险废物处置量/吨	其中:处置往年贮存量/万吨	工业固体废物排放量/万吨	其中:危险废物排放量/万吨
甲	66	67	68	69	70	71	72	73	74	75	76	77	78	79	80	81	82	83
总　计																		
其中:重点调查工业企业																		
其中:县以上																		
乡镇																		
其中:非重点调查乡镇工业	—	—	—	—	—	—	—	—	—						—	—	—	—
在总计中:																		
06/12 采掘业	—	—	—	—	—	—	—	—	—						—	—	—	—
13/16 食品、烟草加工及食品、饮料制造业																		
17 纺织业																		
19 皮革、毛皮、羽绒及其制品业																		
22 造纸及纸制品业																		
23 印刷业、记录媒介的复制																		
25 石油加工及炼焦业																		
26 化工原料及化学制品制造业																		

行业名称	工业固体废物综合利用量/万吨	其中: 危险废物/吨	冶炼废渣/吨	粉煤灰	炉渣	煤矸石	尾矿	其他废物	其中: 综合利用往年贮存量/万吨	工业固体废物贮存量/万吨	其中: 危险废物贮存量/吨	工业固体废物历年累计贮存量/万吨	工业固体废物历年累计贮存占地面积/万平方米	工业固体废物处置量/万吨	其中: 危险废物处置量/吨	其中: 处置往年贮存量/万吨	工业固体废物排放量/万吨	其中: 危险废物排放量/万吨
27 医药制造业																		
28 化学纤维制造业																		
29 橡胶制品业																		
30 塑料制品业																		
31 非金属矿物制品业																		
其中: 3110 水泥制造业																		
32 黑色金属冶炼和压延加工业																		
33 有色金属冶炼及压延加工业																		
34 金属制品业																		
35/42 机械、电气、电子设备制造业																		
44/46 电力、煤气及水的生产和供应业																		
其他行业																		
在总计中: 城市 (全市)																		
其中: 市区																		

各地区工业"三废"排放及处理利用情况（续表5）

行业名称	工业用水总量/万吨	其中:		汇总企业总产值/万元		"三废"综合利用产品产值/万元	"三废"综合利用产品利润/万元	工业锅炉数		其中烟尘排放的达标的		工业炉窑数/台	其中:烟尘排放达标的	企业专职环保人员数/人
		新鲜水量	重复用水量	按现价计	按90年不变价计			台	蒸吨	台	蒸吨			
甲	84	85	86	87	88	89	90	91	92	93	94	95	96	97
总　计														
其中:重点调查工业企业														
其中:县以上														
乡镇														
其中:非重点调查乡镇工业														
在总计中:														
06/12 采掘业														
13/16 食品、烟草加工及食品、饮料制造业														
17 纺织业														
19 皮革、毛皮、羽绒及其制品业														
22 造纸及纸制品业														
23 印刷业、记录媒介的复制														
25 石油加工及炼焦业														

行业名称	工业用水总量/万吨	其中: 新鲜水量	重复用水量	汇总企业总产值/万元 按现价计	按90年不变价计	"三废"综合利用产品产值/万元	"三废"综合利用产品利润/万元	工业锅炉数 台	蒸吨	其中烟尘排放达标的 台	蒸吨	工业炉窑数/台	其中: 烟尘排放达标的	企业专职环保人员人数/人
26 化工原料及化学制品制造业														
27 医药制造业														
28 化学纤维制造业														
29 橡胶制品业														
30 塑料制品业														
31 非金属矿物制品业														
其中: 3110 水泥制造业														
32 黑色金属冶炼及压延加工业														
33 有色金属冶炼及压延加工业														
34 金属制品业														
35/42 机械、电气、电子设备制造业														
44/46 电力、煤气及水的生产和供应业														
其他行业														
在总计中: 城市（全市）														
其中: 市区														

主管负责人: 　　　统计负责人: 　　　填表人: 　　　填报日期: 199 年 月 日

各地区非重点调查乡镇工业污染情况

填报单位：

199　年

表　　号：环年综 1-1 表
制表机关：国家环境保护局
批准机关：国家统计局
批准文号：国统字（1997）343 号

一、废水

产品名称	行业代码	计量单位	当年统计产量	重点调查单位当年汇总产量	非重点调查单位当年产量	废水排放		废水排放量 万吨	COD 排放		COD 排放量 千克/吨
						排污系数（吨/单位产品）			排污系数（千克/单位产品）		
甲	乙	丙	1	2	3	4		5	6		7
	—	—	—	—	—	—			—		
总计											
机制纸及纸板		吨									
印染布		万米									
皮革		万张									
白酒		吨									
啤酒		吨									
糖		吨									
淀粉		吨									
肉类罐头		吨									
蔬菜罐头		吨									
水果罐头		吨									

说明：本表中各指标的关系为 3＝1-2，5＝3×4，7＝3×6。

地区非重点调查乡镇工业污染情况（续1）

二、废气

产品名称	行业代码	计量单位	当年统计产量	重点调查单位当年汇总产量	非重点调查单位当年产量	单位产品煤耗（吨/单位产品）	产品煤炭消费量/吨	SO$_2$排放 排污系数（吨/单位产品）	SO$_2$排放 排放量/吨	烟尘排放 排污系数（千克/单位产品）	烟尘排放 排放量/吨	粉尘排放 排污系数（千克/单位产品）	粉尘排放 排放量/吨
甲	乙	丙	1	2	3	4	5	6	7	8	9	10	11
一、产品排污													
水泥		吨											
石灰		吨											
铸造		吨											
硫黄		吨											
铁合金		吨											
砖瓦		万块											
焦炭		吨											
小计	—	—	—	—	—	—	—	—	—	—	—	—	—
二、燃煤排污	—	—	当年煤炭消费量	重点单位汇总煤炭消费量	非重点单位煤炭消费量	产品煤炭消费量	燃料煤消费量	—	—	—	—	—	—
煤炭消费量	—	吨		—	—	—	—	—	—	—	—	—	—
燃料煤排污量	—	吨		—	—	—	—	—	—	—	—	—	—
总计	—	—		—	—	—	—	—	—	—	—	—	—

说明：1. 本表中产品排污部份的各指标关系为 3＝1-2，5＝3×4，7＝3×6，9＝3×8，11＝3×10。
2. 本表中燃煤排污部份的各指标关系为非重点单位煤炭消费量＝当年煤炭消费量-重点单位汇总煤炭消费量；
燃料煤消费量＝非重点单位煤炭消费量-产品煤炭消费量；
燃料煤排污量＝排污系数×燃料煤消费量。

地区非重点调查乡镇工业污染情况（续2）

三、固体废物

产品名称	行业代码	计量单位	当年统计产量	重点调查单位当年汇总产量	非重点调查单位当年产量	固体废物产生量			固体废物排放量	
						固体废物类别代码	产物系数（吨/单位产品）	产生量/吨	产排系数/%	排放量/吨
甲	乙	丙	1	2	3	4	5			
	—	—	—	—	—	—	—		—	
总计										
原煤		吨				4				
洗精煤		吨				6				
铁精矿		吨				6				
铜精矿		吨				6				
铝精矿		吨				6				
锌精矿		吨				6				
燃煤产污		吨				4				

说明：1. 本表中各指标的关系为 3＝1－2，6＝3×5，8＝6×7。

2. 燃煤产污量（炉渣）＝（续表 1 中）燃料煤消费量×产物系数。

3. 固体废物类别代码为 1-危险废物；2-冶炼废渣；3-粉煤灰；4-炉渣；5-煤矸石；6-尾矿；7-放射性废物；8-其他废物。

主管负责人：　　　　　　　　统计负责人：　　　　　　　　填表人：　　　　　　　　填报日期：199　年　　月　　日

各地区工业污染治理情况

199　年

填报单位:

表　　号: 环年综 2 表
制表机关: 国家环境保护局
批准机关: 国家统计局
批准文号: 国统字 (1997) 343 号

指标名称	计量单位	指标代码	本年实际
一、汇总工业企业数	个	1	
二、本年施工项目总数	个	2	
其中:治理废水	个	3	
治理废气	个	4	
治理固体废物	个	5	
治理噪声	个	6	
治理其他	个	7	
三、污染治理项目本年完成投资合计	万元	8	
其中:治理废水	万元	9	
治理废气	万元	10	
治理固体废物	万元	11	
治理噪声	万元	12	
治理其他	万元	13	
四、污染治理项目本年投资来源合计	万元	14	
其中:国家预算内基本建设资金	万元	15	
国家预算内更新改造资金	万元	16	

指标名称	计量单位	指标代码	本年实际
综合利用利润补助资金	万元	17	
环境保护补助资金	万元	18	
环保贷款	万元	19	
其他资金	万元	20	
其中:利用外资	万元	21	
五、本年竣工项目数	个	22	
其中:治理废水	个	23	
治理废气	个	24	
治理固体废物	个	25	
治理噪声	个	26	
治理其他	个	27	
六、本年竣工项目新增设计处理能力			
1. 治理废水	吨/日	28	
2. 治理废气	标立方米/时	29	
3. 治理固体废物	吨/年	30	

说明: 1. 污染治理项目本年完成投资及投资来源均为当年投入的资金，不包括以往历年的治理。

2. 治理类型中的"治理废气"包括燃料燃烧废气和生产工艺废气的治理。

3. 治理类型中的"治理其他"包括(1)电磁辐射治理; (2)放射性治理; (3)其他治理（包括搬迁）。

4. =3+4+5+6+7, 8=9+10+11+12+13, 14=15+16+17+18+19+20, 22=23+24+25+26+27。

填报日期: 199　年　　月　　日

填表人:　　　　统计负责人:　　　　主管负责人:

各地区城市污水处理厂运行情况

199　年

填报单位：

表　　号：环年综 3 表
制表机关：国家环境保护局
批准机关：国家统计局
批准文号：国统字（1997）343 号

指标名称	计量单位	指标代码	本年实际
1. 城市污水处理厂数	座	1	
2. 污水处理能力	吨/日	2	
3. 污水处理量	万吨	3	
其中：处理工业废水量	万吨	4	
4. 污水处理后回用量	万吨	5	
5. 化学需氧量去除量	吨	6	
6. 化学需氧量排放量	吨	7	
7. 污水处理厂总投资	万元	8	
8. 本年运行费用	万元	9	

说明：3≥4，3≥5。

主管负责人：　　　　　　　　　统计负责人：　　　　　　　　　填表人：　　　　　　　　　填报日期：199　年　　月　　日

各地区生活及其他污染情况

199 年

表　号：环年综 4 表
制表机关：国家环境保护局
批准机关：国家统计局
批准文号：国统字（1997）343 号

填报单位：

指标名称	计量单位	指标代码	本年实际
一、基本情况			
1. 人口总数	万人	1	
其中：非农业人口数	万人	2	
2. 污水处理厂座数	座	3	
3. 煤炭消费总量	万吨	4	
其中：工业消费量	万吨	5	
生活消费量	万吨	6	
二、污染排放情况			
1. 生活污水排放系数	千克/（人·天）	7	
2. 生活污水排放量	万吨	8	
3. 生活污水中 COD 产生系数	克/（人·天）	9	
4. 污水处理厂去除生活污水中 COD 量	吨	10	
5. 生活污水中 COD 排放量	吨	11	
6. 生活及其他煤炭含硫量	%	12	
7. 生活及其他煤二氧化硫排放量	吨	13	
8. 生活及其他煤炭含灰份	%	14	
9. 生活及其他烟尘排放量	吨	15	

说明：1>2，4=5+6，4>5，4>6，5>6。

填表人：　　　　　　　　　统计负责人：　　　　　　　　　填报日期：199 年　　月　　日

主管负责人：　　　　　　　　　填表人：

工业企业 "三废" 排放及处理利用情况

199　年

表　号: 环年基 1 表
制表机关: 国家环境保护局
批准机关: 国家统计局
批准文号: 国统字 (1997) 343 号

01 企业名称:
（公章）

02 企业法人代码: □□□□□□□□　（附营 □—□□）

03 企业通信名址	04 企业详细地址及行政区划	05 企业登记注册类型	06 行业类别	07 隶属关系	08 企业规模	09 主管部门	10 开业时间	11 排水去向
法人代表姓名:____ 电话____ 传真____ 邮编 □□□□□□	行政区划代码 □□□□□□	110 国有企业 120 集体企业 130 股份合作企业 140 联营企业 150 有限责任公司 160 股份有限公司 170 私营企业 190 其他企业 200 港、澳、台商投资企业 300 外商投资企业 □□□	主要工业产品: 1. 2. 3. □□□□	1 中央 2 省 3 计划单列市 5 县 4 地区 6 乡、镇 9 其他 □	1 特大型 2 大一型 3 大二型 5 中二型 4 中一型 6 小型 □	□□□□	___ 年 □□□□	□□□□ □□□ □□□□ □□□

序号	指标名称	计量单位	本年实际
一	一、企业基本情况	—	—
12	1. 工业总产值（按现行价计）	万元	
13	2. 工业总产值（按90年不变价计）	万元	
14	3. 主要工业产品产量	—	
15	(1)		
16	(2)		
17	(3)		
18	4. 主要有毒有害原辅材料用量	—	
19	(1)	万元	
20	(2)		
21	(3)		
22	5. 年末生产经营用固定资产原价	万元	
23	其中：环保设施	万元	
24	6. 企业转制环保人员数	人	
25	7. "三废"综合利用产品产值	万元	
26	8. "三废"综合利用产品利润	万元	
27	9. 工业锅炉数	台蒸吨	
28	其中：烟尘排放达标的	台蒸吨	
29	10. 工业炉窑数	座	
30	其中：烟尘排放达标的	座	
31	11. 年正常生产天数	天	—
一	二、工业废水	—	—
32	1. 工业用水总量	吨	
33	其中：新鲜水量	吨	
34	(1) 重复用水量	吨	
35	2. 废水治理设施数	套	
36	其中：正常运行的	套	
37	3. 废水治理设施设备原件	万元	
38	4. 本年废水治理设施运行费用	万元	
39	5. 工业废水处理量	吨	
40	6. 工业废水处理回用量	吨	
41	7. 工业废水排放量	吨	
42	其中：直接排放入海的	吨	
43	8. 工业废水排放达标量	吨	
44	其中：处理排放达标量	吨	
45	9. 工业废水中污染物去除量		
46	(1) 汞	千克	
47	(2) 镉	千克	
48	(3) 六价铬	千克	
49	(4) 铅	千克	
50	(5) 砷	千克	
51	(6) 挥发酚	千克	
52	(7) 氰化物	千克	
53	(8) 化学需氧量	千克	
54	(9) 石油类	千克	
55	(10) 悬浮物	千克	
56	(11) 硫化物	千克	
57	9. 工业废水中污染物排放量		
58	(1) 汞	千克	
59	(2) 镉	千克	
60	(3) 六价铬	千克	
61	(4) 铅	千克	
62	(5) 砷	千克	
63	(6) 挥发酚	千克	
64	(7) 氰化物	千克	
65	(8) 化学需氧量	千克	
66	(9) 石油类	千克	
67	(10) 悬浮物	千克	
68	(11) 硫化物	千克	

说明：$12 \geq 13$，$22 \geq 23$，$27 \geq 28$，$29 \geq 30$，$32 = 33 + 34$，$35 \geq 36$，$39 \geq 40$，$41 \geq 42$，$43 \geq 44$，$39 - 40 = 44$，$33 \geq 41$。

工业企业"三废"排放及处理利用情况（续）

序号	指标名称	计量单位	本年实际
一	三、工业废气	—	—
69	1. 燃料煤消费量	吨	
70	2. 燃料煤消费量	吨	
71	3. 燃料油消费量（不含车船用）	吨	
72	4. 工业废气排放总量	万标立方米	
73	(1) 燃料燃烧过程中废气排放量	万标立方米	
74	其中：经过消烟除尘的	万标立方米	
75	(2) 生产工艺过程中废气排放量	万标立方米	
76	其中：经过净化处理的	万标立方米	
77	5. 废气治理设施数	套	
78	其中：正常运行的	套	
79	6. 废气治理设施设备原价	万元	
80	7. 本年废气治理设施运行费用	万元	
81	8. 工业废气中污染物去除量：		
82	(1) 二氧化硫去除量	千克	
83	其中：燃料燃烧过程中二氧化硫去除量	千克	
84	生产工艺过程中二氧化硫去除量	千克	
85	(2) 烟尘去除量	千克	
86	(3) 工业粉尘去除量	千克	
87	9. 工业废气中污染物排放量：		
88	(1) 二氧化硫排放量	千克	
89	其中：燃料燃烧过程中二氧化硫排放量	千克	
90	生产工艺过程中二氧化硫排放量	千克	
91	(2) 烟尘排放量	千克	
92	(3) 工业粉尘排放量	千克	
一	四、工业固体废物	—	
93	1. 工业固体废物产生量	吨	
94	(1) 危险废物	吨	
95	(2) 冶炼废渣	吨	
96	(3) 粉煤灰	吨	
97	(4) 炉渣	吨	
98	(5) 煤矸石	吨	
99	(6) 尾矿	吨	
100	(7) 放射性废物	吨	
101	(8) 其他废物	吨	
102	2. 工业固体废物综合利用量	吨	
103	(1) 危险废物	吨	
104	(2) 冶炼废渣	吨	
105	(3) 粉煤灰	吨	
106	(4) 炉渣	吨	
107	(5) 煤矸石	吨	
108	(6) 尾矿	吨	
109	(7) 其他废物	吨	
110	其中：综合利用往年贮存量	吨	
111	3. 工业固体废物贮存量	吨	
112	其中：综合利用往年贮存量	吨	
113	4. 工业固体废物历年累计贮存量	吨	
114	5. 工业固体废物历年累计贮存占地面积	平方米	
115	6. 工业固体废物处置量	吨	
116	其中：危险废物处置量	吨	
117	处置往年贮存量	吨	
118	7. 工业固体废物排放量	吨	
119	其中：危险废物排放量	吨	

说明：72＝73＋75，73＞74，75＞76，77＞78，82＝83＋84，88＝89＋90，93＝102-110＋111＋115-117＋118，93＝94＋95＋96＋97＋98＋99＋100＋101，
102＝103＋104＋105＋106＋107＋108＋109，102≥110，111≥112，115≥116，115≥117，118≥119。

填报日期：199　年　月　日

主管负责人：　　　环保负责人：　　　填表人：

工业企业排放废水中污染物监测情况

199　年

表　号：环年基 2 表
制表机关：国家环境保护局
批准机关：国家统计局
批准文号：国统字（1996）312 号

企业详细名称（公章）：

企业法人代码：□□□□□□□□—□□（附营　　）

监测日期（月、日）	排污口名称	工业废水排放量/吨	污染物（毫克/升）		污染物（毫克/升）		污染物（毫克/升）		污染物（毫克/升）		污染物（毫克/升）		污染物（毫克/升）		污染物（毫克/升）	
			名称	浓度	名称	浓度	名称	浓度	名称	浓度	名称	浓度	名称	浓度	名称	浓度
	—		—	—	—	—	—	—	—	—	—	—	—	—	—	—
合　计																

说明：工业废水排放量≥工业废水排放达标量。

主管负责人：　　　　　　　环保负责人：　　　　　　　填表人：　　　　　　　监测单位：（公章）　　　　　填报日期：199　年　　月　　日

工业企业污染治理情况

199　年

表　号：环年基3表
制表机关：国家环境保护局
批准机关：国家统计局
批准文号：国统字（1997）343号

企业法人代码：□□□□□□□□—□□

企业详细名称：
（公章）

企业行业代码：□□□□

污染治理项目名称	治理类型代码	开工年月	建成投产年月	计划总投资/万元	至本年底累计完成投资/万元	本年完成投资及资金来源/万元								竣工项目设计及新增处理能力(吨/日、立方米/时、吨/年)	竣工项目实际年处理量(万吨、万标立方米)	备注
						合计	国家预算内基本建设资金	国家预算内更新改造资金	综合利用利润留成资金	环境保护补助资金	环保贷款	其他资金	其中：利用外资			
甲	1	2	3	4	5	6	7	8	9	10	11	12	13	14	15	乙
合计																
（以下按项目分列）																

说明：1. 污染治理项目只填以治理污染、"三废"综合利用为主要目的的项目。

2. 污染治理项目本年完成投资及资金来源均为当年投入的资金，不包括以往历年的投资。

3. 治理类型代码：1-工业废水治理；2-燃料燃烧废气治理；3-工业废气治理（含工业粉尘治理）；4-工业固体废物治理；5-噪声治理（含振动）；6-电磁辐射；7-放射性治理；8-污染搬迁治理；9-其他治理（含综合防治）

4. 废水治理设计处理能力单位为吨/日，废气治理设计处理能力以标立方米/时，固体废物治理设计处理能力单位为吨/年，噪声治理填降低"分贝"值。

5. 5≥6，6=7+8+9+10+11+12，12≥13。

主管负责人：　　　　环保负责人：　　　　填表人：　　　　填报日期：199　年　　月　　日

城市污水处理厂运行情况

199 年

表 号: 环年基 4 表
制表机关: 国家环境保护局
批准机关: 国家统计局
批准文号: 国统字 (1997) 343 号

企业详细名称：

（公章）

企业法人代码：
□□□□□□□□—□

污水处理级别 ____级

污水处理方法 ____

填报日期：199 年 月 日

指标名称	计量单位	指标代码	本年实际
1. 污水处理厂总投资	万元	1	
2. 本年运行费用	万元	2	
3. 污水处理能力	吨/日	3	
4. 污水处理量	万吨	4	
其中：处理工业废水量	万吨	5	
5. 污水处理后回用量	万吨	6	
6. 处理厂入口污水未处理前化学需氧量平均浓度	毫克/升	7	
7. 处理厂排放口污水处理后化学需氧量平均浓度	毫克/升	8	
8. 化学需氧量去除量	吨	9	
9. 化学需氧量排放量	吨	10	

本年运行天数 ____天

说明：4≥5，4≥6，7≥8。

主管负责人： 环保负责人： 填表人：

附录9

"十五"环境统计年报制度

《中华人民共和国统计法》第三条规定：国家机关、社会团体、企业事业组织和个体工商户等统计调查对象，必须依照本法和国家规定，如实提供统计资料，不得虚报、瞒报、拒报、迟报，不得伪造、篡改。

环境统计报表制度

（2001 年统计年报）

国家环境保护总局

2001 年 9 月

一、环境统计综合报表

（一）综合报表制度总说明

一、为了解全国环境污染排放及治理情况，为各级政府和环境保护行政主管部门制定环境保护政策和计划、实施主要污染物排放总量控制、加强环境监督管理提供依据，依照《中华人民共和国统计法》的规定，特制定本综合报表制度。

二、综合范围

综合年报制度的实施范围为有污染物排放的工业企业、城镇生活及其他排污单位、实施污染物集中处置的危险废物集中处置厂和城市污水处理厂。

1. 工业企业污染排放及处理利用情况的年报综合范围，为有污染物排放的工业企业。

2. 生产及生活中产生的污染物实施集中处理处置情况的年报综合范围，为危险废物集中处置厂和城市污水处理厂和城市垃圾处理厂（场）。

3. 生活及其他污染情况的年报综合范围，为城镇的生活污水排放以及除工业生产以外的生活及其他活动所排放的废气中的污染物。

4. 工业企业污染治理项目投资情况的年报综合范围，为在建的老工业污染源污染治理投资项目，不包括已纳入建设项目环境保护"三同时"管理的项目。

三、调查方法

1. 工业企业污染排放及处理利用情况年报的调查方法为，对重点调查工业企业单位逐个发表填报汇总，对非重点调查工业企业的排污情况实行整体估算。

重点调查单位是指筛选出的排污量占各地区（以区县为基本单位）排污总量（指该地区排污申报登记中全部工业企业的排污量）85%以上的工业企业单位。筛选重点调查单位的原则为：（1）筛选指标为国家实行总量控制的各项主要污染物排放量：废水、化学需氧量、氨氮、二氧化硫、烟尘、粉尘及工业固体废物产生量；（2）排放工业废水中有重金属类有害物质的工业企业以及有危险废物产生的工业企业全部为重点调查单位；（3）筛选工作在排污申报登记数据变化的基础上逐年进行；（4）筛选出的重点调查单位应与上年的重点调查单位对照比较，分析增、减单位情况并进行适当调整，以保证重点调查数据能够反映排污情况的总体趋势。

非重点调查单位数据的估算方法为，将非重点调查单位的排污总量作为估算的对比基数，采取"比率估算"的方法，即按重点调查单位总排污量变化的趋势（指与上年相比，排污量增加或减少的比率），等比或将比率略做调整，估算出非重点调查单位的排污量。

重点调查数据与非重点估算数据相加，为工业污染总排放数据。

2. 生产及生活中产生的污染物实施集中处理处置情况年报的调查方法为，对各集中处理处置单位逐个发表填报汇总，包括危险废物集中处置厂、城市污水处理厂和城市垃圾处理厂（场）。

3. 生活及其他污染情况年报的调查方法为，依据相关基础数据和技术参数进行估算。

4. 工业企业污染治理项目建设投资情况年报的调查方法为，对有在建工业污染治理项目的工业企业逐个发表填报汇总。

四、报告期及报送时间

年报表的报告年度为当年的 1 月至 12 月。报送时间为次年的 3 月底前。

五、资料来源和报送内容及方式

1. 工业污染排放及处理利用情况统计资料来源于基层年报表"工业企业污染排放及处理利用情况"以及综合年报表"非重点调查工业污染排放及治理情况"的数据；

危险废物集中处置情况统计资料根据基层年报表"危险废物集中处置厂运行情况"综合汇总；

生活污染排放及处理情况统计资料来源于基层年报表"城市污水处理厂运行情况""城市垃圾处理厂（场）运行情况"以及综合年报表"生活及其他污染情况"的数据；

工业污染治理项目建设投资情况统计资料根据基层年报表"工业企业污染治理项目建设情况"综合汇总。

2. 报送内容及方式：

（1）各地区报送的综合年报资料，其中全部数据库资料［基础库和综合库（包括县、地市、省各级，以及各种分组汇总的综合库）］通过网络传报；年报打印表、数据逻辑校验打印表及年报编制说明等文本材料用邮寄的方式报送。

（2）各地区将辖区内重点城市的全套综合年报资料，按上述报送内容及方式的要求同时上报。重点城市名单为：

北京、天津、石家庄、秦皇岛、唐山、保定、邯郸、太原、大同、长治、临汾、阳泉、呼和浩特、包头、赤峰、沈阳、大连、鞍山、抚顺、本溪、锦州、长春、吉林、哈尔滨、大庆、牡丹江、齐齐哈尔、上海、南京、苏州、连云港、南通、徐州、扬州、无锡、常州、杭州、宁波、温州、绍兴、嘉兴、台州、湖州、合肥、马鞍山、芜湖、福州、厦门、泉州、南昌、九江、济南、青岛、烟台、淄博、泰安、威海、枣庄、济宁、潍坊、日照、郑州、洛阳、安阳、开封、焦作、平顶山、武汉、荆州、宜昌、长沙、岳阳、株洲、湘潭、常德、张家界、广州、深圳、湛江、珠海、汕头、中山、佛山、韶关、南宁、桂林、北海、柳州、海口、三亚、成都、绵阳、宜宾、攀枝花、泸州、重庆、贵阳、遵义、昆明、曲靖、拉萨、西安、咸阳、铜川、延安、宝鸡、兰州、金昌、西宁、银川、石嘴山、乌鲁木齐、克拉玛依。

（3）半年报表以与年报相同的报送内容和方式上报。

六、本报表制度实行全国统一的统计分类标准和代码，各填报单位和各级环保部门必须贯彻执行。各省、自治区、直辖市环境保护部门可根据需要在本表式中增加少量指标，但不得打乱原指标的排序和改变统一编码。

七、本报表制度由各地区环境保护部门统一布置，统一组织实施。

八、本报表制度由国家环境保护总局负责解释。

（二）环境统计综合表目录

（一）年报

表号	表名	报告期别	综合范围	报送单位	报送日期	页码
环年综 1 表	各地区工业污染排放及处理利用情况	年报	辖区内有污染物排放的工业企业	各省、自治区、直辖市环境保护局	次年 3 月底前	7
环年综 1-1 表	各地区重点调查工业污染排放及处理利用情况	年报	辖区内有污染物排放的重点调查工业企业	同环年综 1 表	同环年综 1 表	9
环年综 1-2 表	各地区非重点调查工业污染排放及处理利用情况	年报	辖区内有污染物排放的非重点调查工业企业	同环年综 1 表	同环年综 1 表	11
环年综 1-3 表	各地区主要污染物排放情况快报表	年报	辖区内工业污染及生活污染	同环年综 1 表	次年 2 月 20 日前	12
环年综 2 表	各地区危险废物集中处置情况	年报	辖区内危险废物集中处置厂	同环年综 1 表	同环年综 1 表	13
环年综 3 表	各地区城市污水处理情况	年报	辖区内城市污水处理厂及污水集中处理装置	同环年综 1 表	同环年综 1 表	14
环年综 4 表	各地区城市垃圾处理情况	年报	辖区内城市垃圾处理厂（场）	同环年综 1 表	同环年综 1 表	15
环年综 5 表	各地区生活及其他污染情况	年报	辖区内	同环年综 1 表	同环年综 1 表	16
环年综 6 表	各地区工业污染治理项目建设情况	年报	辖区内有在建污染治理项目的工业企业	同环年综 1 表	同环年综 1 表	17

（三）综合年报表式

（本表式仅列出需调查对象填报的报表，未列出经软件汇总得到的报表）

各地区非重点调查工业污染排放及处理利用情况

综合机关名称：　　　　　　　　200　年

表　号：环年综 1-2 表
制表机关：国家环境保护总局
批准机关：国家统计局
批准文号：国统函（2001）150 号
有效期截至时间：2003 年 9 月 6 日

指标名称	计量单位	代码	非重点调查单位当年测算数据	重点调查单位当年数据汇总数据	非重点调查单位数据占重点调查单位当年数据汇总数据比例/%
一、工业废水	—	—	—	—	—
1. 工业用水总量	万吨	1			
其中：新鲜水量	万吨	2			
重复用水量	万吨	3			
2. 工业用水重复利用率	%	4			
3. 工业废水排放量	万吨	5			
其中：排放达标量	万吨	6			
4. 工业废水排放达标率	%	7			
5. 工业废水中 COD 排放量	吨	8			
6. 工业废水中氨氮排放量	吨	9			
二、工业废气	—	—	—	—	—
1. 燃料煤消费量	万吨	10			
2. 二氧化硫排放量	吨	11			
其中：燃烧过程排放量	吨	12			
工艺过程排放量	吨	13			
其中：达标量	吨	14			
其中：达标量	吨	15			
3. 二氧化硫排放达标率	%	16			
4. 烟尘排放量	吨	17			
其中：排放达标量	吨	18			
5. 烟尘排放达标率	%	19			
6. 粉尘排放量	吨	20			
其中：排放达标量	吨	21			
7. 粉尘排放达标率	%	22			
三、工业固体废物	—	—	—	—	—
1. 工业固体废物产生量	万吨	23			
2. 工业固体废物综合利用量	万吨	24			
3. 工业固体废物综合利用率	%	25			
4. 工业固体废物贮存量	万吨	26			
5. 工业固体废物处置量	万吨	27			
6. 工业固体废物排放量	万吨	28			

说明：1. 本表要求县级及以上各级单位汇总填报。

2. 本表的综合范围为辖区内占排污总量 15% 以下的非重点调查工业企业。

3. 指标间关系：1=2+3，2≥5，5≥6，11≥12，14≥15，17≥18，20≥21，23=24+26+27+28。

单位负责人：　　　　　统计负责人：　　　　　填表人：　　　　　报出日期：200　年　月　日

各地区生活及其他污染情况

表　号：环年综 5 表
制表机关：国家环境保护总局
批准机关：国家统计局
批准文号：国统函（2001）150 号
有效期截至时间：2003 年 9 月 6 日

综合机关名称：　　　　　　　　　　　　　　200　　年

指标名称	计量单位	代码	本年实际
一、基本情况			
1. 人口总数	万人	1	
其中：城镇人口数	万人	2	
2. 污水处理厂数	座	3	
3. 煤炭消费总量	万吨	4	
其中：工业煤炭消费量	万吨	5	
生活及其他煤炭消费量	万吨	6	
4. 生活及其他煤炭含硫量	%	7	
5. 生活及其他煤炭灰分	%	8	
二、污染排放情况	—	—	—
1. 城镇生活污水排放系数	千克（人·日）	9	
2. 城镇生活污水排放量	万吨	10	
3. 城镇生活污水中化学需氧量产生系数	克（人·日）	11	
4. 城镇生活污水中化学需氧量产生量	吨	12	
5. 城镇生活污水中化学需氧量排放量	吨	13	
6. 城镇生活污水中化学需氧量去除量	吨	14	
7. 城镇生活污水中氨氮产生系数	克（人·日）	15	
8. 城镇生活污水中氨氮产生量	吨	16	
9. 城镇生活污水中氨氮排放量	吨	17	
10. 城镇生活污水中氨氮去除量	吨	18	
11. 生活及其他二氧化硫排放量	吨	19	
12. 生活及其他烟尘排放量	吨	20	

指标间关系：1≥2，4=5+6，10=9×2×365，12=11×2×365，14=12−13，16=15×2×365，18=16−17。

单位负责人：　　　　　　　统计负责人：　　　　　　　填表人：　　　　　　　报出日期：　200　　年　　月　　日

二、环境统计基层报表

（二）环境统计基层表目录

（一）年报

表号	表名	报告期别	报送单位	报送日期及方式	页码
环年基 1 表	工业企业污染排放及处理利用情况	年报	有污染物排放的重点调查工业企业	各省、自治区、直辖市按有关要求自定	28
环年基 2 表	工业企业排放废水、废气中污染物监测情况	年报	同环年基 1 表	同环年基 1 表	30
环年基 3 表	危险废物集中处置厂运行情况	年报	危险废物集中处置厂	同环年基 1 表	31
环年基 4 表	城市污水处理厂运行情况	年报	城市污水处理厂及污水集中处理设施	同环年基 1 表	32
环年基 5 表	城市垃圾处理厂（场）运行情况	年报	城市垃圾处理厂（场）	同环年基 1 表	33
环年基 6 表	工业企业污染治理项目建设情况	年报	有在建污染治理项目的工业企业	同环年基 1 表	34

（三）基层年报表式

工业企业污染排放及处理利用情况

200　年

表　　号：环年基 1 表
制表机关：国家环境保护总局
批准机关：国家统计局
批准文号：国统函（2001）150 号
有效期截至时间：2003 年 9 月 6 日

1 企业法人代码：□□□□□□□□□-□（□□）
2 填报单位详细名称（公章）：

3 企业地理位置：中心经度 ＿＿°＿＿′＿＿″　中心纬度 ＿＿°＿＿′＿＿″

4 通信地址	5 详细地址及行政区划	6 登记注册类型	7 行业类别	8 隶属关系	9 企业规模	10 主管部门	11 开业时间	12 排水去向
法人代表姓名： 电话：＿＿＿ 传真：＿＿＿ 邮政编码：□□□□□□	行政区划代码 □□□□□□	110 国有企业 120 集体企业 130 股份合作企业 140 联营企业 150 有限责任公司 160 股份有限公司 170 私营企业 190 其他企业 200 港、澳、台商投资企业 300 外商投资企业 □□□	行业名称： ＿＿＿＿ □□□□	1 中央 2 省 3 地区 4 县 6 乡、镇 9 其他 □	1 特大型 2 大一型 3 大二型 4 中一型 5 中二型 6 小型 □	＿＿＿	＿＿＿年	□□□ □□□

代码	指标名称	计量单位	本年实际
甲	乙	丙	1
一、企业基本情况			
13	1. 工业总产值（现价）	万元	—
—	2. 主要有毒有害原辅材料用量	—	—
14	(1)		
15	(2)		
16	(3)		
17	3. 企业专职环保人员数	人	
18	4. "三废"综合利用产品产值	万元	
19	5. 年正常生产天数	天	
20	6. 工业锅炉数	台蒸吨	
21	其中：烟尘排放达标的	台蒸吨	
—	8. 主要产品生产情况	产品1　产品2　产品3	
—	(1) 名称		
—	(2) 计量单位		
—	(3) 产量		
—	(4) 单位产品用水量（吨/吨）		
—	(5) 单位产品能耗量（吨标煤/吨标煤）		
—	其中：单位产品煤耗量（吨/吨）		

代码	指标名称	计量单位	本年实际
甲	乙	丙	1
22	其中：二氧化硫排放达标的	台蒸吨	—
23	7. 工业炉窑数	座	
24	其中：烟尘排放达标的	座	
25	其中：二氧化硫排放达标的	座	
二、工业废水			
26	1. 工业用水总量	吨	
27	其中：新鲜用水量	吨	
28	重复用水量	吨	
29	2. 废水治理设施数	套	
30	3. 废水治理设施处理能力	吨/日	
31	4. 废水治理设施运行费用	万元	
32	5. 工业废水排放量	吨	
33	其中：直接排入海的	吨	
34	排入污水处理厂的	吨	
35	6. 工业废水排放达标量	吨	
—	7. 工业废水中污染物去除量	—	—
36	(1) 挥发酚	千克	
37	(2) 氰化物	千克	
38	(3) 化学需氧量	千克	

代码	指标名称	计量单位	本年实际
甲	乙	丙	1
39	其中：当年新增设施去除的	千克	
40	(4) 石油类	千克	
41	(5) 氨氮	千克	
42		千克	
43		—	—
—	8. 工业废水中污染物排放量		
44	(1) 汞	千克	
45	(2) 镉	千克	
46	(3) 六价铬	千克	
47	(4) 铅	千克	
48	(5) 砷	千克	
49	(6) 挥发酚	千克	
50	(7) 氰化物	千克	
51	(8) 化学需氧量	千克	
52	(9) 石油类	千克	
53	(10) 氨氮	千克	
54			
55			

指标间关系：20≥21，20≥22，23≥24，23≥25，26＝27＋28，27≥32，32≥33，32≥34，32≥35，38≥39。

补充资料

一、本单位申报登记排污量

指标	数量	单位
废水排放		吨/年
COD排放量		千克/年
SO₂排放量		千克/年
烟尘排放量		千克/年
粉尘排放量		千克/年
固体废物产生量		吨/年
危险废物产生量		吨/年

二、燃烧用原煤煤质

1. 产地：　　消费量：　　吨　灰分：　％　硫分：　％
2. 产地：　　消费量：　　吨　灰分：　％　硫分：　％
3. 产地：　　消费量：　　吨　灰分：　％　硫分：　％

三、燃料用煤油质量

1. 名称：　产地：　消费量：　吨　硫分：　％
2. 名称：　产地：　消费量：　吨　硫分：　％
3. 名称：　产地：　消费量：　吨　硫分：　％

四、污水排放口数

1. 污水排放口数　　个
2. 直排海的污水排放口数　　个

五、污水增减量主要原因：

报出日期：　200　年　月　日

环年基 1 续表

代码(甲)	指标名称(乙)	计量单位(丙)	本年实际(1)
	三、工业废气		
56	1. 煤炭消费总量	吨	
57	其中：燃料煤消费量	吨	
58	原料煤消费量	吨	
59	2. 燃料油消费量（不含车船用）	吨	
60	其中：重油	吨	
61	柴油	吨	
62	3. 天然气消费量	万立方米	
63	4. 工业废气排放总量	万标立方米	
64	其中：燃料燃烧过程中排放量	万标立方米	
65	生产工艺过程中排放量	万标立方米	
66	5. 废气治理设施数	套	
67	其中：脱硫设施数	套	
68	6. 废气治理设施处理能力	标立方米/时	
69	其中：脱硫设施脱硫能力	千克/时	
70	7. 废气治理设施运行费用	万元	
71	8. 二氧化硫去除量	千克	
72	其中：燃料燃烧过程中去除量	千克	
73	生产工艺过程中去除量	千克	
74	其中：当年新增设施去除量	千克	
75	9. 二氧化硫排放量	千克	
76	其中：燃料燃烧过程中排放量	千克	
77	排放达标量	千克	
78	生产工艺过程中排放量	千克	
79	排放达标量	千克	
80	10. 烟尘去除量	千克	
81	11. 烟尘排放量	千克	
82	排放达标量	千克	
83	12. 工业粉尘去除量	千克	
84	13. 工业粉尘排放量	吨	
85	其中：排放达标量	吨	
	四、工业固体废物		
86	1. 工业固体废物产生量	吨	
87	（1）危险废物	吨	
88	（2）冶炼废渣	吨	
89	（3）粉煤灰	吨	
90	（4）炉渣	吨	
91	（5）煤矸石	吨	
92	（6）尾矿	吨	
93	（7）放射性废物	吨	
94	（8）其他废物	吨	
95	2. 工业固体废物综合利用量	吨	
96	（1）危险废物	吨	
97	（2）冶炼废渣	吨	
98	（3）粉煤灰	吨	
99	（4）炉渣	吨	
100	（5）煤矸石	吨	
101	（6）尾矿	吨	
102	（7）其他废物	吨	
103	其中：综合利用往年贮存量	吨	
104	3. 工业固体废物贮存量	吨	
105	其中：危险废物贮存量	吨	
106	4. 工业固体废物处置量	吨	
107	其中：危险废物处置量	吨	
108	送往集中处置厂处置量	吨	
109	处置往年贮存量	吨	
110	5. 工业固体废物排放量	吨	
111	其中：危险废物排放量	吨	

指标间关系：56＝57＋58，59＝60＋61，63＝64＋65，66≥67，68≥69，71＝72＋73，75＝76＋78，76≥77，78≥79，81≥82，84≥85，86＝87＋88＋89＋90＋91＋92＋93＋94，86＝95＋104＋106＋110－103－109，95＝96＋97＋98＋99＋100＋101＋102，106≥107，107≤108，106≥109，110≥111，87≤96≥105＋107＋111。

单位负责人：　　　环保负责人：　　　填表人：

工业企业排放废水、废气中污染物监测情况

200　年

表　号：环年基 2 表
制表机关：国家环境保护总局
批准机关：国家统计局
批准文号：国统函（2001）150 号
有效期截至时间：2003 年 9 月 6 日

企业法人代码：□□□□□□□□□-□（□□）
填报单位详细名称（公章）：

序号	监测日期（月、日）	排污水口名称	工业废水排放量/吨	污染物（毫克/升）									
				1		2		3		4		5	
			合计：	名称	浓度	名称	浓度	名称	浓度	名称	浓度	名称	浓度
1													
2													
3													
4													
5													
6													
7													
8													
9													
10													

序号	监测日期（月、日）	排气监测点名称	工业废气排放量（万标立方米）合计：	污染物（毫克/标立方米）															
				1		2		3		4		5							
				名称	浓度	名称	浓度	名称	浓度	名称	浓度	名称	浓度						
1																			
2																			
3																			
4																			
5																			
6																			
7																			
8																			
9																			
10																			
11																			

说明：如表格不够填写，请自行复印。

单位负责人：　　　　　环保负责人：　　　　　填表人：　　　　　报出日期：200　年　月　日

危险废物集中处置厂运行情况

200　年

表　号：环年基3表
制表机关：国家环境保护总局
批准机关：国家统计局
批准文号：国统函（2001）150号
有效期截至时间：2003年9月6日

企业法人代码：□□□□□□□□□-□
填报单位名称（公章）：＿＿＿＿＿
行政区划代码：□□□□□□

企业地理位置：中心经度　°　′　″
　　　　　　　中心纬度　°　′　″
联系电话：

开业时间：□□□□年□□月
本年运行天数：□□□天

危险废物主要种类：1 □□、2 □□、3 □□、4 □□、5 □□

指标名称	计量单位	代码	本年实际
甲	乙	丙	1
1. 危险废物实际处置能力	吨/日	1	
焚烧处置能力	吨/日	2	
填埋处置能力	吨/日	3	
其中：当年新增焚烧处置能力	吨/日	4	
当年新增填埋处置能力	吨/日	5	
2. 危险废物处置量	吨	6	
其中：焚烧量	吨	7	
填埋量	吨	8	
其中：处置工业危险废物量	吨	9	
处置非工业危险废物量	吨	10	
3. 危险废物综合利用量	吨	11	
4. 焚烧残渣流向	—	—	
（1）焚烧残渣量	吨	12	
（2）焚烧残渣利用量	吨	13	
（3）焚烧残渣填埋量	吨	14	
5. 本年运行费用	万元	15	

指标间关系：1=2+3、2≥4、3≥5、1×本年运行天数≥6、2×本年运行天数≥7、3×本年运行天数≥8、6=7+8、6=9+10、7>12、12≥13+14。

单位负责人：　　环保负责人：　　填表人：　　报出日期：200　年　月　日

城市污水处理厂运行情况

200　年

表　　号: 环年基4表
制表机关: 国家环境保护总局
批准机关: 国家统计局
批准文号: 国统函（2001）150号
有效期截至时间: 2003年9月6日

企业法人代码: □□□□□□□□□-□

企业地址:

填报单位详细名称（公章）:　　　　　　　　　　联系电话:

企业地理位置: 中心经度 ___ ° ___ ′ ___ ″
　　　　　　　中心纬度 ___ ° ___ ′ ___ ″

企业详细地址:

行政区划代码: □□□□□□

污水处理级别: 1.一级, 2.二级, 3.三级 □

污水处理方法: ___ 、 ___

污水处理设施类型: 1.污水处理厂, 2.工业区废（污）水集中处理装置, 3.其他 □

排水去向: □□□□□□□

开业时间: □□□□年 □□月

本年运行天数: □□□天

指标名称 甲	计量单位 乙	代码 丙	本年实际 1
1. 污水处理能力	吨/日	1	
其中:当年新增处理能力	吨/日	2	
2. 污水处理量	万吨	3	
其中:污水再利用量	万吨	4	
3. 处理前污水中化学需氧量平均浓度	毫克/升	5	
4. 处理后污水中化学需氧量平均浓度	毫克/升	6	
5. 化学需氧量去除量	吨	7	
6. 化学需氧量排放量	吨	8	
7. 处理前污水中氨氮平均浓度	毫克/升	9	
8. 处理后污水中氨氮平均浓度	毫克/升	10	
9. 氨氮去除量	吨	11	

指标名称 甲	计量单位 乙	代码 丙	本年实际 1
10. 氨氮排放量	吨	12	
11. 处理前污水中总磷平均浓度	毫克/升	13	
12. 处理后污水中总磷平均浓度	毫克/升	14	
13. 总磷去除量	吨	15	
14. 总磷排放量	吨	16	
15. 污泥产生量	吨	17	
16. 污泥处置量	吨	18	
17. 污泥利用量	吨	19	
18. 污泥排放量	吨	20	
19. 本年运行费用	万元	21	

指标间关系: 1>2, 3>4, 5>6, 7=(5-6)×3, 8=6×(3-4), 9>10, 11=(9-10)×3, 12=10×(3-4), 13>14, 15=(13-14)×3, 16=14×(3-4), 17=18+19+20。

单位负责人:　　　　环保负责人:　　　　填表人:　　　　报出日期: 200　年　月　日

城市垃圾处理厂（场）运行情况

200　年

表　号：环年基 5 表
制表机关：国家环境保护总局
批准机关：国家统计局
批准文号：国统函（2001）150 号
有效期至时间：2003 年 9 月 6 日

企业法人代码：□□□□□□□□□-□
填报单位详细名称（公章）：
地址：
行政区划代码：□□□□□□

企业地理位置：中心经度　°　′　″
　　　　　　　中心纬度　°　′　″
联系电话：

垃圾处理方法：
1. 卫生填埋　2. 焚烧
3. 堆肥　4. 简易填埋处理 □　　本年实际
代码 丙 —

渗沥水排放方向：
1. 城市污水处理系统 □
2. 水体　3. 其他 □

焚烧炉炉型：
1. 炉排炉 □
2. 其他 □

开业时间：
□□□□年
□□月
代码 丙 —

本年运行天数：
□□□天
代码 丙 1

指标名称 甲	计量单位 乙	代码 丙	本年实际
一、无害化处理情况	—		
1. 无害化处理能力	吨/日	1	
其中：卫生填埋处理能力	吨/日	2	
焚烧处理能力	吨/日	3	
堆肥处理能力	吨/日	4	
2. 无害化处理量	万吨	5	
其中：卫生填埋处理量	万吨	6	
焚烧处理量	万吨	7	
堆肥处理量	万吨	8	

指标名称 甲	计量单位 乙	代码 丙	本年实际
二、简易填埋处理情况	—		
1. 简易填埋处理能力	吨/日	9	
2. 简易填埋处理量	万吨	10	
三、垃圾处理总能力	吨/日	11	
四、垃圾处理总量	吨	12	
五、垃圾厂（场）渗沥水排放量	吨	13	
其中：处理排放达标量	吨	14	
六、垃圾回收利用量	吨	15	
七、本年运行费用	万元	16	

指标间关系：1≥2+3+4，5≥6+7+8，11=1+9，12=5+10，13≥14。

单位负责人：　　　　环保负责人：　　　　填表人：　　　　报出日期：200　年　月　日

工业企业污染治理项目建设情况

表　号：环年基 6 表
制表机关：国家环境保护总局
批准机关：国家统计局
批准文号：国统函（2001）150 号
有效期截至时间：2003 年 9 月 6 日

企业法人代码：□□□□□□□□□-□（□□）
填报单位详细名称（公章）：

200　　年

污染治理项目名称	治理类型	开工年月	建成投产年月	计划总投资/万元	至本年底累计完成投资/万元	本年完成投资及资金来源/万元							竣工项目设计或新增处理能力
						合计	国家预算内资金	环境保护专项资金	其他资金	其中：			
									合计	国内贷款	利用外资	企业自筹	
甲	乙	1	2	3	4	5	6	7	8	9	10	11	12
	—	—	—	—									
合计	—	—	—	—									
（以下按项目分列）													

说明：1. 上年已竣工投入使用的项目不再填报，已纳入建设项目环境保护"三同时"管理的项目不再填报。

2. 治理类型代码：1-工业废水治理；2-燃料燃烧废气治理；3-工艺废气治理（含工业粉尘治理）；4-工业固体废物治理；5-噪声治理（含振动）；6-电磁辐射；7-放射性治理；8-污染搬迁治理（含综合防治）；9-其他治理（含综合防治）。

3. 废水治理设计能力单位为吨/日，废气治理设计能力单位为标立方米/时，固体废物治理设计能力单位为吨/日，噪声治理填降低"分贝"值。

4. 指标间关系：4≥5，5=6+7+8，8≥9+10+11。

单位负责人：　　　环保负责人：　　　填表人：　　　报出日期：200　年　月　日

附录 10

"十五"环境统计技术要求

关于"十五"环境统计报表制度的说明

现对"十五"环境统计报表制度中的有关问题加以说明，以利于正确理解和执行。

一、工业污染源重点调查单位的筛选

"十五"报表制度规定，在原环境统计重点调查单位名录的基础上，以各地区排污申报登记工业污染源为总体样本，对其中重点调查单位进行筛选，补充到统计重点调查单位名录库中，避免原调查对象可能存在的范围不全。具体筛选方法为：

1．以排污申报登记库中所有工业污染源为总体，按个体单位排污量大小降序排列，筛选出占总排污量 85%以上的单位为重点调查单位。筛选项目为国家重点控制的各项主要污染物：废水、化学需氧量、氨氮、二氧化硫、烟尘、粉尘、固体废物产生量等。只要其中有一项被筛选上，该企业就为重点调查单位。

2．具备以下条件的，也应确定为重点调查单位，不论其排污量是否占总排污量的 85%：

（1）排放废水中有重金属类有害物质的企业；

（2）产生危险废物的企业。

3．筛选工作在排污申报登记数据年度变化的基础上逐年进行。

4．以区县为基本单位筛选 85%的重点调查企业，同时从上到下层层筛选，下级必须将上级筛选重点企业名单包含在内，各级筛选名单相互补充，并与原有环境统计工业污染源重点调查单位相对照，进行补充调整，汇成最终的重点调查企业库。

二、工业污染源非重点调查单位数据的估算

对于排污量占各地区排污总量 15%以下的非重点调查单位，采用估算的方法取得其排污数据，即将非重点调查单位的排污总量作为估算的对比基数，采取"比率估算"的方法，按重点调查单位总排污量变化的趋势（指与上年相比，排污量增加或减少的比率），等比或将比率略做调整，估算出非重点调查单位的排污量。非重点调查单位的排污量在重点调查单位排污量与非重点调查单位排污量加和生成的总量中所占比例不得超过 15%。即不得用任意扩大非重点调查单位排污量的方法来减少重点调查工作量。

三、工业废水中氨氮排放量的统计

氨氮是"十五"国家实行总量控制的主要污染物之一，也是环境统计新增加的指标之一。排放废水中产生氨氮的主要有化工、炼焦、原料药、纺织等行业。各地区应认真分析本地区的工业行业结构，充分利用污染源监测数据和排污申报数据，掌握本地区排放氨氮的主要行业和主要企业的基本情况，避免在收集基层年报数据时心中无数，产生差误。

四、工业废水中重金属类污染物的统计

在企业填报的基1表中，删减了废水中重金属汞、镉、六价铬、铅、砷、硫化物、悬浮物共 7 种污染物的去除量（其中硫化物、悬浮物的排放量也删减了）。考虑到总体上废水中重金属类污染物的排放已基本得到有效控制，且其大多排放集中在较少的地区，为减少调查单位的填报量，删减了重金属汞、镉、六价铬、铅、砷等污染物的去除量指标，但并不表示这些污染物不需要监测、控制，它们仍然是废水中首要控制的污染物。只要有这类污染物排放，仍然要监测、计量其达标状况。废水排放达标量中，仍然包含所有必测污染物的达标情况。

五、计算污染物排放量方法的综合使用

常用的污染物排放量计算方法有实测法、物料衡算法和排放系数法等三种。在实际运用中，应根据具体情况灵活选用。为保证计算数据准确地反映实际情况，必须注意遵循以下原则：

1. 凡安装自动在线监测设备（须由市级以上环境监测站标定的）并与当地环境监测站联网的单位，必须采用实时监测数据的汇总数作为排污量数据。

2. 未安装自动在线监测设备的单位，在采用实测法计算排污量时，为保证监测数据能够准确地反映实际情况，需多次测定样品取值，并须经当地环境监测站认定。只用1～2次监测数值来推算全年排污量是不适宜的。

3. 采用实测法计算的排污数据，须与使用排放系数法计算的排污数据对照验证。如与排放系数法计算结果偏差较大，应进行调整核实。尤其是二氧化硫排放量的计算，一定要与排放系数法计算结果验证。

六、集中处理工业废水的达标量计算

污染治理的专业化、市场化作为巩固污染源排放达标的重要措施，在全国范围内将继续大力推广。由专业治理污染单位进行污染物集中治理，带来的污染源排放达标和排放量的计量问题，需要予以明确界定。现作出以下规定：

　　企业单位的废水排入城镇下水道并进入二级污水处理厂［包括工业区废（污）水集中处理装置］进行处理的，应根据污水处理厂处理后实际达到的浓度来评价其是否达标。污水处理厂处理后排放的废水达到排放标准，则该企业的排放废水量计为达标水量；如污水处理厂处理后排放的废水未达到排放标准，则该企业的排放废水不能计为达标废水量。

　　同理，计算该企业产生废水中污染物的去除量和排放量，应以污水处理厂［包括工业区废（污）水集中处理装置］排放口的实际平均浓度为依据进行计算。

七、城镇生活污水排放及其处理

　　1.“九五”环境统计制度中的“生活污染”统一命名为“生活及其他污染”，其范围是指除工业生产活动以外的所有社会、经济活动及公共设施的经营活动产生的污染。主要指标是水污染和大气污染。其中的生活污水，虽是工业废水之外的居民家庭用水和社会公共服务及其他灭火等行业用水产生的排放污水，但仅限于城镇居民的生活用、排水，未包括农村生活用、排水。为与指标实际统计的范围一致，2001 年报表制度中将生活污水的有关指标名称定为城镇生活污水。

　　2. 城镇生活污水排放量的计算继续采用“九五”环境统计制度规定的方法，用城镇人均用、排水系数计算法来计算生活污水排放量。要注意人口数是用市镇（市非农业人口与县辖镇非农业人口之和）的非农业人口数，不是城建部门的单纯城市非农业人口数。

　　3. 城镇生活污水处理量和处理率

　　城镇生活污水的处理主要由污水处理厂承担，城市污水处理厂还负担着部分工业废水的集中处理。目前市政部门统计的污水处理厂污水处理量，未分出其中的城镇生活污水和工业废水的处理量各是多少，不能计算出城镇生活污水处理率。为较准确地反映我国城市生活污水的处理状况，“十五”环境统计制度在原有城市污水处理情况的统计方法上做了进一步修改。计算过程规定如下：

　　环年综 3 表中汇总的处理生活污水量，是从城市污水处理厂的总污水处理量中减去其中处理工业废水量得到的。工业废水处理量是根据工业企业填报环年基 1 表中的指标“排入污水处理厂的废水量”汇总得来的。这一指标的填报范围规定为，排入污水处理厂的以及排入工业区废（污）水集中处理装置的水量应统计在内，而工业区内单纯处理工业废水而不处理周边地区生活污水的集中处理装置所处理的工业废水不包括在内。

　　用工业污染源排入污水处理厂的水量作减数，可计算得到城市污水处理厂处理的纯生活污水量，并可计算出城镇生活污水处理率。

八、老工业污染源污染治理项目投资的统计

环境污染治理投资包括三部分：老工业污染源污染治理项目投资、"三同时"建成投产项目环保投资和城市环境基础设施建设投资。为避免前两部分的统计中出现重复，"十五"环境统计报表制度中做了新的规定，凡已纳入建设项目环境保护"三同时"管理的工业污染治理项目，无论新、改、扩建项目，均不在老工业污染源污染治理项目统计范围之内。

老工业污染源污染治理项目投资是以年报形式统计的，在项目建设的各年度间，其每年投入的资金都被统计在内。如该项目已纳入环境保护"三同时"管理，则在项目竣工投产的年度其全部投资又汇总到"三同时"项目环保投资中，会造成重复统计。因此，老工业污染源污染治理项目开始建设时，已经明确纳入环境保护"三同时"管理的，老工业污染源污染治理项目年度统计就不应将其纳入。对此，各级统计人员要及时与"三同时"管理人员沟通，摸清情况，将投资数据统计准确。

九、环境污染治理投资统计的范围

延续"九五"期间的规定，环境污染治理投资的统计范围仍为老工业污染源污染治理投资、建成投产项目"三同时"环保投资和城市环境基础设施建设投资三部分。为正确反映国家在环境污染治理方面的投入，需正确界定各部分的统计范围，将真正属于环境保护设施建设的投资统计进来。"十五"环境污染治理投资统计，除上述第八个问题的规定外，在城市环境基础设施建设投资统计的内容上做了一定的调整，将其统计范围规定为污水处理工程建设、燃气工程建设、供热工程建设、园林绿化工程建设、垃圾处理工程建设五个行业及其他污染防治工程建设（包括城市噪声治理工程、电磁辐射污染防治工程等）投资等六个部分。

十、统计数据的计算机处理

排放污染物的各类污染源，根据其所处的行政区域、地理位置以及企业本身的一系列属性（如经济类型、行业类别、隶属关系、规模、排水去向等），可以分别汇总出反映多种属性的污染物排放信息。如可分成按行政区域，按行业、流域、海域、"两控区"、东中西部地区等各种类别汇总、分析数据，使每个污染源的污染物排放数据成为多元化的、反映丰富内涵的统计信息，提高统计信息的分析使用水平。这种多元化的分组汇总只有计算机软件系统才能又快又准确地实现。为此，配合"十五"环境统计报表制度，总局重新组织开发了环境统计系统软件，在系统软件中设置了多种分组汇总数据的功能。为使各种分类汇总能够进行，必须保证各个基层填报单位的所有属性指标及分类代码填报正确、齐全。

属性指标填报不全，代码不正确，会使分组汇总数据无法进行，也就失去了各种属性指标设置的意义。因此，在指导基层填报单位填写报表时，必须要求将各类属性指标及其代码填写完整、正确。

以上各方面规定，都已反映在统计报表制度中。各地区在贯彻执行中要结合本地实际正确理解，并及时发现和解决执行中的问题，使 2001 年的环境统计年报制度顺利执行，为"十五"环境统计制度改革奠定良好的基础。

附录 11

"十一五"环境统计年报制度

《中华人民共和国统计法》第三条规定：国家机关、社会团体、企业事业组织和个体工商户等统计调查对象，必须依照本法和国家规定，如实提供统计资料，不得虚报、瞒报、拒报、迟报，不得伪造、篡改。

环境统计综合报表制度

国家环境保护总局

2006 年 11 月

一、环境统计综合报表

（一）综合报表制度总说明

一、为了解全国环境污染排放及治理情况，为各级政府和环境保护行政主管部门制定环境保护政策和计划、实施主要污染物排放总量控制、加强环境监督管理提供依据，依照《中华人民共和国统计法》的规定，特制定本综合报表制度。

二、综合范围

综合年报制度的实施范围为有污染物排放的工业企业、医院、城镇生活及其他排污单位、实施污染物集中处置的危险废物集中处置厂和城市污水处理厂。

1. 工业企业污染排放及处理利用情况的年报综合范围，为有污染物排放的工业企业。

2. 工业企业污染治理项目投资情况的年报综合范围，为在建的老工业污染源污染治理投资项目，不包括已纳入建设项目环境保护"三同时"管理的项目。

3. 生产及生活中产生的污染物实施集中处理处置情况的年报综合范围，为危险废物集中处置厂和城市污水处理厂。

4. 生活及其他污染情况的年报综合范围，为城镇的生活污水排放以及除工业生产以外的生活及其他活动所排放的废气中的污染物。

5. 医院污染排放及处理利用情况的年报综合范围，为辖区内所有医院（含一级及以上和未定级医院）。

三、调查方法

1. 工业企业污染排放及处理利用情况年报的调查方法为，对重点调查工业企业单位逐个发表填报汇总，对非重点调查工业企业的排污情况实行整体估算。

重点调查工业企业的定义是其主要污染物排放量占各地区（以区县为基本单位）全年排放总量（指该地区排污申报登记库中全部工业企业的排污量）的85%以上。

筛选重点调查工业企业的原则为：（1）废水、化学需氧量、氨氮、二氧化硫、烟尘、粉尘排放量及工业固体废物产生量满足定义要求；（2）以下两类企业全部纳入重点调查单位：排放工业废水中有重金属类有害物质的、有危险废物产生的。

筛选重点调查工业企业的要求为：（1）筛选工作在排污申报登记数据变化的基础上逐年进行；（2）筛选出的重点调查单位应与上年的重点调查单位对照比较，分析增、减单位情况并进行动态调整，以保证重点调查数据能够反映排污情况的总体趋势。

非重点调查单位数据的估算方法为，将非重点调查单位的排污总量作为估算的对比基数，采取"比率估算"的方法，即按重点调查单位总排污量变化的趋势（指与上年相比，排污量增加或减少的比率），等比或将比率略做调整，估算出非重点调查单位的排污量。重点调查数据与非重点估算数据相加，为工业污染排放数据。

2．工业企业污染治理项目建设投资情况年报的调查方法为，对有在建工业污染治理项目的工业企业逐个发表填报汇总。

3．生产及生活中产生的污染物实施集中处理处置情况年报的调查方法为，对各集中处理处置单位逐个发表填报汇总，包括危险废物集中处置厂和城市污水处理厂。

4．生活及其他污染情况年报的调查方法为，依据相关基础数据和技术参数进行估算。

5．医院污染排放及处理利用情况年报的调查方法为，对辖区内医院逐个发表填报汇总。

四、报告期及报送时间

年报报表的报告期为当年的 1 月至 12 月。报送时间为次年的 3 月 20 前。

五、资料来源和报送内容及方式

1．资料来源

（1）工业污染排放及处理利用情况统计资料来源于基层年报表"工业企业污染排放及处理利用情况""火电企业污染排放及处理利用情况"以及综合年报表"非重点调查工业污染排放及处理情况"的数据。

（2）工业污染治理项目建设投资情况统计资料根据基层年报表"工业企业污染治理项目建设情况"综合汇总。

（3）危险废物集中处置情况统计资料根据基层年报表"危险废物集中处置厂运行情况"综合汇总。

（4）生活污染排放及处理情况统计资料来源于基层年报表"城市污水处理厂运行情况"以及综合年报表"生活及其他污染情况"的数据。

（5）医院污染排放及处理利用情况统计资料根据基层年报表"医院污染排放及处理利用情况"综合汇总。

2．报送内容及方式

（1）各地区报送的综合年报资料，其中全部数据库资料［基础库和综合库（包括区县、地市、省各级）］通过网络传报；年报打印表、数据逻辑校验打印表及年报编制说明等文本材料用邮寄的方式报送。

（2）各地区报送的季报资料，其中全部数据库资料［基础库和综合库（包括地市、省各级）］通过网络传报；季报打印表、数据逻辑校验打印表及季报编制说明等文本材料用邮寄的方式报送。

六、本报表制度实行全国统一的统计分类标准和代码，各填报单位和各级环保部门必须贯彻执行。各省、自治区、直辖市环境保护部门可根据需要在本表式中增加少量指标，但不得打乱原指标的排序和改变统一编码。

七、本报表制度由各地区环境保护部门统一布置，统一组织实施。

八、本报表制度由国家环境保护总局负责解释。

（二）环境统计综合表目录

（一）年报

表号	表名	报告期别	综合范围	报送单位	报送日期
环年综 1 表	各地区工业污染排放处理利用情况	年报	辖区内有污染物排放的工业企业	各地区环境保护局	次年 3 月 20 日前
环年综 101 表	各地区重点调查工业污染排放及处理利用情况	年报	辖区内有污染物排放的重点调查工业企业	同环年综 1 表	同环年综 1 表
环年综 102 表	各地区非重点调查工业污染排放及处理利用情况	年报	辖区内有污染物排放的非重点调查工业企业	同环年综 1 表	同环年综 1 表
环年综 103 表	各地区火电行业污染排放及处理利用情况	年报	辖区内火电厂（含供热厂、企业自备电厂）	同环年综 1 表	同环年综 1 表
环年综 2 表	各地区工业污染治理项目建设情况	年报	辖区内有在建污染治理项目的工业企业	同环年综 1 表	同环年综 1 表
环年综 3 表	各地区危险废物集中处置情况	年报	辖区内危险废物集中处置装置	同环年综 1 表	同环年综 1 表
环年综 4 表	各地区城市污水处理情况	年报	辖区内城市污水处理厂及污水集中处理	同环年综 1 表	同环年综 1 表
环年综 5 表	各地区医院污染排放及处理利用情况	年报	辖区内医院（含一级及以上和未定级医院）	同环年综 1 表	同环年综 1 表
环年综 6 表	各地区生活及其他污染情况	年报	辖区内	同环年综 1 表	同环年综 1 表

各地区非重点调查工业污染排放及处理利用情况

200　年

（三）综合年报表式

（本表式仅列出需调查对象填报的报表、未列出经软件汇总得到的报表）

表　号：环年综 1-2 表
制表机关：国家环境保护总局
批准机关：国家统计局
批准文号：国统制（2006）47 号
有效期至：2008 年 11 月 3 日

综合机关名称：

指标名称	计量单位	代码	非重点调查单位当年测算数据	重点调查单位当年数据汇总	非重点调查单位数据占重点调查单位当年汇总数据比例/%
一、工业废水					
1. 工业用水总量	万吨	1			
其中：新鲜水用量	万吨	2			
重复用水量	万吨	3			
2. 工业用水重复利用率	%	4			—
3. 工业废水排放量	万吨	5			
其中：排入污水处理厂的	万吨	6			
4. 工业废水排放达标量	万吨	7			
5. 工业废水中 COD 排放量	吨	8			
6. 工业废水中氨氮排放量	吨	9			—
二、工业废气					
1. 燃料煤消费量	万吨	11			
2. 原料煤消费量	万吨	12			
3. 二氧化硫排放量	吨	13			
其中：燃料燃烧过程中排放量	吨	14			
生产工艺过程中排放量	吨	15			
其中：排放达标量	吨	16			
4. 二氧化硫排放达标率	%	17			
5. 烟尘排放量	吨	18			—
其中：排放达标量	吨	19			
6. 烟尘排放达标率	%	20			
7. 粉尘排放量	吨	21			
其中：排放达标量	吨	22			
8. 粉尘排放达标率	%	23			—
9. 氮氧化物排放量	吨	24			
10. 氨氮化物排放达标率	%	25			
三、工业固体废物					
1. 工业固体废物产生量	万吨	26			
2. 工业固体废物综合利用量	万吨	27			—
3. 工业固体废物综合利用率	%	28			
4. 工业固体废物贮存量	万吨	29			
5. 工业固体废物处置量	万吨	30			
6. 工业固体废物排放量	万吨	31			

说明：1. 本表要求县级及以上各级汇总单位填报。
　　　2. 本表的综合范围为辖区内的非重点调查工业企业。
　　　3. 指标间关系：1＝2+3，2≥5，5≥6，13≥14，14≥15，13≥16，16≥17，19≥20，22≥23，25≥26，28≤29+31+32+33。

单位负责人：　　　　　　　　统计负责人：　　　　　　　　填表人：　　　　　　　　报出日期：　200　　年　　月　　日

各地区生活及其他污染情况

200　年

表　号：环年综 6 表
制表机关：国家环境保护总局
批准机关：国家统计局
批准文号：国统制（2006）47 号
有效期至：2008 年 11 月 3 日

综合机关名称：

指标名称	计量单位	代码	本年实际	指标名称	计量单位	代码	本年实际
一、基本情况				5. 城镇生活污水中化学需氧量产生系数	克/（人·日）	12	
1. 人口总数	万人	1		6. 城镇生活污水中化学需氧量产生量	吨	13	
其中：城镇常住人口数	万人	2		7. 污水处理厂去除生活污水中 COD 量	吨	14	
2. 煤炭消费总量	万吨	3		8. 城镇生活污水中化学需氧量排放量	吨	15	
其中：工业煤炭消费量	万吨	4		9. 城镇生活污水中氨氮产生系数	克/（人·日）	16	
生活及其他煤炭消费量	万吨	5		10. 城镇生活污水中氨氮产生量	吨	17	
3. 生活及其他煤炭含硫率	%	6		11. 污水处理厂去除生活污水中氨氮量	吨	18	
4. 生活及其他煤炭灰分	%	7		12. 城镇生活污水中氨氮排放量	吨	19	
二、污染排放情况				13. 生活及其他二氧化硫排放量	吨	20	
1. 城镇生活污水排放系数	千克/（人·日）	8		14. 生活及其他烟尘排放量	吨	21	
2. 城镇生活污水排放量	万吨	9		15. 生活及其他氮氧化物排放量	吨	22	
3. 城镇生活污水处理量	万吨	10		其中：公路交通氮氧化物排放量	吨	23	
4. 城镇生活污水处理率	%	11					

指标间关系：1≥2，3＝4+5，9＝8×2×365，13＝12×2×365，15＝13-14，17＝16×2×365，19＝17-18，22＞23。

单位负责人：　　　　统计负责人：　　　　填表人：　　　　报出日期：　200　年　月　日

二、环境统计基层报表

（二）环境统计基层表目录

（一）年报

表号	表名	报告期别	报送单位	报送日期及方式
环年基 1-1 表	工业企业污染排放及处理利用情况	年报	有污染物排放的重点调查工业企业	各省、自治区、直辖市按有关要求自定
环年基 1-2 表	火电企业污染排放及处理利用情况	年报	有污染物排放的火电厂（含供热厂、企业自备电厂）	同环年基 1-1 表
环年（季）基 2 表	工业企业排放废水、废气中污染物监测情况	年报	同环年基 1-1 表、环年基 1-2 表、环季基 1 表	同环年基 1-1 表
环年基 3 表	工业企业污染治理项目建设情况	年报	有在建污染治理项目的工业企业	同环年基 1-1 表
环年基 4 表	危险废物集中处置厂运行情况	年报	危险废物集中处置厂	同环年基 1-1 表
环年基 5 表	城市污水处理厂运行情况	年报	城市污水处理厂及污水集中处理设施	同环年基 1-1 表
环年基 6 表	医院污染排放及处理利用情况	年报	辖区内医院（一级及以上和未定级医院）	同环年基 1-1 表

（三）基层年报表式

工业企业污染排放及处理利用情况

200　年

表　　号：环年基 1-1 表
制表机关：国家环境保护总局
批准机关：国家统计局
批准文号：国统制（2006）47 号
有效期至：2008 年 11 月 3 日

1 企业法人代码：□□□□□□□□-□（□□）

2 填报单位详细名称（公章）：

3 曾用名：

4 企业地理位置：中心经度　°　′　″　　中心纬度　°　′　″

5 法人及联系人	6 详细地址及行政区划	7 登记注册类型	8 行业类别	9 企业规模	10 开业时间	11 排水去向类型	12 受纳水体名称	13 排入的污水处理厂名称
法人代表姓名：		110 国有企业	行业名称：	1 大型				
环保联系人姓名：	行政区划代码 □□□□□□	120 集体企业 130 股份合作企业 140 联营企业 150 有限责任公司 160 股份有限公司 170 私营企业 190 其他企业		2 中型 3 小型　□	——年　□□□□	□	□□□□□ □□□□□	□□□□ □□□□
电话： 传真： 邮政编码：□□□□□□		200 港澳台商投资企业 300 外商投资企业 □□□	□□□□					

代码 甲	指标名称 乙	计量单位 丙	本年实际 1
	一、企业基本情况		
1	1. 工业总产值（现价）	万元	
2	2. "三废"综合利用产品产值	万元	
3	3. 企业专职环保人员数	人	
4	4. 年正常生产时间	小时	
5	5. 工业用水量	吨	
6	其中：新鲜用水量	吨	
7	重复用水量	吨	
8	6. 工业煤炭消费量	吨	

代码 甲	指标名称 乙	计量单位 丙	本年实际 1
9	其中：燃料煤消费量	吨	
10	原料煤消费量	吨	
11	7. 燃料煤平均硫分	%	
12	8. 燃料油消费量（不含车船用）	吨	
13	其中：重油	吨	
14	柴油	吨	
15	9. 重油平均硫分	%	
16	10. 洁净燃气消费量	万立方米	
17	11. 工业锅炉数	台蒸吨	

代码 甲	指标名称 乙	计量单位 丙	本年实际 1
18	其中：烟尘排放达标的	台蒸吨	
19	二氧化硫排放达标的	台蒸吨	
20	12. 工业炉窑数	座	
21	其中：烟尘排放达标的	座	
22	二氧化硫排放达标的	座	
—	13. 主要产品生产情况	—	—
23	(1)		
24	(2)		
25	(3)		

指标间关系：5=6+7，8=9+10，12=13+14，17≥18，17≥19，20≥21，20≥22。

环年基 1-1 表续表 1

代码 甲	指标名称 乙	计量单位 丙	本年实际 1
一	14. 主要有毒有害原料辅料用量	—	—
26	(1)		
27	(2)		
28	(3)		
29	15. 污水排放口数	个	
30	16. 直排海的污水排放口数	个	
31	17. 废水污染物在线监测仪器套数	套	
32	18. 废气污染物在线监测仪器套数	套	
二、工业废水			
33	1. 废水治理设施数	套	
34	2. 废水治理设施处理能力	吨/日	
35	3. 废水治理设施运行费用	万元	
36	4. 工业废水处理量	吨	
37	5. 工业废水排放量	吨	
38	其中：直接排入海的	吨	
39	6. 排入污水处理厂的 COD 浓度	毫克/升	
40	7. 排入污水处理厂的氨氮浓度	毫克/升	
42	8. 工业废水排放达标量	吨	—
—	9. 工业废水中污染物去除量	—	—
43	(1) 化学需氧量	千克	
44	其中：当年新增设施去除的	千克	
45	(2) 氨氮	千克	
46	(3) 石油类	千克	
47	(4) 挥发酚	千克	
48	(5) 氰化物	千克	
—	10. 工业废水中污染物排放量	—	—
49	(1) 化学需氧量	套	
50	(2) 氨氮	吨/日	
51	(3) 石油类	万元	
52	(4) 挥发酚	吨	
53	(5) 氰化物	吨	
54	(6) 砷	吨	
55	(7) 铅	吨	
56	(8) 汞	毫克/升	
57	(9) 镉	毫克/升	
58	(10) 六价铬	千克	
三、工业废气			
59	1. 工业废气排放量	万标立方米	
60	其中：燃料燃烧过程中排放量	万标立方米	
61	生产工艺过程中排放量	万标立方米	
62	2. 废气治理设施数	套	
63	其中：脱硫设施数	套	
64	3. 废气治理设施处理能力	标立方米/时	
65	其中：脱硫设施脱硫能力	千克/时	
66	4. 废气治理设施运行费用	万元	
67	其中：脱硫设施运行费用	万元	
68	5. 二氧化硫去除量	千克	
69	其中：燃料燃烧过程中去除量	千克	
70	生产工艺过程中去除量	千克	
71	其中：当年新增设施去除量	千克	
72	6. 二氧化硫排放量	千克	
73	其中：燃料燃烧过程中排放量	千克	
74	其中：排放达量	千克	

指标间关系：6≥37，37≥37，37≥38，37≥39，37≥42，43≥44，59=60+61，62≥63，66≥67，68=69+70，68≥71，72=73+75，73≥74。

环年基 1-1 表续表 2

代码 甲	指标名称 乙	计量单位 丙	本年实际 1
75	其中：生产工艺过程中排放量	千克	
76	7. 氮氧化物去除量	千克	
77	氮氧化物排放量	千克	
78	8. 氨氮化物排放达标量	千克	
79	其中：生产工艺过程中排放量	千克	
80	9. 烟尘去除量	千克	
81	烟尘排放量	千克	
82	10. 烟尘排放达标量	千克	
83	其中：工业粉尘去除量	千克	
84	11. 工业粉尘去除量	千克	
85	12. 工业粉尘排放量	千克	
	四、工业固体废物		
86	1. 工业固体废物产生量	吨	
87	(1) 危险废物	吨	
88	(2) 冶炼废渣	吨	
89	(3) 粉煤灰	吨	
90	(4) 炉渣	吨	
91	(5) 煤矸石	吨	
92	(6) 尾矿	吨	
93	(7) 放射性废物	吨	
94	(8) 脱硫石膏	吨	
95	(9) 其他废物	吨	
96	2. 工业固体废物综合利用量	吨	
97	(1) 危险废物	吨	
98	(2) 冶炼废渣	吨	
99	(3) 粉煤灰	吨	
100	(4) 炉渣	吨	
101	(5) 煤矸石	吨	
102	(6) 尾矿	吨	
103	(7) 脱硫石膏	吨	
104	(8) 其他废物	吨	
105	其中：综合利用往年贮存量	吨	
106	3. 工业固体废物贮存量	吨	
107	其中：危险废物贮存量	吨	
108	4. 工业固体废物处置量	吨	
109	其中：危险废物处置量	吨	
110	其中：送往集中处置厂处置量	吨	
111	其中：处置往年贮存量	吨	
112	5. 工业固体废物排放量	吨	
113	其中：危险废物排放量	吨	

补充资料

主要燃料情况	燃料 1	燃料 2	燃料 3
燃料煤产地			
燃料煤消费量（吨）			
燃料煤硫分（%）			
燃料油名称			
燃料油产地			
燃料油消费量（吨）			
燃料油硫分（%）			

指标间相关关系：75≥76，78≥79，81≥82，84≥85，86＝87＋88＋89＋90＋91＋92＋93＋94＋95，86＝96＋106＋108＋112－105－111，96＝97＋98＋99＋100＋101＋102＋103＋104，96≥105，106≥107，108≥109，109≥110，108≥111，112≥113，87≤97＋107＋109＋113。

报出日期：　200　年　月　日

单位负责人：　　　　　　统计负责人：　　　　　　填表人：

火电企业污染排放及处理利用情况

200　年

表　号：环年基 1-2 表
制表机关：国家环境保护总局
批准机关：国家统计局
批准文号：国统制（2006）47 号
有效期至：2008 年 11 月 3 日

1 企业法人代码：□□□□□□□□□-□（□□）

2 填报单位详细名称（公章）：

5 法人及联系人	6 详细地址及行政区划	7 登记注册类型	8 所属集团公司	9 开业时间	10 排水去向类型	11 受纳水体名称	12 排入的污水处理厂名称
法人代表姓名： 环保联系人姓名： 电话：_____ _____ 传真：_____ _____ 邮政编码：□□□□□□	行政区划代码 □□□□□□	110 国有企业 120 集体企业 130 股份合作企业 140 联营企业 150 有限责任公司 160 股份有限公司 170 私营企业 190 其他企业 200 港、澳、台商投资企业 300 外商投资企业 □□□	1 国家电网 2 华能 3 大唐 4 华电 5 国电 6 中电投 7 其他 8 企业自备电厂 □	———年 □□□□	□	□□□□ □□□□ □□□□	□□□ □□□ □□□□

3 曾用名：

4 企业地理位置：中心经度＿°＿′＿″
　　　　　　　　中心纬度＿°＿′＿″

代码	指标名称	计量单位	本年实际
甲	乙	丙	1
	一、企业基本情况		
1	1. 工业总产值（现价）	万元	
2	2. "三废"综合利用产品产值	万元	
3	3. 企业专职环保人员数	人	
4	4. 工业用水量	吨	
5	5. 其中：新鲜用水量	吨	
6	6. 重复用水量	吨	
7	5. 燃料煤平均硫分	%	
8	6. 燃料煤平均灰分	%	
9	7. 燃料煤挥发分	%	
10	8. 低位发热量	千焦/千克	
11	9. 重油平均硫分	%	
12	10. 机组数	个	
13	11. 锅炉数	台蒸吨	
14	其中：烟尘排放达标的	台蒸吨	
15	二氧化硫排放达标的	台蒸吨	
16	12. 污水排放口数	个	
17	13. 直排海的污水排放口数	个	
18	14. 废水在线监测仪器套数	套	
19	15. 废气在线监测仪器套数	套	
20	16. 脱硫机组装机容量	千瓦	

指标间关系：4＝5+6，13≥14，13≥15。

环年基 1-2 表续表 1

代码 甲	指标名称 乙	计量单位 丙	本年实际 1
21	17. 脱硝机组装机容量	千瓦	
22	18. 厂用电率	%	
23	19. 供电标准煤耗	克/（千瓦·时）	
	二、工业废水		
24	1. 废水治理设施数	套	
25	2. 废水治理设施处理能力	吨/日	
26	3. 废水治理设施运行费用	万元	
27	4. 工业废水处理量	吨	
28	5. 工业废水排放量	吨	
29	其中：直接排入海的	吨	
30	排入污水处理厂的	吨	
31	7. 工业废水排放达标量	吨	
—	8. 工业废水中污染物去除量	—	—
32	(1) 化学需氧量	千克	
33	(2) 氨氮	千克	

代码 甲	指标名称 乙	计量单位 丙	本年实际 1
34	(3) 石油类	千克	
35	(4) 挥发酚	千克	
—	9. 工业废水中污染物排放量	—	—
36	(1) 化学需氧量	千克	
37	(2) 氨氮	千克	
38	(3) 石油类	千克	
39	(4) 挥发酚	千克	
	三、工业废气		
40	1. 废气治理设施数	套	
41	其中：脱硫设施数	套	
42	2. 废气治理设施处理能力	标立方米/时	
43	其中：脱硫设施脱硫能力	吨/年	
44	3. 废气治理设施运行费用	万元	
45	其中：脱硫设施运行费用	万元	
	四、工业固体废物		

代码 甲	指标名称 乙	计量单位 丙	本年实际 1
46	1. 工业固体废物产生量	吨	
47	(1) 粉煤灰	吨	
48	(2) 炉渣	吨	
49	(3) 煤矸石	吨	
50	(4) 脱硫石膏	吨	
51	2. 工业固体废物综合利用量	吨	
52	(1) 粉煤灰	吨	
53	(2) 炉渣	吨	
54	(3) 煤矸石	吨	
55	(4) 脱硫石膏	吨	
56	其中：综合利用往年贮存量	吨	
57	3. 工业固体废物贮存量	吨	
58	4. 工业固体废物处置量	吨	
59	其中：处置往年贮存量	吨	
60	5. 工业固体废物排放量	吨	

指标间关系：$5 \geq 28$、$28 \geq 29$、$28 \geq 30$、$28 \geq 31$、$40 \geq 41$、$44 \geq 45$、$46 = 47+48+49+50$、$46 = 51+57+58+60-56-59$、$51 = 52+53+54+55$、$51 \geq 56$、$58 \geq 59$。

环年基 1-2 表续表 2

代码	指标名称	计量单位	本年实际											
			合计	#1 机组	#2 机组	#3 机组	#4 机组	#5 机组	#6 机组	#7 机组	#8 机组	#9 机组	#10 机组
	五、机组情况													
61	1. 装机容量	万千瓦											
62	2. 锅炉吨位	蒸吨/时											
63	3. 发电量	万千瓦·时											
64	4. 供热量	兆焦											
65	5. 机组投产时间	年月											
66	6. 发电小时数	小时											
67	7. 发电标准煤耗	克/(千瓦·时)											
68	8. 煤炭消费量	万吨											
69	其中：发电消费量	万吨											
70	供热消费量	万吨											
71	9. 燃油消费量	吨											
72	其中：重油	吨											
73	柴油	吨											
74	10. 洁净燃气消耗量	万立方米											
75	11. 煤矸石消耗量	吨											
76	12. 废气排放量	万标立方米											
77	13. 出口烟气温度	℃											
78	14. 脱硝设施投产时间	年月											
79	15. 脱硫剂消耗量	吨											

指标间关系：68＝69＋70，71≥72＋73。

环年基 1-2 表续表 3

代码	指标名称	计量单位	合计	#1 机组	#2 机组	#3 机组	#4 机组	#5 机组	#6 机组	#7 机组	#8 机组	#9 机组	#10 机组
								本年实际					
80	16. 脱硫设施脱硫效率	%											
81	17. 投产时间：其中氨法	年月											
82	石灰/石膏法	年月											
83	炉内喷钙炉外增湿法	年月											
84	烟气循环硫化床法	年月											
85	循环硫化床锅炉炉内脱硫	年月											
86	其他方法	年月											
87	18. 二氧化硫排放浓度	毫克/标立方米											
88	19. 烟尘排放浓度	毫克/标立方米											
89	20. 氮氧化物排放浓度	毫克/标立方米											
90	21. 二氧化硫去除量	吨											
91	22. 二氧化硫排放量	吨											
92	其中：排放达标量	吨											
93	23. 氮氧化物去除量	吨											
94	24. 氮氧化物排放量	吨											
95	其中：排放达标量	吨											
96	25. 烟尘去除量	吨											
97	26. 烟尘排放量	吨											
98	其中：排放达标量	吨											

指标间关系：91≥92，94≥95，97≥98。

单位负责人：　　　　　　　统计负责人：　　　　　　　填表人：　　　　　　　报出日期：　200　年　月　日

工业企业排放废水、废气中污染物监测情况

200　年

表　号：环年（季）基 2 表
制表机关：国家环境保护总局
批准机关：国家统计局
批准文号：国统制（2006）47 号
有效期至：2008 年 11 月 3 日

企业法人代码：□□□□□□□□□-□（□□）
填报单位详细名称（公章）：

序号	监测日期（月，日）	废水排放口名称	废水流量/（吨/时）	工业废水排放量/（吨/月）	污染物/（毫克/升）									
					1		2		3		4		5	
					名称	浓度	名称	浓度	名称	浓度	名称	浓度	名称	浓度
1														
2														
3														
4														
5														
6														

说明：1. 如表格不够填写，请自行复印。不同监测时间的同一污染物在表中的位置应保持一致。
　　　2. 该表同时适用于季报监测。

单位负责人：　　　　　　　　　　　统计负责人：　　　　　　　　　　　填表人：　　　　　　　　　　　报出日期：　200　　年　　月　　日

工业企业排放废水、废气中污染物监测情况（续表）

表　号：环年（季）基2表
制表机关：国家环境保护总局
批准机关：国家统计局
批准文号：国统制〔2006〕47号
有效期至：2008年11月3日

企业法人代码：□□□□□□□□□-□（□□）

填报单位详细名称（公章）：

序号	监测日期（月、日）	排气监测点名称	废气流量（立方米/分钟）	工业废气排放量（万标立方米/月）	污染物（毫克/标立方米）									
					1		2		3		4		5	
					名称	浓度	名称	浓度	名称	浓度	名称	浓度	名称	浓度
1														
2														
3														
4														
5														
6														

说明：如表格不够填写，请自行复印。不同监测时间的同一污染物在表中的位置应保持一致。

单位负责人：　　　　　统计负责人：　　　　　填表人：　　　　　报出日期：200　年　　月　　日

工业企业污染治理项目建设情况

表　号：环年基 3 表
制表机关：国家环境保护总局
批准机关：国家统计局
批准文号：国统制〔2006〕47 号
有效期至：2008 年 11 月 3 日

企业法人代码：□□□□□□□□□-□（□□）
填报单位详细名称（公章）：

污染治理项目名称	治理类型	开工年月	建成投产年月	计划总投资/万元	至本年底累计完成投资/万元	本年完成投资及资金来源/万元					竣工项目设计或新增处理能力
						合计	排污费补助	政府其他补助	企业自筹	银行贷款	
甲	乙	1	2	3	4	5	6	7	8	9	10
合计	—	—	—								
（以下按项目分列）											

说明：1. 上年已竣工投入使用的项目不再填报，已纳入建设项目环境保护"三同时"管理的项目不填本表。

2. 治理类型代码：1-工业废水治理；2-燃料燃烧废气治理；3-工艺废气治理（含工业粉尘治理）；4-工业固体废物治理；5-噪声治理（含振动）；6-电磁辐射治理；7-放射性治理；8-污染搬迁治理；9-其他治理（含综合防治）。

3. 废水治理设计能力单位为吨/日，废气治理设计能力单位为标立方米/时，固体废物治理设计能力单位为吨/日，噪声治理填降低"分贝"值。

4. 指标间关系：4≥5，5=6+7+8，8≥9。

单位负责人：　　　　　　统计负责人：　　　　　　填表人：　　　　　　报出日期：200　年　月　日

危险废物集中处置厂运行情况

200 年

表　号：环年基 4 表
制表机关：国家环境保护总局
批准机关：国家统计局
批准文号：国统制（2006）47 号
有效期至：2008 年 11 月 3 日

企业法人代码：□□□□□□□□□-□（□□）

填报单位详细名称（公章）：_____

企业详细地址：_____

行政区划代码：□□□□□□

联系电话：

企业地理位置：中心经度 □°□'□"　中心纬度 □°□'□"

开业时间：□□□□年□□月　本年运行天数：□□□□天

危险废物主要种类：1___□□、2___□□、3___□□、4___□□、5___□□

代码	指标名称	计量单位	本年实际	代码	指标名称	计量单位	本年实际
甲	乙	丙	1	甲	乙	丙	1
1	1. 危险废物实际处置能力	吨/日		10	处置医疗废物量	吨	
2	其中：焚烧处置能力	吨/日		11	处置其他危险废物量	吨	
3	填埋处置能力	吨/日		12	3. 危险废物综合利用量	吨	
4	其中：当年新增焚烧处置能力	吨/日		—	4. 焚烧残渣流向	—	—
5	当年新增填埋处置能力	吨/日		13	焚烧残渣量	吨	
6	2. 危险废物处置量	吨		14	（1）焚烧残渣利用量	吨	
7	其中：焚烧量	吨		15	（2）焚烧残渣填埋量	吨	
8	填埋量	吨		16	5. 本年运行费用	万元	
9	其中：处置工业危险废物量	吨					

指标间关系：1=2+3, 2≥4, 3≥5, 1≥4+5, 1×本年运行天数≥6, 2×本年运行天数≥7, 3×本年运行天数≥8, 6=9+10+11, 7≥13, 13≥14+15。

单位负责人：　　　　统计负责人：　　　　填表人：　　　　报出日期：200 年　月　日

城市污水处理厂运行情况

200　年

表　号：环年基 5 表
制表机关：国家环境保护总局
批准机关：国家统计局
批准文号：国统制（2006）47 号
有效期至：2008 年 11 月 3 日

企业法人代码：□□□□□□□□□-□（□□）

填报单位详细名称（公章）：

企业详细地址：_____　　联系电话：

行政区划代码：□□□□□□　　企业地理位置：中心经度　°_'_"

　　　　　　　　　　　　　　　　　　　中心纬度　°_'_"

污水处理级别：1. 一级，2. 二级，3. 三级 □

污水处理方法：_____、_____

污水处理设施类型：1. 污水处理厂，2. 工业废水集中处理装置，3. 其他 □

开业时间：□□□□年 □□月

本年运行天数：□□□天

排水去向类型：□

受纳水体名称：□□□□□　□□□□□□

代码	指标名称	计量单位	本年实际
甲	乙	丙	1
1	1. 污水设计处理能力	吨/日	
2	2. 污水实际处理量	吨/日	
3	3. 污水年处理量	万吨	
4	其中：污水再生利用量	万吨	
5	4. 进水化学需氧量平均浓度	毫克/升	
6	5. 出水化学需氧量平均浓度	毫克/升	
7	6. 进水氨氮平均浓度	毫克/升	
8	7. 出水氨氮平均浓度	毫克/升	
9	8. 进水总磷平均浓度	毫克/升	

代码	指标名称	计量单位	本年实际
甲	乙	丙	1
10	9. 出水总磷平均浓度	毫克/升	
11	10. 污泥产生量	吨	
12	11. 污泥处置量	吨	
13	12. 污泥利用量	吨	
14	13. 污泥排放量	吨	
15	14. 本年运行费用	万元	
16	其中：政府补贴	万元	
17	收费	万元	
18	15. 耗电量	万度	

指标间关系：1≥2，3≥4，5≥6，7≥8，9≥10，11=12+13+14，15≥16+17。

单位负责人：　　　统计负责人：　　　填表人：　　　报出日期：200　年　月　日

医院污染排放及处理利用情况

200　年

表　号：环年基6表
制表机关：国家环境保护总局
批准机关：国家统计局
批准文号：国统制（2006）47号
有效期至：2008年11月3日

企业法人代码：□□□□□□□□-□（□□）
曾用名：
填报单位详细名称（公章）：□□□□□□
企业地理位置：中心经度　°　′　″
　　　　　　　中心纬度　°　′　″
详细地址：
行政区划代码：□□□□□□
开业时间：□□□□年□□月
医院等级：□
污水处理级别：1.一级，2.二级，3.三级　□
污水处理方法：□
排水去向：□□□□□□□□□
医疗废物处理处置方式：1.焚烧□　2.其他□

代码	指标名称	计量单位	本年实际
甲	乙	丙	1
1	1.床位数	张	
2	2.病床使用率	%	
3	3.门诊量	个	
4	4.废水处理设施数	套	
5	5.废水处理设施能力	吨/日	
6	6.废水处理设施运行费用	万元	
7	7.医疗废物处理设施数	套	
8	8.医疗废物处理设施运行费用	万元	

代码	指标名称	计量单位	本年实际
甲	乙	丙	1
9	9.用水量	吨	
10	10.废水处理量	吨	
11	11.废水排放量	吨	
12	其中：达标排放量	吨	
13	12.处理废水产生污泥量	吨	
14	13.化学需氧量排放量	千克	
15	14.氨氮排放量	千克	
16	15.余氯检出浓度年均值	毫克/升	

代码	指标名称	计量单位	本年实际
甲	乙	丙	1
17	16.粪大肠菌群检出浓度年均值	个/升	
18	17.医疗废物产生量	千克	
19	18.医疗废物处置量	千克	
20	其中：送往集中处置厂处置量	千克	
21	19.放射源数	枚	
22	20.集中管理的放射源数	枚	
23	退役放射源数	枚	

指标间关系：9≥11，11≥12，18≥19，19≥20，21≥22。

单位负责人：　　　　统计负责人：　　　　填表人：　　　　报出日期：200　年　月　日

附录 12

"十一五"环境统计技术要求

一、关于"十一五"环境统计报表制度的说明

一、工业污染源重点调查单位的筛选

现行报表制度规定，在原环境统计重点调查单位名录的基础上，以各地区排污申报登记工业污染源为总体样本，对其中重点调查单位进行筛选，补充到环境统计重点调查单位名录库中，避免原调查对象可能存在范围不全问题。具体筛选方法为：

（一）以现有排污申报登记库中所有工业污染源为总体（污染源普查后以普查数据库中工业污染源为总体），按个体单位排污量大小降序排列，筛选出占总排污量（固体废物以产生量计）85%以上的单位为重点调查单位。筛选项目为：废水、化学需氧量、氨氮、二氧化硫、烟尘、粉尘、固体废物等。只要其中有一项被筛选上，该企业就为重点调查单位。

（二）在上述筛选范围以外的，只要具备下述情况之一的，也应确定为重点调查单位：

1. 排放废水中有重金属类有害物质的企业；

2. 产生危险废物的企业。

（三）及时将上年度已通过竣工验收的建设项目纳入环境统计调查范围。

（四）由于种种原因未通过环保验收，但事实上已经进入生产或试生产的新建、改建、扩建企业，应当按照当年实际开工时间计算排污量，并将其纳入工业污染源重点调查单位的筛选范围。

（五）省、地、县级都要筛选辖区内重点调查单位，下级的重点调查企业名单中必须包括上级重点调查企业名单中位于本辖区内的企业。

按照污染源属地管理原则，一切重点调查单位，无论是中央级还是省属企业，都必须参加企业所在地的县（区）级环境统计调查。

（六）各地在对同行业乡镇企业的调查中可以采用企业群的调查方式弥补重点调查企业的不足。

二、工业污染源非重点调查单位数据的估算

（一）根据 85%重点调查企业汇总后的实际情况，估算非重点调查企业的排污数据。采取"比率估算"的方法，按重点调查单位总排污量变化的趋势（指与上年相比，排污量增加或减少的比率），等比或将比率略做调整，估算出调查年度非重点调查单位的排污量。

（二）估算环年综 1-2 表（各地区非重点调查表）中非重点调查企业的各项污染物原则上排放达标率不得大于重点调查企业相对应的各项数值。

三、氮氧化物排放量的统计

氮氧化物是"十一五"环境统计新增指标之一。

2005 年氮氧化物试统计结果表明，《2005 年全国氮氧化物排放统计工作方案》中确定的氮氧化物排放统计技术路线以及相关系数具有现实可行性，从 2006 年开始正式统计并将按照修改后的技术方案实施。

调查结果显示，铁路和航空氮氧化物排放比例较小（约 1.5%）。鉴于各地区铁路和航空燃料数据较难获得，因此，从 2006 年开始，氮氧化物排放量仅统计工业、生活和公路交通三部分排放，铁路和航空排放由国家宏观测算得到。对于工业企业氮氧化物排放量主要依靠实测数据获得，对于生活和公路交通氮氧化物排放量计算主要参考氮氧化物推荐排放系数方法。由于各地煤种和油品存在较大差异，各地应积极组织监测力量，研究出适合本地区的氮氧化物排放系数。

各地区应根据《2006 年全国氮氧化物排放统计技术要求》，认真研究和总结本地区氮氧化物排放量统计的方法，切实做好氮氧化物排放量统计工作。

四、计算污染物排放量方法的综合使用

常用的污染物排放量计算方法有实测法、物料衡算法和排放系数法三种。在实际运用中，应根据具体情况灵活选用。为保证计算数据准确地反映实际情况，必须遵循以下原则：

（一）凡安装自动在线监测设备（须由市级以上环境监测站按照质量控制要求标定的）并与当地环境监测站联网的单位，采用实时监测数据的汇总数作为排污量数据。

（二）未安装自动在线监测设备的单位，在采用实测法计算排污量时，为保证监测数据能够准确地反映实际情况，需多次测定样品取值，并经同级环境监测站认定。不要用 1～2 次监测数值来推算全年排污量。

（三）采用实测法计算的排污数据须与使用排放系数法计算的排污数据对照验证。如与排放系数法计算结果偏差较大，应进行验算和调整。尤其是二氧化硫排放量的计算，一定要与排放系数法计算结果相互验证。

五、工业废水中其他污染物排放量的统计

在企业填报的基表中，工业废水仅统计了 COD、氨氮、石油类、挥发酚、氰化物等几种污染物以及铅、汞等重金属的排放量，其他各种废水中污染物排放量未纳入环境统计报表中，但并不表示水中其他污染物不需要监测和控制。对于企业废水排放达标量的计算，要严格按照《地表水和污水监测技术规范》（HJ/T 91—2002）中要求，对于不同行业的必测项目，如企业污水处理厂处理后排放的废水中出现任何一项未达到排放标准的，无论其是否属于统计指标，该企业的排放废水均按不达标计。有多个排放口的企业，不同排放口的废水排放达标量可分别计算。

由于目前自动在线监测系统只能测定有限的几种污染物，可能无法提供企业所有必测项目的排放浓度数据，故排放废水是否达标需要依靠常规监测数据。如某次监测表明排放废水超标，则上溯到上次有效监测数据的整个时间段排放的废水量均计为不达标。对于在统计时段内不能提供有效监测数据的企业，其全部废水均计为不达标。

六、工业废水集中处理的达标量计算

对由专业治理污染单位进行污染物集中治理带来的污染源排放达标和排放量的计量问题，现作出以下界定：

企业单位的废水通过城镇下水道排入二级污水处理厂［包括工业区废（污）水集中处理装置］进行处理的，应根据污水处理厂处理后实际达到的浓度评价其是否达标。污水处理厂处理后排放的废水达到排放标准，则该企业的排放废水量计为达标水量；如污水处理厂处理后排放的废水未达到排放标准，则该企业的排放废水不能计为达标废水量。

同理，计算该企业产生废水中污染物的去除量和排放量，应以污水处理厂［包括工业区废（污）水集中处理装置］排放口的实际平均浓度为依据进行计算。

七、城镇生活污水排放及其处理

（一）《各地区生活及其他污染情况》（环年综 4 表）必须以区（县）为基本统计单位进行调查。

（二）城镇生活污水处理量和处理率

城镇生活污水的处理主要由污水处理厂承担，此外城市污水处理厂还负担着部分工业废水的集中处理。目前市政部门统计的污水处理厂污水处理量，未分出其中的城镇生活污水和工业废水的处理量各是多少，不能计算出城镇生活污水处理率。为较准确地反映我国城市生活污水的处理状况，现行环境统计制度对原有城市污水处理情况的统计方法做了进一步修改。计算过程如下图：

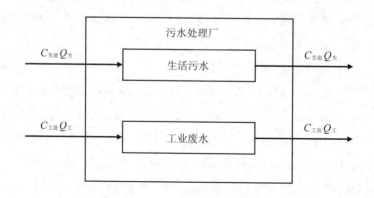

已知数：污水处理厂处理水量（$Q_厂$）、进出口浓度（$C_{厂进}$、$C_{厂出}$）；工业废水水量（$Q_工$）、工业废水进污水处理厂进口、出口浓度（$C_{工进}$、$C_{工出}$）。其中，$C_{工进}$是企业基 1 表中新增浓度字段，表征企业排入污水处理厂的相应污染物接管浓度。

求解：生活污水水量和污染物去除量。

生活污水处理量（$Q_生$）＝污水处理厂处理水量（$Q_厂$）－工业废水水量（$Q_工$）

生活污染物去除量（$Q_生 C_{生进} - Q_生 C_{生出}$）＝污水处理厂总去除量（$Q_厂 C_{厂进} - Q_厂 C_{厂出}$）－工业去除量（$Q_工 C_{工进} - Q_工 C_{工出}$）

式中：$C_{生出} = C_{工出} = C_{厂出}$

八、环境污染治理投资统计范围

环境污染治理投资包括三部分：工业污染源污染治理投资、建设项目"三同时"环保投资和城市环境基础设施建设投资。为正确反映国家在环境污染治理方面的投入，需正确界定各部分的统计范围，将真正属于环境保护设施建设的投资统计进来。

工业污染源污染治理投资是指没有被纳入建设项目"三同时"管理的污染治理项目投资，将其按年度进行统计汇总。

建设项目"三同时"环保投资是指已经明确纳入环境保护"三同时"管理的建设项目环保投资，这部分环保投资将在建设项目全部竣工验收后汇总到"三同时"项目环保投资中。

城市环境基础设施建设投资统计的范围包括污水处理工程建设、燃气工程建设、供热工程建设、园林绿化工程建设、垃圾处理工程建设五个行业及其他污染防治工程建设（包括城市噪声治理工程、电磁辐射污染防治工程等）投资等六个部分。

九、火电行业的统计

"十一五"报表制度将火电行业单列出来，分别设置了"火电企业污染排放及处理利用情况"（环年基 1-2 表）、"各地区火电行业污染排放及处理利用情况"（环年综 1-3 表），火电行业报表简化了废水和固体废物调查统计指标，加强了废气排放情况的调查统计，尤其细化了电厂分机组的调查指标，目的是加强对二氧化硫排放量的核查力度。因此，各地所有在役火电厂、供热厂、调查企业的自备电厂（供热车间），包括当年实际已试生产的火电企业，均应填报环年基 1-2 表。

独立火电企业只需填报环年基 1-2 表；自备电厂所在企业填报环年基 1-1 表时仍应包含自备电厂的数据。汇总时自备电厂数据只汇入环年综 1-3 表，不汇入环年综 1 表。

十、环境统计季报

按照环办函〔2006〕543 号文件关于实施《环境统计季报制度》的通知要求，从 2006 年第三季度开始，对环境质量、信访、建设项目管理、环境污染与破坏事故、排污收费的管理情况以及国控重点污染源污染物排放量实行季报制度。

对环境质量和环境管理季报数据的收集、汇总、上报等工作程序以及负责单位在相关文件中有明确规定。

本制度在环办函〔2006〕543号文基础上作了变动，对于季报中综合报表和基层报表工作重新明确如下：

（一）季报综合报表包括环季综1表，环季综1-1表和环季综1-2表。季报基层报表包括环季基1表和环年（季）基2表。

（二）环季综1-1由环季基1表的数据汇总而来。环季综1-2表由省级环境保护行政主管部门根据辖区内非重点调查工业企业情况进行综合测算填报。环季综1表由环季综1-1和环季综1-2汇总而来，并设置了本季实际数据和累计数据项。其中，第二季度和第四季度的累计数据将替代"十五"报表制度中的半年报和快报数据〔2006年年报数据仍然需要快报表（环年综快表）〕。

（三）环季基1表统计填报范围为国控重点污染源和各省补充的省控重点污染源（各省统计"国控重点源"排放量达不到本地工业排放量50%的地区，应筛选省控重点源加以补充）。其中，国控重点污染源指排污量占全国工业排污量65%以上的重点调查工业企业单位，其名单由国家环保总局商各省级环保局确定并下发。

（四）季报的核心是每季度对国控重点源逐个进行废水、废气的监测，并对其当季的生产情况、污染物处理设施进行检查，对该企业污染物排放量进行核定，以准确掌握国控重点源污染物排放的整体情况。

（五）季报基1表的调查方法为按照污染源属地管理原则，将国控（或省控）重点工业企业名单分解到市环保局，由市环境监测站对其按季度（或按月）进行监督性监测。由市环保局监察、污控、统计和监测部门共同组成污染源数据核定小组，根据监察等部门调查和掌握的企业生产、污染物处理设施的运行情况，并参考污染源自动在线监控系统的监测情况和企业自测数据，对监测站提供的污染源监测数据进行分析，对企业当季（或月）的排污总量进行核定。环保局核定后的企业排污总量数据作为排污收费、环境统计等环境管理的基础数据。国控重点工业企业污染物排放季报基1表以此为基础填报。

被调查企业配合环保局进行季报统计，并提交排污口自测报告（数据）、生产情况、设施运行记录等台账资料作为参考。

以上各方面规定，都已反映在统计报表制度中。各地区在贯彻执行中要结合本地实际正确理解，并及时发现和解决执行中的问题，使2006年的环境统计年报工作顺利执行。

二、"十一五"环境统计工作技术要求

一、对环境统计基表的技术要求

1. 各类代码需正确填写，企业法人代码、行业类别代码、排水去向类型代码、受纳水体代码、行政区代码等各类代码需完整无误填写。其中：

行政区代码必须按照《中华人民共和国行政区划代码》（GB/T 2260—2002）公布的 6 位数代码填写，不得出现以虚拟和非规范的行政区进行调查企业的汇总。

"行业类别"代码按《国民经济行业分类》（GB/T 4754—2002）填写。

排水去向类型代码按《排放去向代码表》进行填写，具体如下：A 直接进入海域；B 直接进入江河湖、库等水环境；C 进入城市下水道（再入江河、湖、库）；D 进入城市下水道（再入沿海海域）；E 进入城市污水处理厂；F 直接进入污灌农田；G 进入地渗或蒸发地；H 进入其他单位；L 工业废水集中处理厂；K 其他。

受纳水体名称指调查单位直接排入水体的名称（如××海、××沟、××河、××港、××江、××塘等）。各单位必须将排入的水体按照统一给定的编码填报，其中流域编码由 10 位数码组成，前 8 位是国家环境保护总局统一编制的，详见国家环境保护总局编制的《环境信息标准化手册（第 2 卷）》（中国标准出版社出版）；海域代码：1-渤海，2-黄海，3-东海，4-南海。

排入市政管网的则填最终排入的水体代码。

各地如有本编码未编入的小河流需统计使用，可由省、自治区、直辖市环保部门按照本编码的编码方法在相应的空码上继续编排，并可扩展至第 9～10 位。如无扩编码应在 9、10 位格内补"0"。

2. 企业台账需准确完整，企业台账主要指企业各类属性标识情况，如产品产量、单位，工业总产值，燃煤灰分，硫分，单位能耗量，单位水耗量，单位煤耗量等企业基本生产情况。

3. 企业报表规范填报，数据与单位要对应，指标单位符合统一要求。如数字小于规定单位，以"…"表示；数字是零时应写"0"，表格中的指标若无法取得数据，划"—"。

4. 注重指标间的逻辑关系是否合理，指标偏大偏小现象是否合理。

以上技术要求适用于环年基表和环季基表。

二、对环境统计综合年报的技术要求

1. 各地区环境统计部门需将本区最新的行政地区代码表随同数据库一起上报国家。行政地区代码表中当年更新的代码以单独的 Word 文件列出并上报国家，以便完成系统内代码的及时更新。若当年没有更新的代码，需在"年报编制说明"中注明。

2. 各地区上报的基表、综表数据库必须完整，特别是区县数据要齐全，因为河流、海域、两控区、三峡库区、南水北调等流域的数据从 2006 年起将由规划的区县数据汇总产生，缺失的区县必须在"年报编制说明"中注明（建议区县完整性检查方法：将本区最新的行政区代码库与数据库中的区县进行对比），数据的完整性将严格按此要求考核。

三、"十一五"全国环境统计数据审核技术要求

一、各类属性代码准确性审核

核查企业法人代码、行业代码、排水去向代码、行政区代码、受纳水体代码等是否填写完整无误。

二、企业环境统计报表数据准确性的审核

1. 核查企业提供的台账准确完整。主要从企业各类属性标识情况，产品产量、单位，工业总产值，燃煤灰分、硫分、单位能耗量、单位水耗量、单位煤耗量等企业基本生产情况进行重点审核。

2. 核查报表填报是否规范，数据与单位是否对应，指标单位是否符合统一要求。如表格中的指标项有无空缺；表格中的指标若无法取得数据，划"—"；是零时应写"0"，这里的"0"是数字为零，不表明无法取得数字。

3. 根据企业生产工艺类型及污染治理设施情况判别企业污染物产生浓度、排放浓度以及污染物去除效率是否合理。如某企业污水处理设施运转情况、废水排放量、达标量与往年相同，但 COD 排放量差异很大；或者企业的污水处理设施因故停运，但废水达标量和 COD 排放量与设施正常运转时一样，均可视为不合理。

4. 填报指标偏大或偏小的，应重点审核。如环保治理设施处理能力和运行费用偏大或偏小；消耗吨煤的 SO_2、烟尘产生量偏大或偏小；水泥行业吨产品工业粉尘产生量偏大或偏小等。

5. 存在下列不符合逻辑关系的请重点审核：

有废水处理设施，运行费用而无污染物去除量或无废水处理设施却有污染物去除量的情况；

无污水处理厂，但在基 1 表中有排入污水处理厂的工业废水排放量的情况（排入外区污水处理厂的除外）；

有"废水排放量"却无废水中污染物排放量的情况；

存在有燃料煤消耗，但无燃烧废气、SO_2、烟尘、炉渣产生量的现象；

存在无燃料煤、燃料油和燃气，但有废气及污染物产生量的情况；

存在有处理设施、处理能力和运行费用，却无污染物去除量现象；无处理设施，却有

污染物去除量的现象；

存在有脱硫设施，无 SO_2 去除量或 SO_2 去除率小于 40% 的现象，存在无脱硫设施，有 SO_2 去除量或 SO_2 去除率大于 40% 的现象；

存在有烟尘去除量无粉煤灰产生量的现象；

存在废水（气）治理设施数、废水（气）治理设施运行费、废水（气）治理设施处理能力 3 个指标间的逻辑关系及变化趋势不一致的现象；

存在有"原料煤消费量"而无"生产工艺过程中废气及废气污染物排放量"的情况；

存在有工业锅炉或工业炉窑却没有废气及污染物排放量的情况。

6. 企业工业废水，工业 COD 和氨氮，工业二氧化硫、烟尘和粉尘，工业固体废物排放量等主要污染物排放量是否存在过大过小现象，并进行纵向比较，变化幅度过大的应重点审核，如工业废水排放量原则上应是新鲜用水量的 75%～85%。

三、各级环境统计汇总数据准确性的审核

1. 上报数据是否有责任性或技术性错误。如单位混淆，小数点错误。

2. 上报数据指标间的逻辑关系是否有误。如环年综 1 表"排入污水处理厂的工业废水量"应与环年综 4 表中"处理工业废水量"相符，综 6 表中城镇生活污水处理量应与综 4 表中（污水年处理量－处理工业废水量）相符；

3. 通过平均浓度计算审核数据。如计算出各地区污染物平均排放浓度，根据该地区的工业结构，再对照排放标准，判定其主要数据是否合理；不同地区之间同一类行业的平均排放水平是否存在较大差异。

4. 采用监测（含自动在线监测）数据核查统计数据。用污染源监测提供的废气、废水流量和污染物浓度等监测数据核查统计数据。

5. 用产品产量排放系数审核统计数据。如根据生产过程中单位产品的经验排放系数进行计算、审核污染物的排放量。这种计算方法的关键在于取得不同生产工艺，不同生产规模下的准确的单位产品经验排放系数。

6. 环境统计数据与地区经济发展趋势是否协调，与统计部门公布的相关产品产量数据是否符合逻辑对应关系。如对火电、水泥、钢铁等行业，检查环境统计数据中行业的产品产量与政府统计部门对外公布的产品产量是否大致相等、根据吨产品产量审核主要污染物（二氧化硫、烟尘、粉尘等）排放量。

7. 核查填报数据与物料衡算数据之间的差别是否较大。如根据燃煤灰分、硫分以及燃料煤消耗量判定烟尘和二氧化硫产生量以及炉渣和粉煤灰产生量是否合理。

附录 13

"十二五"环境统计年报制度

环境统计报表制度

中华人民共和国环境保护部制定

中华人民共和国国家统计局批准

2011 年 12 月

一、总说明

（一）为了解全国环境污染排放及治理情况，为各级政府和环境保护行政主管部门制定环境保护政策和计划、实施主要污染物排放总量控制、加强环境监督管理和污染防治提供依据，依照《中华人民共和国统计法》的规定，特制定本报表制度。

（二）调查范围

本报表制度按报告期分为年报制度和定期报表制度。年报制度的实施范围为有污染物排放的工业企业、农业源、城镇生活源、机动车，以及实施污染物集中处置的污水处理厂、生活垃圾处理厂（场）、危险废物（医疗废物）集中处理（置）厂等。

1. 工业企业污染排放及处理利用情况的年报范围为有污染物产生或排放的工业企业。

2. 工业企业污染防治投资情况的年报范围为没有纳入"三同时"项目管理的老工业源施工的污染治理投资项目，以及当年完成"三同时"环保验收的工业类建设项目。

3. 农业源污染排放及处理利用情况的年报范围为畜禽养殖、水产养殖、种植的废水污染物排放。

4. 城镇生活污染情况的年报范围为城镇的生活污水排放以及除工业生产、建筑、交通运输以外的生活及其他活动所排放的废气中的污染物。

5. 机动车的年报范围为载客汽车、载货汽车、三轮汽车及低速载货汽车、摩托车等机动车的废气污染物排放。

6. 生产及生活中产生的污染物实施集中处理处置情况的年报范围为污水处理厂、生活垃圾处理厂（场）、危险废物（医疗废物）集中处理（置）厂。

（三）调查方法

1. 工业企业污染排放及处理利用情况年报的调查方法为对重点调查单位逐个发表填报汇总，对非重点调查单位的排污情况实行整体估算。

重点调查工业企业是指主要污染物排放量占各地区（以地、市级行政区域为基本单元）全年排放总量85%以上的工业企业。

重点调查单位的筛选原则为：（1）废水、化学需氧量、氨氮、二氧化硫、氮氧化物、烟（粉）尘排放量及工业固体废物产生量满足定义要求。（2）有废水或废气重金属（砷、镉、铅、汞、六价铬或总铬）产生的工业企业，有危险废物产生的工业企业等。

非重点调查单位的估算方法：以地市级行政单位为基本单元，根据重点调查企业汇总后的实际情况，估算非重点调查单位的相关数据，并将估算数据分解到所辖各县（市、区、旗）。估算方法采取：①排放系数法。结合非重点调查单位的产品、产量等数据，运用排放系数法计算得出非重点调查单位的排污量数据。同时，使用非重点调查单位的排污量占总排污量的比例进行审核，并酌情修正数据。②比率估算法。当无法使用产品、产量等数据进行估算时，按重点调查单位排污量变化的趋势，等比或将比率略做调整，估算出调查年度非重点调查单位的排污量。③总量估算法。参照辖区内当年人口数量、GDP 或工业增加值、能源消费量等数据的变化情况核定的排污总量，调整统计调查年度非重点调查单位的排污量。

2．工业企业污染防治投资情况年报的调查方法为对有未纳入"三同时"项目管理的老工业源施工的污染治理投资项目，或有当年完成"三同时"环保验收的工业类建设项目的工业企业逐个发表填报汇总。

3．农业污染排放及处理利用情况年报中畜禽养殖业的调查方法为对规模化养殖场和养殖小区逐个发表调查养殖量、养殖方式和污染处理、处置情况，并结合相关基础数据和技术参数进行排放估算；水产养殖业、种植业和规模以下的畜禽养殖业调查方法为依据相关基础数据和技术参数进行估算。

4．城镇生活污染排放及处理情况年报的调查方法为依据城镇人口、能源消费量等相关基础数据和技术参数进行估算。

5．机动车污染排放情况年报的调查方法为依据相关基础数据和技术参数进行估算。

6．生产及生活中产生的污染物的集中处理处置情况年报的调查方法为对集中处理处置单位逐个发表填报汇总，包括污水处理厂、生活垃圾处理厂（场）、危险废物（医疗废物）集中处理（置）厂。

污水处理厂统计范围为所有集中式污水处理设施，包括城镇污水处理厂、工业废水集中处理厂（不包括企业内部废水处理厂）、其他的污水集中处理厂。

（四）报告期及报送时间

1．年报报表的报告期为当年的 1 月至 12 月。报送时间为次年的 3 月 31 日前。

（五）资料来源和报送内容及方式

1．资料来源

（1）工业污染排放及处理利用情况统计资料根据基层年报表"工业企业污染排放及处理利用情况""火电企业污染排放及处理利用情况""水泥企业污染排放及处理利用情况""钢铁企业污染排放及处理利用情况""造纸企业污染排放及处理利用情况"，以及综合年报表"非重点调查工业污染排放及处理情况"的数据汇总。

（2）工业污染防治投资情况统计资料根据基层年报表"工业企业污染防治投资情况"汇总。

（3）农业污染排放及处理利用情况中发表调查规模化畜禽养殖场/小区情况统计资料根据基层年报表"规模化畜禽养殖场/小区污染排放及处理利用情况"汇总。

（4）城镇生活污染排放及处理情况统计资料来源于基层年报表"污水处理厂运行情况"和综合年报表"各地区城镇生活污染排放及处理情况"的数据汇总。

（5）城市污水处理情况统计资料根据基层年报表"污水处理厂运行情况"汇总。

（6）垃圾处理情况统计资料根据基层年报表"生活垃圾处理场（厂）运行情况"汇总。

（7）危险废物（医疗废物）集中处置情况统计资料根据基层年报表"危险废物（医疗废物）集中处（理）置厂运行情况"汇总。

2．报送内容及方式

（1）各地区报送的年报资料，其中全部数据库资料［基层表和综合表（包括县、市、省各级）］通过环保专网上报；年报打印表、数据逻辑校验打印表及年报编制说明等文本材料用邮寄的方式报送。

（2）各地区报送的定期报表资料，其中全部数据库资料［基层表和综合表（包括市、省各级）］通过环保专网上报；打印表、工作总结等文本材料用邮寄的方式报送。

（六）本报表制度实行全国统一的统计分类标准和代码，各填报单位和各级环保部门必须贯彻执行。各省级环境保护部门可根据需要在本表式中增加少量指标，但不得打乱原指标的排序和改变统一编码。

（七）本报表制度由各地区环境保护部门统一布置，统一组织实施。

二、报表目录

表号	表名	报告期别	填报范围	报送单位	报送日期及方式	页码
			（一）综合年报表			
综100表	各地区污染物排放总量	年报	县级及以上各级行政区	各地区环境保护厅（局）	次年3月31日前	6
综101表	各地区工业污染排放及处理利用情况	年报	县级及以上各级行政区	各地区环境保护厅（局）	次年3月31日前	10
综102表	各地区重点调查工业污染排放及处理利用情况	年报	县级及以上各级行政区	各地区环境保护厅（局）	次年3月31日前	14
综103表	各地区火电行业污染排放及处理利用情况	年报	县级及以上各级行政区	各地区环境保护厅（局）	次年3月31日前	16
综104表	各地区水泥行业污染排放及处理利用情况	年报	县级及以上各级行政区	各地区环境保护厅（局）	次年3月31日前	17
综105表	各地区钢铁冶炼行业污染排放及处理利用情况	年报	县级及以上各级行政区	各地区环境保护厅（局）	次年3月31日前	19
综106表	各地区制浆及造纸行业污染排放及处理利用情况	年报	县级及以上各级行政区	各地区环境保护厅（局）	次年3月31日前	21
综107表	各地区工业企业污染防治投资情况	年报	县级及以上各级行政区	各地区环境保护厅（局）	次年3月31日前	23
综108表	各地区非重点调查工业污染排放及处理利用情况	年报	县级及以上各级行政区	各地区环境保护厅（局）	次年3月31日前	24
综201表	各地区农业污染排放及处理利用情况	年报	县级及以上各级行政区	各地区环境保护厅（局）	次年3月31日前	26
综301表	各地区城镇生活污染排放及处理情况	年报	市级及以上各级行政区	各地区环境保护厅（局）	次年3月31日前	27

表号	表名	报告期别	填报范围	报送单位	报送日期及方式	页码
综302表	各地区县（市、区、旗）城镇生活污染排放及处理情况	年报	市级行政区	各地区环境保护厅（局）	次年3月31日前	28
综401表	各地区机动车污染源基本情况	年报	市级及以上各级行政区	各地区环境保护厅（局）	次年3月31日前	29
综402表	各地区机动车污染排放情况	年报	市级及以上各级行政区	各地区环境保护厅（局）	次年3月31日前	31
综501表	各地区城市污水处理情况	年报	县级及以上各级行政区	各地区环境保护厅（局）	次年3月31日前	33
综502表	各地区垃圾处理情况	年报	县级及以上各级行政区	各地区环境保护厅（局）	次年3月31日前	35
综503表	各地区危险废物（医疗废物）集中处置情况	年报	县级及以上各级行政区	各地区环境保护厅（局）	次年3月31日前	36
综601表	各地区环境管理情况	年报	县级及以上各级行政区	各地区环境保护厅（局）	次年3月31日前	38
（二）基层年报表						
基101表	工业企业污染排放及处理利用情况	年报	辖区内有污染物排放的重点调查工业企业	重点调查工业企业	各省、自治区、直辖市按有关要求自定	43
基102表	火电企业污染排放及处理利用情况	年报	辖区内行业代码为4411的所有在役火电厂、热电联产企业及工业企业的自备电厂	火电厂、热电联产企业及有自备电厂的工业企业	各省、自治区、直辖市按有关要求自定	47
基103表	水泥企业污染排放及处理利用情况	年报	辖区内行业代码为3011有熟料生产工序的水泥企业	水泥企业	各省、自治区、直辖市按有关要求自定	49
基104表	钢铁冶炼企业污染排放及处理利用情况	年报	辖区内有烧结/球团、炼焦、炼钢、炼铁等其中任一工序的钢铁企业	钢铁冶炼企业	各省、自治区、直辖市按有关要求自定	51
基105表	制浆及造纸企业污染排放及处理利用情况	年报	辖区内行业中类代码为221和222的制浆、造纸企业	制浆、造纸企业	各省、自治区、直辖市按有关要求自定	53
基106表	工业企业污染防治投资情况	年报	辖区内重点调查对象中调查年度内有污染治理投资项目、工程的企业	有污染治理投资项目、工程的重点调查企业	各省、自治区、直辖市按有关要求自定	54
基201表	规模化畜禽养殖场/小区污染排放及处理利用情况	年报	辖区内规模化畜禽养殖场和养殖小区	规模化畜禽养殖场/小区	各省、自治区、直辖市按有关要求自定	55
基501表	污水处理厂运行情况	年报	辖区内城镇污水处理厂及污水集中处理装置	城镇污水处理厂及污水集中处理装置	各省、自治区、直辖市按有关要求自定	56
基502表	生活垃圾处理厂（场）运行情况	年报	辖区内生活垃圾处理厂（场）	生活垃圾处理厂（场）	各省、自治区、直辖市按有关要求自定	58
基503表	危险废物（医疗废物）集中处（理）置厂运行情况	年报	辖区内危险废物（医疗废物）集中处（理）置厂	危险废物（医疗废物）集中处（理）置厂	各省、自治区、直辖市按有关要求自定	61

三、调查表式

（一）综合年报表

（本表式仅列出需调查对象填报的报表，未列出经软件汇总得到的报表）

各地区非重点调查工业污染排放及处理利用情况

表　　号：综 108 表
制定机关：环境保护部
批准机关：国家统计局

行政区划代码：□□□□□□

批准文号：国统制〔2011〕134 号

综合机关名称：　　　　　　20　年

有效期至：2013 年 12 月

指标名称	计量单位	代码	非重点测算量	非重点比例/%
甲	乙	丙	1	2
一、工业废水				
工业用水总量	万吨	1		
其中：取水量	万吨	2		
重复用水量	万吨	3		
工业废水排放量	万吨	4		
其中：排入污水处理厂	万吨	5		
工业废水中化学需氧量排放量	吨	6		
工业废水中氨氮排放量	吨	7		
二、工业废气				
煤炭消耗量	万吨	8		
其中：燃料煤消耗量	万吨	9		
二氧化硫排放量	吨	10		
氮氧化物排放量	吨	11		
烟（粉）尘排放量	吨	12		
三、工业固体废物				
一般工业固体废物产生量	万吨	13		
一般工业固体废物综合利用量	万吨	14		
一般工业固体废物综合利用率	万吨	15		
一般工业固体废物处置量	万吨	16		
一般工业固体废物贮存量	万吨	17		
一般工业固体废物倾倒丢弃量	万吨	18		

单位负责人：　　　　　审核人：　　　　　填表人：　　　　　填表日期：20　年　月　日

各地区城镇生活污染排放及处理情况

表　　号：综　301 表
制定机关：环境保护部
批准机关：国家统计局
批准文号：国统制〔2011〕134 号
有效期至：2013 年 12 月

行政区划代码：□□□□□□

综合机关名称：　　　　　　　20　年

指标名称	计量单位	代码	本年实际
甲	乙	丙	1
城镇人口	万人	1	
煤炭消费总量	万吨	2	
其中：生活煤炭消费量	万吨	3	
生活天然气消费量	万立方米	4	
生活燃煤平均含硫量	%	5	
生活燃煤平均灰分	%	6	
生活用水总量	万吨	7	
其中：居民家庭用水总量	万吨	8	
公共服务用水总量	万吨	9	
城镇生活污水排放系数	升/（人·日）	10	
城镇生活污水排放量	万吨	11	
生活化学需氧量产生量	吨	12	
生活化学需氧量去除量	吨	13	
其中：核定新增生活化学需氧量去除量	吨	14	
生活化学需氧量排放量	吨	15	
生活氨氮产生量	吨	16	
生活氨氮去除量	吨	17	
其中：核定新增生活氨氮去除量	吨	18	
生活氨氮排放量	吨	19	
总氮产生量	吨	20	
总磷产生量	吨	21	
油类（含动植物油）产生量	吨	22	
二氧化硫排放量	吨	23	
氮氧化物排放量	吨	24	
烟尘排放量	吨	25	

注：以"万元"为计量单位的指标允许保留一位小数，以"吨"为计量单位的指标允许保留整数，其余均保留两位小数。

指标间关系：7＝8＋9，15＝12-13，19＝16-17。

单位负责人：　　　　　审核人：　　　　　填表人：　　　　　填表日期：20　年　　月　　日

各地区县（市、区、旗）城镇生活污染排放及处理情况

表　　号：综 302 表
制定机关：环境保护部
批准机关：国家统计局

行政区划代码：□□□□□□

批准文号：国统制〔2011〕134 号
有效期至：2013 年 12 月

综合机关名称：　　　　　　　　　　20　　年

行政区名称	行政区代码	城镇人口/万人	煤炭消费总量/万吨	生活煤炭消费量/万吨	生活天然气消费量/万立方米	生活用水总量/万吨	污水排放量/万吨
甲	乙	1	2	3	4	5	6

注：1. 按照所辖县（市、区、旗）分行填写，县（市、区、旗）加和数等于地市级数据。

2. 以"万元"为计量单位的指标允许保留一位小数，以"吨"为计量单位的指标允许保留整数，其余均保留两位小数。

综 302 表续表（一）

行政区名称	行政区代码	生活污水中主要污染物产生量/吨					生活主要污染物排放量/吨				
		化学需氧量	氨氮	总氮	总磷	油类	化学需氧量	氨氮	二氧化硫	氮氧化物	烟尘
甲	乙	7	8	9	10	11	12	13	14	15	16

注：1. 按照所辖县（市、区、旗）分行填写，县（市、区、旗）加和数等于地市级数据。

2. 以"万元"为计量单位的指标允许保留一位小数，以"吨"为计量单位的指标允许保留整数，其余均保留两位小数。

单位负责人：　　　　　审核人：　　　　　填表人：　　　　　填表日期：20　年　月　日

各地区机动车污染源基本情况

表　　号：综401表
制定机关：环境保护部
批准机关：国家统计局
批准文号：国统制〔2011〕134号
有效期至：2013 年 12 月

行政区划代码：□□□□□□

综合机关名称：　　　　　　20　年

车辆类型	使用性质	燃料种类	新注册车辆数/辆 排放标准				转入车辆数/辆 排放标准						注销车辆数/辆 排放标准						转出车辆数/辆 排放标准					
			国2	国3	国4	国5	国0	国1	国2	国3	国4	国5	国0	国1	国2	国3	国4	国5	国0	国1	国2	国3	国4	国5
载客汽车	微型 出租车	汽油																						
		其他																						
	微型 其他	汽油																						
		其他																						
	小型 出租车	汽油																						
		柴油																						
		其他																						
	小型 其他	汽油																						
		柴油																						
		其他																						
	中型 公交车	汽油																						
		柴油																						
		其他																						
	中型 其他	汽油																						
		柴油																						
		其他																						
	大型 公交车	汽油																						
		柴油																						
		其他																						
	大型 其他	汽油																						
		柴油																						
		其他																						

综401表续表（一）

车辆类型	使用性质	燃料种类	新注册车辆数/辆 排放标准				转入车辆数/辆 排放标准						注销车辆数/辆 排放标准						转出车辆数/辆 排放标准					
			国2	国3	国4	国5	国0	国1	国2	国3	国4	国5	国0	国1	国2	国3	国4	国5	国0	国1	国2	国3	国4	国5
载货汽车	微型	汽油																						
		柴油																						
	轻型	汽油																						
		柴油																						
	中型	汽油																						
		柴油																						
	重型	汽油																						
		柴油																						
低速载货汽车	三轮汽车																							
	低速货车																							
摩托车	普通摩托车																							
	轻便摩托车																							

单位负责人：　　　　审核人：　　　　填表人：　　　　填表日期：20　年　月　日

综401表续表（二）

减排措施	总颗粒物/吨	氮氧化物/吨	一氧化碳/吨	碳氢化合物/吨
车用油品升级新增削减量				
加强机动车管理新增削减量				

（二）基层年报表

工业企业污染排放及处理利用情况

表　　号：基 101 表

制定机关：环境保护部

组织机构代码：□□□□□□□□-□（□□）

填报单位详细名称（公章）：

曾用名：　　　　　　　　　　20　年

批准机关：国家统计局

批准文号：国统制〔2011〕134 号

有效期至：2013 年 12 月

工业企业基本情况	
1. 法定代表人	
2. 行政区划代码	□□□□□□
3. 详细地址	＿＿＿＿＿省（自治区、直辖市）＿＿＿＿＿地区（市、州、盟） ＿＿＿＿＿县（区、市、旗）＿＿＿＿＿乡（镇） ＿＿＿＿＿街（村）、门牌号
4. 企业地理位置	中心经度/中心纬度　＿＿＿°＿＿＿′＿＿＿″/＿＿＿°＿＿＿′＿＿＿″
5. 联系方式	电话号码：□□□□-□□□□□□□□　联系人：＿＿＿＿＿＿ 传真号码：□□□□□□□□　邮政编码：□□□□□□
6. 登记注册类型	□□□ （按企业登记注册类型填相应代码）
7. 企业规模	1 大型　2 中型　3 小型　4 微型　□
8. 所属集团公司	1 国家电网　2 华能　3 大唐　4 华电 5 国电　6 中电投　7 中石油　8 中石化　　□
9. 行业类别	行业名称：＿＿＿＿＿＿　行业代码：□□□□
10. 开业时间	□□□□年□□月
11. 所在流域	流域名称：＿＿＿＿＿＿　流域代码：□□□□□□□□□□
12. 排水去向类型	排水去向类型：＿＿＿＿＿＿　排水去向代码：　□
13. 排入的污水处理厂	排入的污水处理厂名称：＿＿＿＿＿＿＿＿＿＿ 排入的污水厂处理代码：□□□□□□□□-□（□□）
14. 受纳水体	受纳水体名称：＿＿＿＿＿＿＿＿＿＿ 受纳水体代码：□□□□□□□□□

指标名称	计量单位	代码	本年实际	指标名称	计量单位	代码	本年实际
甲	乙	丙	1	甲	乙	丙	1
一、企业基本情况				二、工业废水			
工业总产值（当年价格）	万元	1		废水治理设施数	套	31	
年正常生产时间	小时	2		废水治理设施处理能力	吨/日	32	
工业用水量	吨	3		废水治理设施运行费用	万元	33	
其中：取水量	吨	4		工业废水处理量	吨	34	
重复用水量	吨	5		工业废水排放量	吨	35	
煤炭消耗量	吨	6		其中：直接排入环境的	吨	36	
其中：燃料煤消耗量	吨	7		排入污水处理厂的	吨	37	
燃料煤平均含硫量	%	8		排入污水处理厂的化学需氧量浓度	毫克/升	38	
燃料煤平均灰分	%	9		排入污水处理厂的氨氮浓度	毫克/升	39	
燃料煤平均干燥无灰基挥发分	%	10		排入污水处理厂的石油类浓度	毫克/升	40	
燃料油消耗量（不含车船用）	吨	11		化学需氧量产生量	吨	41	
燃料油平均含硫量	%	12		化学需氧量排放量	吨	42	
焦炭消耗量	吨	13		氨氮产生量	吨	43	
焦炭平均含硫量	%	14		氨氮排放量	吨	44	
焦炭平均灰分	%	15		石油类产生量	吨	45	
天然气消耗量	万立方米	16		石油类排放量	吨	46	
其他燃料消耗量	吨标准煤	17		挥发酚产生量	千克	47	
用电量	万千瓦·时	18		挥发酚排放量	千克	48	
工业锅炉数	台/蒸吨	19		氰化物产生量	千克	49	
其中：35 蒸吨及以上的	台/蒸吨	20		氰化物排放量	千克	50	
20（含）～35 蒸吨之间的	台/蒸吨	21		铅产生量	千克	51	
10（含）～20 蒸吨之间的	台/蒸吨	22		铅排放量	千克	52	
10 蒸吨以下的	台/蒸吨	23		汞产生量	千克	53	
工业窑炉数	座	24		汞排放量	千克	54	
主要原辅材料用量	—	—	—	镉产生量	千克	55	
（1）		25		镉排放量	千克	56	
（2）		26		六价铬产生量	千克	57	
（3）		27		六价铬排放量	千克	58	
主要产品生产情况	—	—	—	总铬产生量	千克	59	
（1）		28		总铬排放量	千克	60	
（2）		29		砷产生量	千克	61	
（3）		30		砷排放量	千克	62	

指标名称	计量单位	代码	本年实际	指标名称	计量单位	代码	本年实际
甲	乙	丙	1	甲	乙	丙	1
三、工业废气				—	—	—	—
工业废气排放量	万立方米	63		主要脱硝剂消耗情况	吨	80	
废气治理设施数	套	64		二氧化硫产生量	吨	81	
其中：脱硫设施数	套	65		二氧化硫排放量	吨	82	
脱硝设施数	套	66		氮氧化物产生量	吨	83	
除尘设施数	套	67		氮氧化物排放量	吨	84	
废气治理设施处理能力	立方米/时	68		烟（粉）尘产生量	吨	85	
其中：脱硫设施处理能力	立方米/时	69		烟（粉）尘排放量	吨	86	
脱硝设施处理能力	立方米/时	70		铅产生量	千克	87	
除尘设施处理能力	立方米/时	71		铅排放量	千克	88	
废气治理设施运行费用	万元	72		汞产生量	千克	89	
其中：脱硫设施运行费用	万元	73		汞排放量	千克	90	
脱硝设施运行费用	万元	74		镉产生量	千克	91	
除尘设施运行费用	万元	75		镉排放量	千克	92	
主要脱硫剂消耗情况	—	—	—	六价铬产生量	千克	93	
（1）	吨	76		六价铬排放量	千克	94	
（2）	吨	77		总铬产生量	千克	95	
脱硫副产物产生情况	—	—	—	总铬排放量	千克	96	
（1）	吨	78		砷产生量	千克	97	
（2）	吨	79		砷排放量	千克	98	

基 101 表续表（三）

指标名称	计量单位	代码	本年实际					
甲	乙	丙	1					
四、工业固体废物			合计	1#	2#	3#	4#	5#
一般工业固体废物名称	—	99	—					
一般工业固体废物代码	—	100	—					
一般工业固体废物产生量	吨	101						
一般工业固体废物综合利用量	吨	102						
其中：综合利用往年贮存量	吨	103						
一般工业固体废物处置量	吨	104						
其中：处置往年贮存量	吨	105						
一般工业固体废物贮存量	吨	106						
一般工业固体废物倾倒丢弃量	吨	107						
危险废物名称	—	108	—					
危险废物代码	—	109	—					
危险废物产生量	吨	110						
危险废物综合利用量	吨	111						
其中：综合利用往年贮存量	吨	112						
送外单位综合利用量	吨	113						
其中：送持证单位综合利用量	吨	114						
危险废物处置量	吨	115						
其中：处置往年贮存量	吨	116						
送外单位处置量	吨	117						
其中：送持证单位处置量	吨	118						
危险废物贮存量	吨	119						
危险废物倾倒丢弃量	吨	120						
内部综合利用/处置方式	—	121						
内部年综合利用/处置能力	吨	122						

注：如需填报的固体废物种类超过 5 种可自行复印表格填写。

指标间关系：3＝4＋5，6≥7，19＝20＋21＋22＋23，35＝36＋37，64≥65＋66＋67，68≥69＋70＋71，72≥73＋
74＋75，101＝102-103＋104-105＋106＋107，102≥103，104≥105。

单位负责人：　　　　审核人：　　　　填表人：　　　　填表日期：20　年　月　日

火电企业污染排放及处理利用情况

表　号：基 102 表
制定机关：环境保护部
批准机关：国家统计局
批准文号：国统制〔2011〕134 号
有效期至：2013 年 12 月

组织机构代码：□□□□□□□□-□（□□）

填报单位详细名称（公章）：

是否为企业自备电厂：是□　否□　　20　年

指标名称	计量单位	代码	本年实际						
甲	乙	丙	机组 1	机组 2	机组 3	机组 4	机组 5	机组 6	机组 7
编号	—	1							
装机容量	万千瓦	2							
锅炉额定蒸发量	蒸吨/时	3							
机组投产时间	××年××月	4							
发电设备利用小时数	小时	5							
发电量	万千瓦·时	6							
供热量	万吉焦	7							
发电标准煤耗	克/（千瓦·时）	8							
燃料煤消耗量	万吨	9							
其中：发电消耗量	万吨	10							
供热消耗量	万吨	11							
燃料煤平均含硫量	%	12							
燃料煤平均灰分	%	13							
燃料煤平均干燥无灰基挥发分	%	14							
燃料煤平均低位发热量	千焦/千克	15							
燃料煤平均含碳量	%	16							
燃料油消耗量	吨	17							
燃料油平均含硫量	%	18							
天然气消耗量	万立方米	19							
煤气消耗量	万立方米	20							
煤气中平均硫化氢浓度	毫克/立方米	21							
煤矸石消耗量	吨	22							
煤矸石平均含硫量	%	23							
煤矸石平均灰分	%	24							
其他燃料消耗量	吨标准煤	25							
其他燃料折标系数	—	26							
脱硫设施投产时间	年月	27							
脱硫工艺名称	—	28							

基 102 表续表（一）

指标名称	计量单位	代码	本年实际						
甲	乙	丙	机组 1	机组 2	机组 3	机组 4	机组 5	机组 6	机组 7
主要脱硫剂名称	—	29							
主要脱硫剂消耗量	吨	30							
脱硫设施脱硫效率	%	31							
脱硫设施投运率	%	32							
脱硫副产物产生量	吨	33							
脱硝设施投产时间	××年××月	34							
脱硝工艺名称	—	35							
脱硝设施脱硝效率	%	36							
脱硝设施投运率	%	37							
主要脱硝剂名称	—	38							
主要脱硝剂消耗量	吨	39							
除尘设施投产时间	××年××月	40							
除尘工艺名称	—	41							
除尘设施除尘效率	%	42							
除尘设施投运率	%	43							
废气排放量	万立方米	44							
二氧化硫产生量	吨	45							
二氧化硫排放量	吨	46							
氮氧化物产生量	吨	47							
氮氧化物排放量	吨	48							
烟（粉）尘产生量	吨	49							
烟（粉）尘排放量	吨	50							

注：如需填报的机组数量超过 7 台可自行复印表格填写。

指标间关系：9＝10＋11。

单位负责人：　　　　　审核人：　　　　　填表人：　　　　　填表日期：20　年　月　日

水泥企业污染排放及处理利用情况

<table>
<tr><td colspan="6"></td><td>表   号：基103表</td></tr>
</table>

组织机构代码：□□□□□□□□-□（□□）

填报单位详细名称（公章）：

曾用名：

20 年

表   号：基103表
制定机关：环境保护部
批准机关：国家统计局
批准文号：国统制〔2011〕134号
有效期至：2013年12月

指标名称	计量单位	代码	本年实际	指标名称	计量单位	代码	本年实际
甲	乙	丙	1	甲	乙	丙	1
一、生产设施	—	—	—	三、主要产品	—	—	—
水泥生产线数	条	1		水泥总产量	万吨	5	
其中：新型干法生产线数	条	2		熟料总产量	万吨	6	
二、主要原辅材料	—	—	—	熟料中氧化钙含量	%	7	
石灰石（大理石）消耗量	万吨	3		熟料中氧化镁含量	%	8	
电石渣消耗量	万吨	4					

甲	乙	丙	水泥窑1	水泥窑2	水泥窑3	水泥窑4	水泥窑5	水泥窑6
编号	—	9						
水泥窑类型	—	10						
设计生产能力	吨/日	11						
投产时间	××年××月	12						
熟料产量	万吨	13						
吨熟料标准煤耗	千克	14						
煤炭消耗量	吨	15						
煤炭平均含硫量	%	16						
煤炭平均灰分	%	17						
煤炭平均干燥无灰基挥发分	%	18						
煤炭平均低位发热量	千焦/千克	19						
煤炭平均含碳量	%	20						
脱硝设施投产时间	××年××月	21						
脱硝工艺名称	—	22						
脱硝设施脱硝效率	%	23						
脱硝设施投运率	%	24						
主要脱硝剂名称	—	25						
主要脱硝剂消耗量	吨	26						
除尘设施投产时间	××年××月	27						
除尘工艺名称	—	28						
除尘设施除尘效率	%	29						
除尘设施投运率	%	30						

基 103 表续表（一）

指标名称	计量单位	代码	本年实际					
甲	乙	丙	水泥窑 1	水泥窑 2	水泥窑 3	水泥窑 4	水泥窑 5	水泥窑 6
废气排放量	万立方米	31						
二氧化硫产生量	吨	32						
二氧化硫排放量	吨	33						
氮氧化物产生量	吨	34						
氮氧化物排放量	吨	35						
烟（粉）尘产生量	吨	36						
烟（粉）尘排放量	吨	37						

注：1. 如需填报的水泥窑数量超过 6 台可自行复印表格填写。

　　2. 指标间关系：1≥2。

单位负责人：　　　　　审核人：　　　　　填表人：　　　　　填表日期：20　年　月　日

钢铁冶炼企业污染排放及处理利用情况

表　　号：基 104 表
制定机关：环境保护部
批准机关：国家统计局
批准文号：国统制〔2011〕134 号
有效期至：2013 年 12 月

组织机构代码：□□□□□□□□-□（□□）

填报单位详细名称（公章）：

曾用名：　　　　　　　　　　　20　年

指标名称	计量单位	代码	本年实际	指标名称	计量单位	代码	本年实际
甲	乙	丙	1	甲	乙	丙	1
一、生产设施情况				外购国产矿	万吨	17	
焦炉数	座	1		外购国产矿平均含硫量	%	18	
高炉数	座	2		进口矿	万吨	19	
高炉总炉容	立方米	3		进口矿平均含硫量	%	20	
转炉数	座	4		熔剂/黏结剂消耗量	万吨	21	
转炉公称总容量	吨	5		其中：石灰石	万吨	22	
电炉数	座	6		白云石	万吨	23	
电炉公称总容量	吨	7		焦炭消耗量	万吨	24	
烧结机数	台	8		焦炭平均含硫量	%	25	
球团设备数	套	9		三、主要产品			
二、主要原辅材料				生铁产量	万吨	26	
炼焦煤消耗量	万吨	10		生铁含碳量	%	27	
炼焦煤平均含硫量	%	11		粗钢产量	万吨	28	
高炉喷煤量	万吨	12		粗钢含碳量	%	29	
高炉喷煤平均含硫量	%	13		钢材产量	万吨	30	
铁精矿消耗量	万吨	14		焦炭产量	万吨	31	
其中：自产矿	万吨	15		焦炉煤气产生量	万立方米	32	
自产矿平均含硫量	%	16		高炉煤气产生量	万立方米	33	

指标名称	计量单位	代码	本年实际						
甲	乙	丙	烧结机1	烧结机2	烧结机3	球团设备1	球团设备2	球团设备3	球团设备4
编号	—	34							
烧结机使用面积	米²	35				—	—	—	—
设备生产能力	万吨/年	36							
烧结矿产量	万吨	37				—	—	—	—
球团矿产量	万吨	38	—	—	—				
铁精矿消耗量	万吨	39							
铁精矿平均含硫量	%	40							
熔剂/黏结剂消耗量	万吨	41							
烧结矿/球团矿平均含硫量	%	42							
固体燃料消耗量	万吨	43							
其中：煤粉消耗量	万吨	44							

基 104 表续表（一）

指标名称	计量单位	代码	本年实际						
甲	乙	丙	烧结机1	烧结机2	烧结机3	球团设备1	球团设备2	球团设备3	球团设备4
煤粉平均含硫量	%	45							
焦粉消耗量	万吨	46							
焦粉平均含硫量	%	47							
煤气消耗量	万立方米	48							
其中：高炉煤气消耗量	万立方米	49							
高炉煤气硫化氢浓度	毫克/立方米	50							
焦炉煤气消耗量	万立方米	51							
焦炉煤气硫化氢浓度	毫克/立方米	52							
其他燃气消耗量	万立方米	53							
脱硫设施投产时间	年月	54							
脱硫工艺名称	—	55							
主要脱硫剂名称	—	56							
主要脱硫剂消耗量	吨	57							
脱硫设施脱硫效率	%	58							
脱硫设施投运率	%	59							
脱硫副产物产生量	吨	60							
脱硝设施投产时间	××年××月	61							
脱硝工艺名称	—	62	—						
脱硝设施脱硝效率	%	63							
脱硝设施投运率	%	64							
主要脱硝剂名称	—	65	—						
主要脱硝剂消耗量	吨	66							
除尘设施投产时间	××年××月	67							
除尘工艺名称	—	68	—						
除尘设施除尘效率	%	69							
除尘设施投运率	%	70							
废气排放量	万立方米	71							
其中：机头排放量	万立方米	72							
球团主抽风系统排放量	万立方米	73							
二氧化硫产生量	吨	74							
二氧化硫排放量	吨	75							
氮氧化物产生量	吨	76							
氮氧化物排放量	吨	77							
烟（粉）尘产生量	吨	78							
烟（粉）尘排放量	吨	79							

注：如需填报的烧结机或者球团设备数量超过 3 台可自行复印表格填写。

指标间关系：14＝15＋17＋19，21≥22＋23，43≥44＋46，48＝49＋51＋53，71≥72＋73。

单位负责人： 审核人： 填表人： 填表日期：20 年 月 日

制浆及造纸企业污染排放及处理利用情况

表　　号：基 105 表
制定机关：环境保护部
批准机关：国家统计局
批准文号：国统制〔2011〕134 号
有效期至：2013 年 12 月

组织机构代码：□□□□□□□□-□（□□）
填报单位详细名称（公章）：
曾用名：　　　　　　　　　　20 　年

指标名称	计量单位	代码	本年实际	指标名称	计量单位	代码	本年实际
甲	乙	丙	1	甲	乙	丙	1
一、主要产品生产情况	—	—	—	碱回收率	%	22	
机制纸产量	吨	1		黑液提取率	%	23	
纸板产品产量	吨	2		取水量	吨	24	
纸浆产量（风干浆）	吨	3		废水产生量	吨	25	
其中：草浆	吨	4		化学需氧量产生量	吨	26	—
木浆	吨	5		（三）半化学浆、化机浆生产线	—	—	
废纸浆	吨	6		设计能力	吨/年	27	
二、生产线情况	—	—	—	年产量（风干浆）	吨	28	
（一）造纸生产线	—	—	—	其中：草浆	吨	29	
自制浆用量（风干浆）	吨	7		木浆	吨	30	
商品纸浆用量（风干浆）	吨	8		植物原料品种	—	31	
机制纸产量	吨	9		植物原料用量	吨	32	
纸板产品产量	吨	10		纸浆得率	%	33	
取水量	吨	11		取水量	吨	34	
废水产生量	吨	12		废水产生量	吨	35	
化学需氧量产生量	吨	13		化学需氧量产生量	吨	36	—
（二）化学浆生产线	—	—	—	（四）废纸浆生产线	—	—	
设计能力	吨/年	14		设计能力	吨/年	37	
年产量（风干浆）	吨	15		废纸原料种类	—	38	
其中：草浆	吨	16		废纸原料用量（风干浆）	吨	39	
木浆	吨	17		废纸浆产量（风干浆）	吨	40	
植物原料品种	—	18		脱墨工艺名称	—	41	
植物原料用量	吨	19		取水量	吨	42	
粗浆得率	%	20		废水产生量	吨	43	
细浆得率	%	21		化学需氧量产生量	吨	44	

指标间关系：3＝4＋5＋6，15＝16＋17。

单位负责人：　　　审核人：　　　填表人：　　　填表日期：20 　年 　月 　日

工业企业污染防治投资情况

表 号：基106表
制定机关：环境保护部
批准机关：国家统计局
批准文号：国统制〔2011〕134号
有效期至：2013年12月

组织机构代码：□□□□□□□□-□（□□）
填报单位详细名称（公章）：
曾用名： 20 年

污染治理项目名称	项目类型	治理类型	开工年月	建成投产年月	计划总投资/万元	至本年底累计完成投资/万元
1	2	3	4	5	6	7
合 计（以下按项目分列）	—	—	—	—		

污染治理项目名称	本年完成投资及资金来源/万元					竣工项目设计或新增处理能力
	合 计	排污费补助	政府其他补助	企业自筹	其中：银行贷款	
8	9	10	11	12	13	14
合 计（以下按项目分列）						

注：1. 本年内正式施工的、且没有纳入"三同时"项目管理的老工业源污染治理投资项目，以及本年完成"三同时"环境保护竣工验收的工业类建设项目填写该表。

2. 针对纳入建设项目"三同时"管理的项目，在完成竣工验收后的当年填写本表，其中"本年完成投资及资金来源"一项不必填写。"三同时"建设项目填写该表时，分别按照废水、废气、固体废物等污染要素填报污染治理项目，属于同一个"三同时"建设项目的污染治理项目名称和项目类型保持一致，治理类型依照污染治理要素填写标准代码。

3. 项目类型：1-老工业污染源治理在建项目，2-老工业污染源治理本年竣工项目，3-建设项目"三同时"环境保护竣工验收本年完成项目。

4. 治理类型代码：1-工业废水治理；2-工业废气脱硫治理；3-工业废气脱硝治理；4-其他废气治理；5-工业固体废物治理；6-噪声治理（含振动）；7-电磁辐射治理；8-放射性治理；9-污染治理搬迁；10-污染物自动在线监测仪器安装；11-其他治理（含综合防治）。

5. 废水治理设计能力单位吨/日，废气治理设计能力单位立方米/时，工业固体废物治理设计能力单位吨/日。

单位负责人： 审核人： 填表人： 填表日期：20 年 月 日

规模化畜禽养殖场/小区污染排放及处理利用情况

养殖场编码：□□□□□-XC□□□□（□□）

养殖场名称：

养殖小区编码：□□□□□-XQ□□□□（□□）

养殖小区名称：20 年

表　　号：基 201 表	
制定机关：环境保护部	
批准机关：国家统计局	
批准文号：国统制〔2011〕134 号	
有效期至：2013 年 12 月	

规模化养殖场/小区基本情况

1. 养殖小区包含户数	_____ 户
2. 负责人及联系电话	负责人：_____ 联系电话：_____
3. 详细地址	_____ 省（自治区、直辖市）_____ 地区（市、州、盟）_____ 县（区、市、旗）_____ 乡（镇）_____ 街（村）
4. 行政区划代码	□□□□□□
5. 所在流域	流域名称：_____ 流域代码：□□□□□□□□
6. 受纳水体	受纳水体名称：_____ 受纳水体代码：□□□□□□□□
7. 畜禽种类	①生猪 ②奶牛 ③肉牛 ④蛋鸡 ⑤肉鸡　□

指标名称	计量单位	代码	本年实际	指标名称	计量单位	代码	本年实际
甲	乙	丙	1	甲	乙	丙	1
一、养殖场/小区基本情况				（1）直接农业利用	％	18	
养殖场/小区栏舍总面积	平方米	1		（2）厌氧处理	％	19	
治污设施累计完成投资	万元	2		（3）厌氧处理＋农业利用	％	20	
新增固定资产	万元	3		（4）厌氧＋好氧处理	％	21	
配套农业利用土地面积	亩	4		（5）厌氧＋好氧＋深度处理	％	22	
配套农业土地利用方式	—	5		（6）无处理	％	23	
配套水产养殖水面面积	亩	6		四、水冲粪方式养殖			
饲养量	头/羽	7		水冲粪方式占总养殖比例	％	24	
饲养周期	天	8		水冲粪便利用方式比例	—		
二、垫草垫料养殖				（1）直接农业利用	％	25	
垫草垫料养殖方式占总养殖比例	％	9		（2）生产有机肥	％	26	
垫料利用方式比例	—			（3）生产沼气	％	27	
（1）垫料农业利用	％	10		（4）无处理	％	28	
（2）垫料生产有机肥	％	11		水冲粪尿液/污水处理方式比例	—		
（3）无处理	％	12		（1）直接农业利用	％	29	
三、干清粪养殖				（2）厌氧处理		30	
干清粪养殖方式占总养殖比例	％	13		（3）厌氧处理＋农业利用		31	
干清粪便利用方式比例	—			（4）厌氧＋好氧处理		32	
（1）直接农业利用	％	14		（5）厌氧＋好氧＋深度处理		33	
（2）生产有机肥	％	15		（6）无处理	％	34	
（3）生产沼气	％	16		减排核定化学需氧量去除率	％	35	
（4）无处理	％	17		减排核定氨氮去除率	％	36	
干清粪尿液/污水处理方式比例	—						

注：1. 配套农业土地利用方式分为：①旱地，②水田，③林地，④园地（果园、茶园等），⑤设施农用地，表中填相应的序号，可多选。

　　2. 单位为"万元"的，允许保留一位小数，其他指标允许保留整数。

指标间关系：2≥3，9＋13＋24＝100，10＋11＋12＝100，14＋15＋16＋17＝100，18＋19＋20＋21＋22＋23＝100，25＋26＋27＋28＝100，29＋30＋31＋32＋33＋34＝100。

单位负责人：　　　　　　审核人：　　　　　　填表人：　　　　　　填表日期：20 年 月 日

污水处理厂运行情况

表　　号：基 501 表
制定机关：环境保护部
批准机关：国家统计局
批准文号：国统制〔2011〕134 号
有效期至：2013 年 12 月

组织机构代码：□□□□□□□□-□（□□）

单位名称（公章）：

运营单位名称：　　　　　　　　　　20　　年

污水处理厂基本情况

1. 法定代表人	
2. 行政区划代码	□□□□□□
3. 详细地址	_____省（自治区、直辖市）_____地区（市、州、盟） _____县（区、市、旗）_____乡（镇） _____街（村）、门牌号
4. 企业地理位置	中心经度/中心纬度　__°__′__″/__°__′__″
5. 联系方式	电话号码：□□□-□□□□□□□□　　联系人：_____ 传真号码：□□□□□□□□　　邮政编码：□□□□□□
6. 污水处理设施类型	城镇污水处理厂□　　工业废（污）水集中处理设施□　　其他□
7. 建成时间	□□□□年□□月
8. 污水处理级别	一级 □　　二级及以上 □
9. 污水处理方法①名称及代码	名称：_____代码：□□□□
10. 污水处理方法②名称及代码	名称：_____代码：□□□□
11. 排水去向类型	排水去向类型：_____　　排水去向代码：　□
12. 受纳水体	受纳水体名称：_____ 受纳水体代码：□□□□□□□□□□

指标名称	计量单位	代码	本年实际	指标名称	计量单位	代码	本年实际
甲	乙	丙	1	甲	乙	丙	1
运行天数	天	1		再生水生产量	万吨	13	
污水处理厂累计完成投资	万元	2		再生水利用量	万吨	14	
新增固定资产	万元	3		其中：工业用水量	万吨	15	
运行费用	万元	4		市政用水（杂用水）	万吨	16	
用电量	万千瓦·时	5		景观用水量	万吨	17	
污水设计处理能力	吨/日	6		污泥产生量	吨	18	
污水实际处理量	万吨	7		污泥处置量	吨	19	
其中：生活污水处理量	万吨	8		其中：土地利用量	吨	20	
工业废水处理量	万吨	9		填埋处置量	吨	21	
其中：处理本县区外的水量	万吨	10		建筑材料利用量	吨	22	
核定新增生活 COD 去除量	吨	11		焚烧处置量	吨	23	
核定新增生活氨氮去除量	吨	12		污泥倾倒丢弃量	吨	24	

污水处理厂主要污染物去除情况

指标名称	计量单位	代码	去除量	进口浓度	出口浓度
甲	乙	丙	1	2	3
（1）化学需氧量	吨	25			
（2）氨氮	吨	26			
（3）油类	吨	27			
（4）总氮	吨	28			
（5）总磷	千克	29			
（6）挥发酚	千克	30			
（7）氰化物	千克	31			
（8）铅	千克	32			
（9）汞	千克	33			
（10）镉	千克	34			
（11）六价铬	千克	35			
（12）总铬	千克	36			
（13）砷	千克	37			

注：1. 污水处理厂进、出口废水中所含的汞、镉、铅、铬（六价铬）等重金属和砷、氰化物、挥发酚、化学需氧量、氨氮、总磷、总氮、生化需氧量等污染物的浓度单位除汞为微克/升外，其余均为毫克/升。污染物浓度按监测方法对应的有效数字填报。

2. 主要污染物去除量，以"吨"为单位的指标，保留两位小数；以千克为单位的指标保留整数。

3. 以"万元"为计量单位的指标允许保留一位小数，以"万吨"为计量单位的指标允许保留两位小数，其余均保留整数。

指标间关系：7＝8+9，14＝15+16+17，19＝20+21+22+23，18＝19+24。

单位负责人：　　　　　审核人：　　　　　　　填表人：　　　　　　　填表日期：20　年　月　日

生活垃圾处理厂（场）运行情况

<table>
<tr><td>组织机构代码：□□□□□□□□-□（□□）</td><td>表　　号：基 502 表</td></tr>
<tr><td rowspan="3">单位名称（公章）：
曾用名：　　　　　　20　年</td><td>制定机关：环境保护部</td></tr>
<tr><td>批准机关：国家统计局</td></tr>
<tr><td>批准文号：国统制〔2011〕134 号</td></tr>
</table>

组织机构代码：□□□□□□□□-□（□□）

单位名称（公章）：

曾用名：　　　　　　　　　20　年

表　　号：基 502 表

制定机关：环境保护部

批准机关：国家统计局

批准文号：国统制〔2011〕134 号

有效期至：2013 年 12 月

生活垃圾处理厂（场）基本情况

1. 法定代表人	
2. 行政区划代码	□□□□□□
3. 详细地址	＿＿＿＿＿省（自治区、直辖市）＿＿＿＿＿地区（市、州、盟） ＿＿＿＿县（区、市、旗）＿＿＿＿＿＿＿＿乡（镇） ＿＿＿＿＿＿＿＿街（村）、门牌号
4. 企业地理位置	中心经度/中心纬度　＿°＿′＿″/＿°＿′＿″
5. 联系方式	电话号码：□□□□-□□□□□□□　联系人：＿＿＿＿＿ 传真号码：□□□□□□□　邮政编码：□□□□□□
6. 建成时间	□□□□年□□月
7. 垃圾处理方式	填埋□ 堆肥□ 焚烧□ 其他方式□
8. 排水去向	排水去向类型：＿＿＿＿＿＿　排水去向代码：　□
9. 受纳水体	受纳水体名称：＿＿＿＿＿ 受纳水体代码：□□□□□□□□□

基 502 表续表（一）

指标名称	计量单位	代码	本年实际
甲	乙	丙	1
运行天数	天	1	
生活垃圾处理厂（场）累计完成投资	万元	2	
新增固定资产	万元	3	
运行费用	万元	4	
实际处理量	万吨	5	
填埋处理方式（有填埋处理方式的填报）			
垃圾填埋场认定级别	—	6	I 级□　　II 级□　　III 级□　　IV 级□
设计容量	立方米	7	
已填容量	立方米	8	
实际填埋量	万吨	9	
堆肥处理方式（有堆肥处理方式的填报）			
设计处理能力	吨/日	10	
实际堆肥量	万吨	11	
渗滤液收集系统	—	12	有□　　无□
焚烧处理方式（有焚烧处理方式的填报）			
设计处理能力	吨/日	13	
实际焚烧处理量	万吨	14	
煤炭消耗量	吨	15	
燃料油消耗量（不含车船用）	吨	16	
废气治理设施数	套	17	
废气净化方法名称及代码	—	18	名称：　　　　　　　　　代码：□□
废气处理设施设计处理能力	立方米/时	19	
废气实际处理量	万立方米	20	
废气排放总量	万立方米	21	
焚烧残渣产生量	千克	22	
焚烧残渣处置方式代码	—	23	代码：□□
焚烧残渣处置量	千克	24	
焚烧残渣综合利用量	千克	25	
焚烧残渣倾倒丢弃量	千克	26	
焚烧飞灰产生量	千克	27	
焚烧飞灰安全填埋处置量	千克	28	
渗滤液产生及处理情况（以上三种垃圾处理方式产生量之和）			
渗滤液处理方法名称及代码	—	29	名称：　　　　　　　　　代码：□□□□
渗滤液处理设施设计处理能力	立方米/日	30	
渗滤液实际处理量	立方米	31	

基 502 表续表（二）

指标名称	计量单位	代码	本年实际	
甲	乙	丙	1	
渗滤液产生量	立方米	32		
渗滤液排放量	立方米	33		
指标名称	计量单位	代码	产生量	排放量
甲	乙	丙	1	2
渗滤液主要污染物				
（1）化学需氧量	吨	34		
（2）氨氮	吨	35		
（3）油类	吨	36		
（4）总磷	吨	37		
（5）挥发酚	千克	38		
（6）氰化物	千克	39		
（7）铅	千克	40		
（8）汞	千克	41		
（9）镉	千克	42		
（10）六价铬	千克	43		
（11）总铬	千克	44		
（12）砷	千克	45		
焚烧废气主要污染物（有焚烧处理方式的填报）				
（12）二氧化硫	千克	46		
（13）氮氧化物	千克	47		
（14）烟尘	千克	48		
（15）铅	千克	49		
（16）汞	千克	50		
（17）镉	千克	51		

注：一个单位存在多种处理方式的同时填报。

指标间关系：5≤9＋11＋14，22≥24＋25＋26，27≥28。

单位负责人：　　　　　　审核人：　　　　　　填表人：　　　　　　填表日期：20　年　月　日

危险废物（医疗废物）集中处理（置）厂运行情况

表　　号：基 503 表

制定机关：环境保护部

组织机构代码：□□□□□□□□-□（□□）

批准机关：国家统计局

单位名称（公章）：

批准文号：国统制〔2011〕134 号

经营许可证证书编号：　　　　　　20　年

有效期至：2013 年 12 月

危险废物（医疗废物）集中处（理）置厂基本情况

1. 法定代表人	
2. 行政区划代码	□□□□□□
3. 详细地址	_____省（自治区、直辖市）_____地区（市、州、盟） _____县（区、市、旗）_____乡（镇） _____街（村）、门牌号
4. 企业地理位置	中心经度/中心纬度 ___°___′___″/___°___′___″
5. 联系方式	电话号码：□□□□-□□□□□□□　　联系人：_____ 传真号码：□□□□□□□□　　邮政编码：□□□□□□
6. 建成时间	□□□□年□□月
7. 集中处置厂类型	医疗废物集中处置厂 □　　危险废物集中处置厂 □　　其他企业协同处置□
8. 危险废物处置方式	焚烧□　填埋□　综合利用□
9. 排水去向	排水去向类型：_____　　排水去向代码：　□
10. 受纳水体	受纳水体名称：_____ 受纳水体代码：□□□□□□□□□

基 503 表续表（一）

指标名称	计量单位	代码	本年实际
甲	乙	丙	1
运行天数	天	1	
危险废物（医疗废物）集中处（理）置厂累计完成投资	万元	2	
新增固定资产	万元	3	
运行费用	万元	4	
危险废物主要处置情况			
危险废物设计处置能力	吨/日	5	
实际处置危险废物量	吨	6	
其中：处置工业危险废物量	吨	7	
处置医疗废物量	吨	8	
处置其他危险废物量	吨	9	
危险废物综合利用量	吨	10	
填埋处置方式（有填埋处置方式的填报）			
设计容量	立方米	11	
已填容量	立方米	12	
设计处置能力	吨/日	13	
实际填埋处置量	吨	14	
焚烧处置方式（有焚烧处置方式的填报）			
设计焚烧处置能力	吨/日	15	
实际焚烧处置量	吨	16	
煤炭消耗量	吨	17	
燃料油消耗量（不含车船用）	吨	18	
废气净化方法名称及代码	—	19	名称：　　　　　代码：□□
废气处理设施数	套	20	
废气处理设施设计处理能力	立方米/时	21	
废气实际处理量	万立方米	22	
废气排放总量	万立方米	23	
焚烧残渣产生量	千克	24	
焚烧残渣安全填埋处置量	千克	25	
焚烧飞灰产生量	千克	26	
焚烧飞灰安全填埋处置量	千克	27	
废水产生及处理情况			
废水处理方法名称及代码	—	28	名称：　　　　　代码：□□□□
废水处理设施设计处理能力	立方米/日	29	
本年实际处理废水量	立方米	30	
渗滤液产生量	立方米	31	
渗滤液排放量	立方米	32	

主要污染物产生及排放情况

指标名称	计量单位	代码	产生量	排放量
甲	乙	丙	1	2
渗滤液主要污染物				
（1）化学需氧量	千克	33		
（2）氨氮	千克	34		
（3）石油类	千克	35		
（4）总磷	千克	36		
（5）挥发酚	千克	37		
（6）氰化物	千克	38		
（7）铅	千克	39		
（8）汞	千克	40		
（9）镉	千克	41		
（10）六价铬	千克	42		
（11）总铬	千克	43		
（12）砷	千克	44		
焚烧废气主要污染物（有焚烧处理方式的填报）				
（12）烟尘	吨	45		
（13）二氧化硫	吨	46		
（14）氮氧化物	吨	47		
（15）铅	千克	48		
（16）汞	千克	49		
（17）镉	千克	50		

注：1. 以万元为计量单位的指标允许保留一位小数，以万立方米为计量单位的指标允许保留两位小数，其余均保留整数。

2. 一个单位两种处置方式都存在的同时填报。

3. 主要污染物产生量和排放量，以吨为单位的指标，保留两位小数；以千克为单位的指标保留整数。

指标间关系：6＝7＋8＋9≤14＋16，22≤23，24≥25，26≥27。

单位负责人： 审核人： 填表人： 填表日期：20 年 月 日

附录 14

"十二五"环境统计技术规定

一、关于"十二五"环境统计报表制度的说明

根据"十二五"环境保护规划和污染物总量减排及各项环境管理工作深化发展的需要，"十二五"环境统计报表制度在"十一五"报表制度基础上，对指标体系、调查方法及相关技术规定等进行了完善和修订，具体如下。

1　"十二五"环境统计指标体系

1.1　"十二五"环境统计指标体系框架构成

按照环境统计调查频次将环境统计指标归结为环境统计年报指标和定期报表指标。环境统计年报指标包括工业源、农业源、城镇生活源、机动车、集中式污染治理设施、环境管理六个部分；环境统计定期报表指标包括国家重点监控工业企业和污水处理厂两部分。

按照统计指标内容将环境统计年报指标归集成工业源、农业源、城镇生活源、含机动车、集中式污染治理设施、环境管理六大类。其中工业源的范围是指《国民经济行业分类》（GB/T 4754—2011）中采矿业，制造业，电力、燃气及水的生产和供应业，3 个门类 39 个行业的企业；农业源的范围包括种植业、水产养殖业和畜禽养殖业；城镇生活源的范围是指城镇范围内的生活污染源；机动车污染源调查范围为辖区内的载客汽车、载货汽车、低速载货汽车、摩托车；集中式污染治理设施的范围包括污水处理厂、垃圾处理厂（场）、危险废物处置厂和医疗废物处置厂；环境管理的范围是指环保系统内相关业务部门管理工作和环保系统自身建设等方面情况。

按照统计指标特性将各类污染源指标分为四部分，分别是基本信息指标、台账指标、治理设施及运行情况指标和污染物产排情况指标。其中，污染物产排情况指标和治理设施及运行情况指标是核心指标，是环境保护部门参与宏观决策、反映环境规划和治理成效的指标；基本信息指标和台账指标是为了支撑及核实核心指标准确性的辅助指标。

"十二五"环境统计指标体系的框架结构：

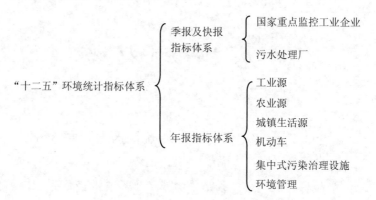

图1 "十二五"环境统计指标体系框架结构

1.2 "十二五"环境统计指标体系的主要内容

（1）环境统计年报指标体系

①工业源

"十二五"环境统计指标体系中，工业源报表包括《工业企业污染排放及处理利用情况》《火电企业污染排放及处理利用情况》《水泥企业污染排放及处理利用情况》《钢铁企业污染排放及处理利用情况》《造纸企业污染排放及处理利用情况》《工业企业污染防治投资情况》6张基表，对应7张综表。

与以往的环境统计相比，"十二五"工业源指标强化了对重点行业和企业台账指标和污染治理指标的设置和统计。

反映工业污染源污染防治情况的基表1张，反映工业源非重点调查企业污染排放及处理情况的综表1张。

②农业源

农业源报表包括《规模化畜禽养殖场/小区污染排放及处理利用情况》《各地区农业污染排放及处理利用情况》2张表。

③城镇生活源

城镇生活源包括《各地区城镇生活污染排放及处理情况》《各地区县（市、区、旗）城镇生活污染排放及处理情况》2张表。

④机动车

机动车包括《各地区机动车污染源基本情况》《各地区机动车污染排放情况》2张表。

⑤集中式污染治理设施

集中式污染治理设施报表包括污水处理厂、生活垃圾处理厂（场）、危险废物（医疗废物）处置厂3个部分，其中污水处理厂调查为2张表，包括《各地区城市污水处理情况》

《污水处理厂运行情况》；生活垃圾处理厂（场）调查为 2 张表，包括《各地区垃圾处理情况》《生活垃圾处理厂（场）运行情况》；危险废物（医疗废物）处置厂调查为 2 张表，包括《各地区危险废物（医疗废物）处理情况》《危险废物（医疗废物）集中处置厂运行情况》。

⑥环境管理

环境管理指标为"十二五"环境统计指标体系中新增加的报表，调查内容是在原来专业报表基础上进行简练，提取其中集中反映环境管理总体工作进展情况，可以公开发布使用的主要指标，主要有环保机构、环境信访与法制、能力建设、污染控制、环境监测、自然生态保护、突发环境事件、环境宣传教育、污染源自动监控、排污费征收、环境影响评价、建设项目竣工环境保护验收等工作情况。

（2）环境统计定期报表指标体系

环境统计定期报表指标突出数据的时效性，根据国家层面季度环境和经济形势，对国家重点监控企业和污水处理厂进行季度统计。

2　"十二五"环境统计报表制度主要变化

2.1　调整了调查范围

（1）新增了农业污染源调查内容。农业源调查内容包括畜禽养殖业、种植业和水产养殖业。

（2）细化了机动车污染调查统计。调查载客汽车、载货汽车、三轮汽车及低速载货汽车、以及摩托车的总颗粒物、氮氧化物、一氧化碳、碳氢化合物等污染物排放量。

（3）新增了生活垃圾处理厂（场）调查内容。调查范围为垃圾填埋厂（场）、垃圾堆肥厂（场）、垃圾焚烧厂（场）和其他方式处理垃圾的处理厂（场）。

（4）删除了医院污染排放情况调查表。因城镇生活源报表中的人均污染物排放量指标均已包含医院污染物排放。

2.2　指标体系进一步得到完善

（1）新增了部分重污染行业报表。为更准确核算污染物排放情况，除继续保留火电行业报表，"十二五"报表制度又增加了水泥、钢铁、造纸行业报表。

（2）根据"十二五"环境保护工作重点，新增了相关指标。如增加了氮氧化物及废气中重金属产排情况的相关指标；增加了污染物产生量指标，加强了工业源、集中式污染治理设施的台账指标和污染治理指标设置；细化了危险废物统计指标；增加了生活源总磷、总氮等污染物指标。

（3）进一步完善了指标设置。在"十一五"指标体系的基础上，删除了一些交叉重复和难以界定的指标，如删除了主要污染物去除量和达标率指标。

2.3 其他主要变化

（1）工业源重点调查对象的筛选和调整原则有所变化。

工业源重点调查对象筛选的总体样本库由原来的排污申报登记数据库调整为第一次全国污染源普查数据库，且筛选原则较"十一五"有所变化。

在初步筛选出的工业源重点调查对象名单基础上，对调查年度期间新增和关闭企业的调整原则均有了明确的规定。

（2）生活源调查技术路线发生变化。

生活源调查由原县级行政区环保部门调整为市级行政区环保部门统一核算，并将污染物排放量分解至各辖区县，各辖区县据此填报相关报表。

（3）完善了部分产排污系数。在第一次全国污染源普查产排污系数基础上，调整了工业源、农业源、城镇生活源、机动车、集中式污染治理设施的产排污系数。

（4）进一步修订了指标解释。对部分指标的解释进行进一步细化和明确；另外部分来源为其他部门的指标，参考相关部门的指标解释也进行了修订。

3 技术路线

环境统计报表制度由环境保护部统一制定下发，各级环境保护部门组织实施。

（1）区域污染物排放总量包含工业源、农业源、城镇生活源、机动车、集中式污染治理设施（不含集中式污水处理厂）的污染物排放量。

（2）工业源采取对重点调查工业企业逐个发表调查，对非重点调查工业企业实行整体核算相结合的方式调查。工业污染排放总量即为重点调查企业与区域非重点调查企业排放量的加和。

（3）农业源包括种植业、水产养殖业和畜禽养殖业，以县（区）为基本单位进行调查。畜禽养殖业中的规模化养殖场和养殖小区逐户发表调查，其他污染物排放量依据养殖量和排放系数进行测算。

（4）城镇生活源以市级行政区为基本调查单位，污染物产生量依据有关部门的统计数据和产生系数进行测算，排放量为产生量扣减集中式污水处理厂生活污染物的去除量。

（5）集中式污染治理设施逐个发表调查汇总。

4 工作程序

环境统计报表制度由环境保护部统一制定下发，各级环保部门组织实施。

重点调查单位的环境统计数据的收集上报，按照重点调查单位、县（区）环保部门、地市环保部门、省级环保部门、环境保护部的工作流程逐级上报、审核。

同时，县（区）环保部门根据农业畜牧等部门提供的各种畜禽养殖量等数据填报农业源报表，地市级环保部门根据统计、城建、公安等有关部门提供的数据填报工业源非重点、生活源、机动车报表，并逐级上报、审核。

5　报送要求

各地必须使用环境保护部统一下发的软件填报、报送环境统计数据库，基表各项指标代码填写规范、准确，综表数据库完整且与基表保持一致。通过人工审核与软件审核相结合，全面细致审核数据，并将数据审核结果及未能整改问题进行说明。

（1）报送内容：①电子版数据库：所有基表和综表数据。②打印盖章签字的综表。③工作总结（同时报送电子版和纸版），包括：各省数据审核结果及逐条问题的说明；对"十二五"环境统计报表制度的意见和建议；对"十二五"环境统计业务系统使用问题总结及建议。

（2）报送方式：

①通过"十二五"环境统计业务系统数据上报功能将辖区内数据通过环保专网上报环保部。

②签字盖章打印报表和工作总结（盖章）邮寄地址：北京市西城区西直门南小街 115 号环境保护部总量控制司统计处，100035。

③工作总结（电子版）发送至 cnemcln@vip.163.com。

（3）报送时间：2012 年 3 月 31 日前。

二、"十二五"环境统计技术要求

1　工业源

1.1　调查范围及对象

工业源调查范围为《国民经济行业分类》（GB/T 4754—2011）中采矿业，制造业，电力、燃气及水的生产和供应业，调查对象为 3 个门类中 39 个行业的全部工业企业（不含军队企业），即行业代码前两位 06～46 的，包括经各级工商行政管理部门核准登记，领取《营业执照》的各类工业企业以及未经有关部门批准但实际从事工业生产经营活动、有或可能有污染物产生的工业企业。

1.2　调查对象的确定

工业源采取重点调查工业企业逐个发表调查，与非重点调查工业企业整体核算相结合的方式调查。工业污染排放总量即为重点调查企业与区域非重点调查企业的加和。

1.2.1 调查对象按照属地原则确定

调查对象按照属地原则，以县级行政区划为划分属地的基本区域。调查对象根据当地环境管理的需要本着易统计、易核算的原则，大型联合企业所属二级单位，一律纳入该二级单位所在地调查；同一企业分布在不同区域的厂区，纳入各厂区所在区域调查。

1.2.2 重点调查工业企业筛选原则

重点调查工业企业按地市级行政单位为基本单元进行筛选，是指主要污染物排放量占各地市辖区范围内全年工业源排放总量85%以上的工业企业。筛选重点调查工业企业的原则为：

（1）以2007年第一次全国污染源普查数据库为总样本，按照以下原则确定重点调查工业企业初步名单，符合其中任何1项条件的即纳入重点调查范围。

①废水、化学需氧量、氨氮、二氧化硫、氮氧化物、烟尘、粉尘排放量，按单因子降序排列占地区（市）85%排放量的工业企业；或废水、化学需氧量、氨氮、二氧化硫、氮氧化物、烟尘、粉尘产生量按单因子降序排列占地区（市）65%产生量的工业企业。

②有废水或废气重金属（砷、镉、铅、汞、六价铬或总铬）产生的工业企业。

③一般工业固体废物产生量10 000吨及以上的工业企业。

④有危险废物产生的工业企业。

⑤自来水生产与供应业（4610）、水力发电（4412）、土砂石开采业（1011、1012、1013、1019）不纳入重点调查工业企业范围。

（2）各地市级行政单位若有个别区县无重点调查企业，地市级环境保护部门可根据当地情况适当补充重点调查工业企业。

（3）各地市级单位动态调整重点调查工业企业名录库：删除关闭企业，根据实际情况纳入当年通过各级环保部门竣工验收的企业，以及由于各种原因未通过环保验收但事实上已进入生产或试生产并有实际排污的新建、改（扩）建企业。

1.2.3 重点调查工业企业调整原则

2009—2010年污染源普查动态更新调查数据库均是以2007年第一次全国污染源普查数据库为总体样本筛选后动态调整确定，因此"十二五"期间环境统计重点调查工业企业无须每年进行筛选，只需在2010年污染源普查动态更新调查库的基础上进行逐年调整即可，调整原则为：

（1）首先，由各地市级环境保护部门对上年环境统计数据中指标污染物排放量按单因子降序排序，将上年占各项污染物排放量85%以上企业的最低排放值作为各项污染物排放规模值（以下简称规模值）。

指标污染物包括：废水、化学需氧量、氨氮、二氧化硫、氮氧化物、烟尘、粉尘。

将上年度指标污染物年排放量大于规模值的工业企业纳入重点调查范围。指标污染物年排放量可通过排污申报、环境影响评价、"三同时"竣工验收等相关数据推算获得。

其次，新建、改（扩）建项目中有废水或废气重金属（砷、镉、铅、汞、六价铬或总铬）产生的。

最后，有危险废物产生的工业企业全部纳入重点调查范围。

（2）删除关闭企业。

（3）各地环保部门可以根据环境管理需要适当增加重点调查工业企业。

1.2.4　调查对象的填报要求

（1）工业企业填报要求：

所有工业企业总体情况指标均需填报在工业企业污染排放及处理利用情况表（基101表）。

工业企业若有自备电厂的，还需将自备电厂指标填报在火电企业污染排放及处理利用情况表（基102表）。

（2）火电企业填报要求：

所有在役火电厂、热电联产企业（行业代码为4411，包括垃圾和生物质焚烧发电厂）总体情况指标填报在工业企业污染排放及处理利用情况表（基101表），还需将机组明细指标填报在火电企业污染排放及处理利用情况表（基102表）。

（3）水泥企业填报要求：

水泥企业（行业代码为3011）总体情况指标填报在工业企业污染排放及处理利用情况表（基101表），还需将水泥窑明细指标填报在水泥企业污染排放及处理利用情况表（基103表）。

水泥企业若有自备电厂的，还需将自备电厂指标填报在火电企业污染排放及处理利用情况表（基102表）。

（4）钢铁冶炼企业填报要求：

钢铁冶炼企业总体情况指标填报在工业企业污染排放及处理利用情况表（基101表），还需将烧结或球团明细指标填报在钢铁企业污染排放及处理利用情况表（基104表）。

钢铁冶炼企业若有自备电厂的，还需将自备电厂指标填报在火电企业污染排放及处理利用情况表（基102表）。

（5）制浆及造纸企业填报要求：

制浆及造纸企业（中类行业代码为221或222的）总体情况指标填报在工业企业污染排放及处理利用情况表（基101表），还需将制浆明细指标填报在造纸企业污染排放及处理利用情况表（基105表）。

制浆及造纸企业若有自备电厂的，还需将自备电厂指标填报在火电企业污染排放及处理利用情况表（基102表）。

（6）重点调查对象中调查年度内有污染防治投资发生的，除按上述规定填报外，还需填报工业企业污染治理项目建设情况表（基 106 表）。

1.3 调查内容

1.3.1 重点调查工业源调查内容

（1）工业企业的基本情况，包括单位名称、代码、位置信息、联系方式、企业规模、登记注册类型、行业分类等；

（2）主要产品、主要原辅材料及消耗量、主要能源及消耗量，以及所用燃料的含硫量、灰分等；

（3）用水、排水情况，包括排水去向信息；

（4）各类污染治理设施运行情况等；

（5）废水和废气污染物的产生、排放情况；

（6）一般工业固体废物的产生、利用、处置、贮存及倾倒丢弃情况；

（7）危险废物的产生、利用、处置、贮存及倾倒丢弃情况。

1.3.2 非重点调查工业源调查内容

（1）用煤、用水、排水情况；

（2）主要废水、废气污染物的排放情况；

（3）一般工业固体废物的产生、利用、处置、贮存及倾倒丢弃情况。

1.3.3 调查污染物种类

（1）废水调查污染物种类

包括：废水、化学需氧量、氨氮、石油类、挥发酚、氰化物、汞、镉、铅、砷、六价铬、总铬等。

（2）废气调查污染物种类

包括：废气排放量、烟（粉）尘、二氧化硫、氮氧化物、汞、镉、铅、砷、六价铬、总铬等。

（3）固体废物调查种类

一般固体废物调查种类包括：冶炼废渣、粉煤灰、炉渣、煤矸石、尾矿、赤泥、磷石膏、脱硫设施产生的石膏、企业废水处理设施产生的污泥及其他工业固体废物。

危险废物按照环境保护部 2008 年第 1 号令发布的《国家危险废物名录》分类填报产生、利用、处置、贮存及倾倒丢弃情况。

1.3.4 废水污染物排放量界定

工业源废水污染物排放量为最终排入外环境的量。

排水去向类型为 E（城镇污水处理厂）、H（进入其他单位）和 L（工业废水集中处理厂）的重点调查单位，其废水污染物排放量为经污水处理厂（或其他单位）处理、削减后的排放量。其废水污染物排放量可通过工业企业的废水排放量与污水处理厂（或其他单位）

平均出口浓度计算得出；若无污水处理厂（或其他单位）出口浓度监测数据，则根据实际情况选用其他方法进行核算。

对于排水去向类型为 E（城镇污水处理厂）的企业，不考虑城镇污水处理厂对其重金属的削减，其重金属（砷、镉、铅、汞、铬）排放量一律按企业车间（或车间处理设施）排口的排放量核算、填报。

排水去向类型为 L（工业废水集中处理厂）和 H（进入其他单位）的企业，根据接纳其废水的单位废水处理设施是否具有去除重金属的工艺，确定重金属排放量核算方法：

若接纳其废水的工业废水集中处理厂（或其他单位）废水处理设施具有去除重金属的工艺，则按接纳其废水的工业废水集中处理厂（或其他单位）出口废水重金属浓度及接纳废水量核算排放量；

若接纳其废水的工业废水集中处理厂（或其他单位）废水处理设施无去除重金属的工艺，则该企业重金属排放量按车间（或车间处理设施）排口的排放量核算。

1.4 工业源污染物产生量、排放量核算方法

1.4.1 重点调查企业污染物产生量、排放量核算方法主要有监测数据法、产排污系数法和物料衡算法

1.4.1.1 监测数据法是依据实际监测的调查对象产生和外排废水、废气（流）量及其污染物浓度，计算出废气、废水排放量及各种污染物的产生量和排放量。

1.4.1.2 产排污系数法是依据调查对象的产品或能源消耗情况，根据产排污系数，计算污染物产生量、排放量。

1.4.1.3 物料衡算法是指根据物质质量守恒原理，对生产过程中使用的物料变化情况进行定量分析的一种方法。即

投入物料量总和＝产出物料量总和＝主副产品和回收及综合利用的物质量总和＋

排出系统外的废物质量（包括可控制与不可控制生产性废物及工艺过程的泄漏等物料流失）。

1.4.1.4 三种核算方法的选用原则

（1）工业锅炉、钢铁行业中烧结工序、炼油二氧化硫产生量、排放量优先采用物料衡算法（硫平衡）核算。

工业锅炉二氧化硫产生量指燃料消耗产生的硫，通过燃料消耗量、燃料含硫率与硫的转化率等参数计算得出；二氧化硫排放量指经烟气排放的硫，通过二氧化硫产生量与脱硫设施综合脱硫效率等参数计算得出。

钢铁行业中烧结工序、炼油二氧化硫产生量包括原料和燃料消耗产生的硫。原料带入的硫通过原料消耗量和原料含硫率等参数计算得出，二氧化硫排放量指经排气筒排放的硫，不包括进入产品的硫，通过硫总量扣除产品、固体废物等的硫计算得出。燃料消耗的

二氧化硫产生量和排放量参照工业锅炉核算。

（2）除上述特定行业特定污染物外的行业企业，符合以下监测数据有效性认定要求的，通过监测数据法核算污染物产生量、排放量。

采用监测数据法核算污染物产排量的，须提供符合以下有效性认定要求的全部监测数据台账，与报表同时报送环境统计部门，以备数据审核使用。

若进口或出口监测数据不符合有效性认定要求，可选用其他核算方法，污染物产生量、排放量允许使用不同的核算方法。

1）监测数据有效性认定要求

①监督性监测数据

调查年度内由县（区）及以上环保部门按照监测技术规范要求进行监督性监测得到的数据。实际监测时企业的生产工况符合相关监测技术规定要求，废水（气）污染物年监测频次达到 4 次以上；并且至少每季度 1 次。季节性生产企业，在监测期内有 4 次监测数据，或每月监测 1 次。废气监测因子至少包含废气流量、二氧化硫（氮氧化物）数据。若废水流量无法监测，可使用企业安装的流量计数据，或通过水平衡核算废水排放量。

②自动在线监测数据

调查年度全年通过《国家重点监控企业污染源自动监测数据有效性审核办法》（环发〔2009〕88 号）有效性审核、且保留全年历史数据的自动在线监测数据，可用于污染物产生量、排放量核算。

③验收监测数据

调查年度内由省级及以上环保部门对新（改）建项目、限期治理项目进行验收监测得到的数据，并且验收后企业的生产产品、生产工艺、生产规模和治污设施没有发生明显变化且运行状况良好。

2）监测数据使用原则

按照以下优先顺序使用监测数据核算污染物产生、排放量：

通过有效性审核的自动在线监测数据、监督性监测数、验收监测数据。

3）产、排污量的计算原则

①废水污染物产排污量

有累计流量计的可按废水流量加权平均浓度和年累计废水流量计算得出；没有累计流量计的，按监测的瞬时排放量（均值）和年生产时间进行核算；没有监测废水流量而有废水污染物监测的，可按水平衡测算出的废水排放量和平均浓度进行核算。

②废气污染物产排污量

通过监测的瞬时排放量（均值）和年生产时间进行核算。

（3）除（1）（2）两种情况外，污染物产生量、排放量，可根据产排污系数法核算。

产排污系数使用技术要求如下：

1）参考重新调整、修订的第一次全国污染源普查《产排污系数手册》。

2）根据产品、生产过程中产排污的主导生产工艺、技术水平、规模等，选用相对应的产排污系数，结合本企业原、辅材料消耗、生产管理水平、污染治理设施运行情况，确定产排污系数的具体取值，依据本企业调查年度的实际产量，核算产、排污量。

3）《产排污系数手册》中没有涉及的行业，可根据企业生产采用的主导工艺、原辅材料，类比采用相近行业的产排污系数进行核算。

4）企业生产工艺、规模、产品或原料、污染治理工艺等确实与系数手册所列不能吻合的，或系数手册中没有覆盖的行业且又无法类比的，各地可根据当地企业已有监测数据或其他可靠资料，核算出相应的系数，将系数及核算方法报环境保护部总量司备案后，使用该系数及核算方法核算污染物产生、排放量。

（4）现有企业用监测数据法核算污染物产生、排放量的，须与产排污系数法进行校核。两种方法核算结果偏差大于 30%的，须沿用 2010 年污染源普查动态更新减排基数库中采用的核算方法。

1.4.2 非重点调查工业源核算方法

以地市级行政单位为基本单元，根据重点调查企业汇总后的实际情况，估算非重点调查单位的相关数据，并将估算数据分解到所辖各区县，各区县根据分解得到的数据填报非重点调查工业污染排放及处理利用情况表（综 108 表）。

可采取的估算方法主要有以下三种，各地市根据实际情况灵活选用：

①排放系数法。结合非重点调查单位的产品、产量等数据，运用排放系数法计算得出非重点调查单位的排污量数据。同时，使用非重点调查单位的排污量占总排污量的比例进行审核，并酌情修正数据。

②比率估算法。当无法使用产品、产量等数据进行估算时，按重点调查单位排污量变化的趋势，等比或将比率略做调整，估算出调查年度非重点调查单位的排污量。

③总量估算法，参照辖区内当年人口数量、GDP 或工业增加值、能源消费量等数据的变化情况核定的排污总量，调整统计调查年度非重点调查单位的排污量。

2 农业源

2.1 调查范围和对象

2.1.1 调查范围

农业源调查范围包括畜禽养殖业、种植业和水产养殖业。

2.1.2 调查对象

种植业和水产养殖业以县（区）为基本单位进行调查。

畜禽养殖业以舍饲、半舍饲规模化的生猪、奶牛、肉牛、蛋鸡和肉鸡养殖单元为调查对象。同时采取两种调查方式：以县（区）为基本单位调查规模化养殖场、养殖小区和养殖专业户总体情况；以养殖单元为调查对象对规模化养殖场和养殖小区逐户发表调查。

舍饲、半舍饲规模化畜禽养殖组织模式分为规模化养殖场、养殖小区和养殖专业户三种，划分依据为：

规模化养殖场：生猪≥500头（出栏）、奶牛≥100头（存栏）、肉牛≥100头（出栏）、蛋鸡≥10 000羽（存栏）、肉鸡≥50 000羽（出栏）。

养殖小区是指将分散经营的单一畜种的养殖户集中在一个区域内，具有完善的基础设施和配套服务、规范管理制度，按照统一规划、统一防疫、统一管理、统一服务、统一治污和专业化、规模化、标准化生产，并达到规定饲养数量的养殖区域。饲养数量至少要达到规模化养殖场的规模，即生猪≥500头（出栏）、奶牛≥100头（存栏）、肉牛≥100头（出栏）、蛋鸡≥10 000羽（存栏）、肉鸡≥50 000羽（出栏）。

养殖专业户：50头≤生猪＜500头（出栏）、5头≤奶牛＜100头（存栏）、10头≤肉牛＜100头（出栏）、500羽≤蛋鸡＜10 000羽（存栏）、2 000羽≤肉鸡＜50 000羽（出栏）。

2.2　调查内容

2.2.1　农业源调查内容

种植业和水产养殖业的调查内容为污染物排放量。

畜禽养殖业的调查内容包括两部分：

以县（区）为基本单位调查的内容是调查区域内规模化养殖场/养殖小区和养殖专业户的各类畜禽的养殖数量，以及主要污染物的产生量和排放量。其中，饲养量采用农业畜牧部门数据。

规模化养殖场和养殖小区发表调查的内容包括：畜禽养殖种类、饲养量、饲养周期、配套农业利用土地类型和面积、配套水产养殖面积、清粪方式、粪便利用方式、尿液/污水处理方式等。其中，饲养量根据发表调查规模化养殖场/小区实际情况确定。

2.2.2　调查污染物种类

种植业：总氮、总磷、氨氮；

水产养殖业：化学需氧量、总氮、总磷、氨氮；

畜禽养殖业：化学需氧量、总氮、总磷、氨氮。

2.3　农业源产、排污量核算方法

（1）畜禽养殖

1）规模化养殖场/小区逐家发表调查情况

污染物产生量：根据饲养量和产污系数估算。

污染物排放量：根据污染物产生量和去除率核算。污染物去除率根据畜禽种类、清粪方式、粪便处理方式和尿液/污水处理方式确定。若有减排核定化学需氧量和氨氮去除率，这两项污染物的去除率以核定结果进行运算。

2）以县（区）为基本单位畜禽养殖调查情况

污染物产生量：根据饲养量和产污系数估算。

污染物排放量：规模化养殖场/小区的化学需氧量和氨氮排放量根据产生量、减排核定去除率、上年平均去除率估算；总磷、总氮根据产生量、发表调查所得平均去除率估算。养殖专业户四项主要污染物排放量根据养殖量和平均排污强度估算。

（2）种植业

种植业调查口径与 2007 年第一次全国污染源普查保持一致，原则上不考虑新增排放量与新的削减情况，排放量数据与第一次全国污染源普查数据保持一致。

（3）水产养殖业

水产养殖业调查口径与 2007 年第一次全国污染源普查基本保持一致，若有总量减排核定减少水产围网养殖面积，排放量数据由第一次全国污染源普查数据减去减少的水产围网养殖面积部分的污染物排放量。

计算公式为

当年水产养殖业污染物排放量＝2007 年第一次全国污染源普查水产养殖业污染物
排放量×（1−减排核定减少水产围网养殖面积/
2007 年第一次全国污染源普查水产养殖面积）

3 城镇生活源

3.1 调查范围和对象

（1）调查范围

生活污染源调查范围包括住宿业与餐饮业、居民服务和其他服务业、医院和独立燃烧设施以及城镇居民生活污染源。

（2）城镇范围的界定

城镇居民生活污染源的"城镇"范围包括城区和镇区。

城区是指在市辖区和不设区的市，区、市政府驻地的实际建设连接到的居民委员会和其他区域。镇区是指在城区以外的县人民政府驻地和其他镇政府驻地的实际建设连接到的居民委员会和其他区域。与政府驻地的实际建设不连接，且常住人口在 3 000 人以上的独立的工矿区、开发区、科研单位、大专院校等特殊区域及农场、林场的场部驻地视为镇区。

实际建设是指已建成或在建的公共设施、居住设施和其他设施。

生活源的基本调查单位为地（市、州、盟），其所属的县（区）以及镇区数据包含在所在地（市、州、盟）数据中。

3.2 调查内容

3.2.1 生活污染源

人口：城镇人口指居住在城镇范围内的全部常住人口。

生活能源：包括生活煤炭和天然气消费量，煤炭包括平均硫分、平均灰分。

用水：生活用水总量包括居民家庭用水量和公共服务用水量。

根据城镇人口、生活能源消费量等数据，采取排污系数法或物料衡算法，核算生活源废水、废气污染物排放量。

直辖市、地市级环境保护部门根据本辖区生活源有关基本参数测算本辖区生活源污染物排放量，并按照本规定给出的县（区）污染物排放量拆分方法确定辖区内各县区生活源废水、废气污染物的排放量，填报辖县（区）城镇生活污染排放及处理情况表。

3.2.2 调查污染物种类

（1）废水污染物种类

包括生活污水量、化学需氧量、氨氮、总氮、总磷、油类（含动植物油）。

（2）废气污染物种类

包括二氧化硫、氮氧化物、烟尘。

3.3 生活源数据填报方法

3.3.1 城镇人口

城镇人口，指居住在城镇范围内的全部常住人口，数据来自各级统计部门的城镇人口统计数据。

3.3.2 生活能源消费量

（1）生活煤炭消费量：数据来源于统计部门能源平衡表，包括批发和零售贸易业/餐饮业、居民生活以及生活供热三个部分。其中，批发和零售贸易业/餐饮业和居民生活煤炭消费量从能源平衡表直接获取；生活供热煤炭消费量需由能源平衡表中的供热总煤耗扣减工业供热煤耗得到。生活煤炭消费量计算公式为

生活煤炭消费量＝批发和零售贸易业/餐饮业煤炭消费量＋居民生活煤炭消费量＋
    生活供热煤炭消费量

生活供热煤炭消费量＝供热总煤耗−工业供热煤耗（环境统计工业调查中 4430 行业
    煤炭消费总量）

（2）生活天然气消费量：数据来源于统计部门能源平衡表，包括批发和零售贸易业/餐饮业和居民生活两个部分。

生活天然气消费量＝批发和零售贸易业/餐饮业天然气消费量 ＋ 居民生活天然气
    消费量

（3）如果城镇生活煤炭消费数据缺失，可由煤炭消费总量直接扣减环境统计中工业煤炭消费量得到。

生活煤炭消费量＝煤炭消费总量−工业煤炭消费量（环境统计工业调查）

3.4　生活源污染物产、排污量核算方法

3.4.1　生活污水排放量

如果辖区内的城镇污水处理厂未安装再生水回用系统，无再生水利用量，则

城镇生活污水排放量＝城镇生活污水排放系数×城镇人口数×365

反之，辖区内的城镇污水处理厂配备再生水回用系统，再生水利用量经污染减排核查核定，则

城镇生活污水排放量＝城镇生活污水排放系数×城镇人口数×365−城镇污水处理厂
再生水利用量（污染减排核定量）

其中，城镇生活污水排放系数指城镇居民每人每天排放生活污水的数量。生活污水排放系数测算公式为

人均日生活污水排放系数＝人均日生活用水量×用排水折算系数

人均日生活用水量采用城市供水管理部门的统计数据（见各地区统计年鉴）。用排水折算系数可采用城市供水管理部门和市政管理部门的统计数据计算，一般为 0.8～0.9。

3.4.2　生活污水污染物排放量

（1）生活污水污染物产生量核算

生活污水污染物产生量是指各类生活源从贮存场所排入市政管道、排污沟渠和周边环境的量。

生活污水污染物产生量按照城镇人口与人均产污强度计算。

城镇居民人均产污强度包括第一次全国污染源普查核算的城镇居民生活排污系数和服务业污水污染物排放人均核算系数（由第一次全国污染源普查数据计算得出，并适当调整）。服务业污染物排放人均核算系数为污染源普查中住宿业与餐饮业、居民服务和其他服务业、医院污水污染物从贮存场所的排放量与城镇人口之比。

（2）生活化学需氧量（氨氮）排放量

生活化学需氧量（氨氮）排放量是指最终排入环境的生活化学需氧量（氨氮）的量，即生活化学需氧量（氨氮）产生量扣减经集中污水处理厂处理生活污水去除化学需氧量（氨氮）的量：

生活化学需氧量（氨氮）排放量＝生活化学需氧量（氨氮）产生量−生活化学需氧量
（氨氮）去除量

生活化学需氧量（氨氮）去除量＝上年生活化学需氧量（氨氮）去除量＋核定新增生
活化学需氧量（氨氮）去除量

上年生活化学需氧量（氨氮）去除量、核定新增生活化学需氧量（氨氮）去除量均为污染减排核查核定数据。其中，生活污染物核定新增去除量应与污水处理厂汇总表中对应指标数据一致。

3.4.3 生活废气污染物排放量

（1）生活燃煤二氧化硫采用物料衡算法进行核算：

$$生活燃煤二氧化硫排放量＝生活煤炭消费量×含硫率×0.85×2$$

天然气燃烧产生的二氧化硫排放量忽略不计。

（2）生活源氮氧化物排放量采用排放系数法测算。1 吨煤炭氮氧化物产生量为 1.6～2.6 千克，平均可取 2 千克；1 万立方米天然气氮氧化物产生量为 8 千克。

（3）生活燃煤烟尘排放量核算：

1）供热锅炉房燃煤的烟尘排放量，按照工业锅炉燃煤排放烟尘的计算方法和排放系数计算。

2）居民生活以及社会生活用煤的烟尘排放量，按照燃用的民用型煤和原煤，分别采用不同的计算系数：

①民用型煤的烟尘排放量，以每吨型煤排放 1～2 千克烟尘量计算，计算公式为

$$烟尘排放量/吨＝型煤消费量/吨×（1～2）‰$$

②原煤的烟尘排放量，以每吨原煤排放 8～10 千克烟尘量计算，计算公式为

$$烟尘排放量/吨＝原煤消费量/吨×（8～10）‰$$

3.5 地级市（直辖市）所辖各县区污染物排放量拆分方法

3.5.1 城镇人口

各辖县区的城镇人口按照各级统计部门人口数拆分。

3.5.2 废水污染物产生量和排放量拆分

（1）各县区废水污染物产生量的拆分

按照各辖区城镇人口数占地市的比重，将地市废水污染物产生量拆分至各县区。

（2）各县区废水污染物去除量的拆分

生活化学需氧量和氨氮去除量根据污染减排核定量拆分。

（3）各辖县区废水污染物排放量的拆分

根据以上步骤得到的废水污染物产生量和去除量，计算各县区的废水污染物排放量。

3.5.3 废气污染物

（1）各辖区生活能源消费量的拆分

优先采用统计部门的县区生活能源消费数据填报；如果各辖县区生活能源消费数据缺失，地市根据实际情况选择适当参数，如第三产业增加值，进行比例分配。具体方法是：由地市环境统计部门根据县（区）占地市第三产业增加值的比重，按比例将本地生活能源

消费量统一分配至各辖县（区）。

（2）各辖区生活废气污染物排放量核算

按照各辖区生活能源消费比例核算各辖县区的废气污染物排放量。

4　机动车

4.1　调查范围和对象

机动车污染源调查范围为辖区内的载客汽车、载货汽车、低速载货汽车、摩托车。基本调查单位为直辖市、地区（市、州、盟）。

4.2　调查内容

调查各地市不同车型、燃油类型的新注册车辆数、转入车辆数、注销车辆数和转出车辆数；由于车用油品升级、加强机动车管理带来的废气污染物新增削减量。

调查的废气污染物指标包括：总颗粒物、氮氧化物、一氧化碳、碳氢化合物。

4.3　污染物排放量核算方法

机动车废气污染物排放量核算遵照"遵循基数、算清增量、核实减量"的核算原则进行，基本思路如下。

$$污染物排放量＝上年排放量＋新增排放量－新增削减量$$

其中，新增排放量指由于新注册车辆数、转入车辆数导致的新增废气污染物排放量；新增削减量指由于注销车辆数、转出车辆数、车用油品升级、加强机动车管理导致的新增废气污染物削减量。

具体核算方法参见《"十二五"主要污染物减排核查核算细则》相关内容。

5　集中式污染治理设施

5.1　调查范围和对象

5.1.1　调查范围

集中式污染治理设施调查范围包括：污水处理厂、垃圾处理厂（场）、危险废物（医疗废物）集中处置厂。

（1）污水处理厂：包括所有城镇污水处理厂、工业废（污）水集中处理设施和其他污水处理设施。不包括氧化塘、渗水井、化粪池、改良化粪池、无动力地埋式污水处理装置和土地处理系统。

城镇污水处理厂：指在城市（镇）或工业区，将城市污水（生活污水和工业废水）通过排水管道集中于一个或几个处所，并利用由各种处理单元组成的污水处理系统进行净化处理，最终使处理后的污水和污泥达到规定要求后排放或再利用的设施。

工业废（污）水集中处理设施：指提供社会化有偿服务、专门从事为工业园区、联片工业企业或周边企业处理工业废水（包括一并处理周边地区生活污水）的集中设施或独立运营的单位。不包括企业内部的污水处理设施。

其他污水处理设施：指对不能纳入城市污水收集系统的居民区、风景旅游区、度假村、疗养院、机场、铁路车站以及其他人群聚集地排放的污水进行就地集中处理的设施。

（2）垃圾处理厂（场）：包括垃圾填埋厂（场）、垃圾堆肥厂（场）和垃圾焚烧厂（场）。

（3）危险废物（医疗废物）集中处置厂：

危险废物集中处置厂：危险废物处置厂指统筹规划建设并服务于一定区域专营或兼营危险废物处置且有危险废物处置经营许可证的危险废物处置厂。

医疗废物处置厂：将医疗废物集中起来进行处置的场所或单位，不包括医院自建自用的医疗废物处置设施。

5.1.2 调查对象的确定原则

集中式污染治理设施按照属地原则调查，以县级行政区划为划分属地的基本区域。

报告年度以前投入运行、试运行的集中式污染治理设施[包括污水处理厂、垃圾处理厂（场）、危险废物（医疗废物）处置厂]，不论是否通过验收，均纳入调查。

5.2 调查内容

5.2.1 集中式污染治理设施调查内容

（1）单位基本情况，包括单位名称、代码、位置信息、联系方式等；

（2）污染治理设施建设与运行情况；

（3）能源消耗、污染物处理、处置和综合利用情况；

（4）二次污染的产生、治理、排放情况；

（5）污水处理厂核算水污染物去除量。

5.2.2 调查污染物种类

（1）废水污染物种类

包括：化学需氧量、氨氮、总氮、总磷、石油类、挥发酚、总铬、六价铬、汞、镉、铅、砷、氰化物等。

（2）废气污染物种类

包括：废物焚烧废气中烟尘、二氧化硫、氮氧化物、汞、镉、铅。

（3）固体废物种类

固体废物调查种类包括：污水处理设施产生的污泥；废物焚烧残渣和焚烧飞灰等。

5.3 二次污染污染物产生量、排放量核算方法

集中式污染治理设施二次污染的污染物产生、排放量主要采用实际监测法和产排污系数法核算（核算方法使用要求同工业源）。其中，污水处理厂污泥、废物焚烧残渣可按运行管理的统计报表填报。

三、"十二五"环境统计数据审核细则

1　工业源

1.1　工业源基层表审核

1.1.1　完整性审核

（1）行政区上报完整性审核

审核区县级行政区上报单位是否完整。

（2）统计报表完整性审核

审核各统计报表是否有漏报现象。

（3）重点调查企业统计范围审核

审核各统计报表是否按照"重点调查单位调整原则"每年对重点调查单位进行动态调整。

（4）重点行业企业完整性审核

审核是否根据技术要求将全部符合调查原则的重点行业企业纳入调查范围。

（5）指标填报完整性审核

审核各统计报表中指标填报是否完整（不同行业生产特点和污染物排放种类会有所不同，因此允许部分指标为空值，如重金属或危险废物指标，以下指标完整性审核相同）。

（6）重点行业指标完整性审核

废水、COD、氨氮、五项重金属产排量排序前5位的行业，该项污染物排放量为零的企业进行重点审核。

二氧化硫、氮氧化物、烟（粉）尘、四项重金属产排量排序前5位的行业，该项污染物排放量为零的企业进行重点审核。

危废产生量排序前5位的行业，该项污染物排放量为零的企业进行重点审核。

1.1.2　规范性审核

数据填报规范性主要审核以下内容。

（1）火电、水泥、钢铁、造纸企业及所属的自备电厂是否按照技术要求填报相应的报表。

（2）审核是否有不应纳入重点调查范围的行业企业（4610、4412、1011、1012、1013、1019）。

（3）基101表中排入的污水处理厂名称和代码是否存在于污水处理厂表中，或与污水处理厂表中的名称和代码是否一致。

1.1.3　重要代码准确性审核

（1）行政区代码

审核重点调查单位的行政区代码是否按属地原则填报。

（2）组织机构代码

审核重点调查单位组织机构代码是否按照"全国组织机构编码原则"填报。

（3）行业代码

审核重点调查单位行业代码是否按照最新《国民经济行业分类》填报。

1.1.4　突变指标审核

审核重点调查单位填报指标和重要衍生指标（衍生指标是指通过有联系的指标换算得出的，如产排污系数、平均排放浓度、污染物去除率、去除成本等）是否有突变现象。

1.1.5　逻辑关系审核

（1）审核报表制度规定的逻辑关系。

（2）需专家经验判别的逻辑关系审核。

①废水

对废水及废水污染物排放和治理，重点审核以下逻辑不合理现象。

有工业用水情况而无废水或废水污染物排放情况，或反之。

有废水排放情况而无废水污染物排放情况，或反之（不超标的煤矿废水、间接冷却废水不计为废水排放）。

有治理设施运行情况而无废水处理量或污染物去除量情况，或反之（排入污水处理厂处理的除外）。

②废气

对废气及废气污染物排放和治理，重点审核以下逻辑不合理现象。

有工业锅炉和工业炉窑、有燃料消耗量（燃料煤、燃料油或其他燃料）而无燃烧废气及废气污染物排放情况，或反之。

有废气治理设施运行情况而无废气污染物去除量情况，或反之。

有烟（粉）尘去除量而无粉煤灰产生量，或反之。

有原料煤、原料油等消费量而无生产工艺过程中废气及废气污染物排放量的情况，或反之。

③固体废物

对固体废物的产生、排放和治理，重点审核以下逻辑不合理现象。

有燃料煤消耗量而无燃烧后炉渣等工业固体废物产生和排放情况，或反之。

1.1.6　合理性审核

（1）审核是否存在虚拟企业、企业群以及不合理的新增企业。

（2）废水污染物排放及治理，重点审核以下内容。

"工业废水排放量占新鲜用水量的比率"是否合理。

"工业废水污染物（COD、氨氮、石油类、挥发酚、各类重金属，下同）平均排放浓度（工业废水污染物排放量/工业废水排放量）"是否合理。

"工业废水处理成本（废水治理设施运行费用/工业废水处理量）"是否合理。

"工业废水污染物产排污系数"是否合理。

"工业废水污染物去除成本（废水治理设施运行费用/工业废水污染物去除量）"是否合理。

"工业重复用水率（重复用水量/工业用水总量）"是否合理。

"单位工业废水处理用电量（用电量/工业废水处理量）"是否合理。

废水主要污染物平均去除率是否合理。

排序查找废水污染物产排量特大或特小值是否合理。

（3）废气污染物排放及治理，重点审核以下内容。

"燃料平均硫分"是否合理。

"吨煤（油）燃烧二氧化硫、烟（粉）尘、氮氧化物产生系数"是否合理。

"二氧化硫、烟（粉）尘、氮氧化物平均排放浓度"是否合理。

"二氧化硫去除成本（脱硫设施运行费用/二氧化硫去除量）"是否合理。

"二氧化硫、烟（粉）尘、氮氧化物产排污系数"是否合理。

"脱硫剂消耗量、脱硫石膏产生量"是否与"二氧化硫去除量"符合逻辑关系。

"脱硝剂消耗量"是否与"氮氧化物去除量"符合逻辑关系。

废气主要污染物平均去除率是否合理。

排序查找废气污染物产排量特大或特小值是否合理。

（4）固体废物产生、排放及治理，重点审核以下内容。

危险废物产生、处置与综合利用量是否合理。

燃料煤消费量与燃烧废渣产生量对应关系是否合理。

一般工业固体废物综合利用率、处置率是否合理。

危险废物综合利用率、处置率。

排序查找固体废物产生、利用、处置、倾倒丢弃量等特大或特小值是否合理。

1.1.7　火电、水泥、钢铁、造纸基层表审核

火电、水泥、钢铁、造纸基层表审核内容同基101表的，参照基101表审核原则执行。

（1）火电-基 102 表审核内容

1）逻辑关系审核

"发电量（供热量折算发电量）–煤耗量（发电＋供热煤耗量）–二氧化硫产生量–脱硫剂消耗量–脱硫石膏产生量–二氧化硫去除量"变化趋势是否合乎逻辑。

2）利用核算公式进行逻辑关系审核

"发电量"是否与"装机容量×发电设备利用小时数"基本接近。

"发电燃煤量"是否与"发电量×发电标准煤耗/折标系数（一般取 0.714 3）"基本接近。

"供热燃煤量"是否与"供热量×40/折标系数（一般取 0.714 3）"基本接近。

"燃煤量（发电＋供热）×燃煤平均硫分×0.85×2＋燃油量×重油平均硫分×2"是否与"上报二氧化硫产生量（上报二氧化硫排放量＋去除量）"基本接近。

3）合理性审核

"装机容量、发电量、厂用电率、发电标准煤耗、发电设备利用小时数"等反映机组情况的重要指标填报值是否合理。

"脱硫/脱硝机组装机容量占总装机容量的比率"是否合理。

"装机容量与锅炉吨位"对应关系是否合理。

根据发电量和发电煤耗核算的发电标准煤耗是否合理。

（2）水泥-基 103 表审核内容

单位水泥熟料氮氧化物排污系数一般为 1.5 千克/吨熟料。

（3）钢铁-基 104 表审核内容

- 焦炭产量与焦炉煤气消耗量逻辑关系是否合理：1 吨焦炭产生 400～450 立方米焦炉煤气，1 吨焦炭生产需要 1.4～1.5 吨煤炭。

- 烧结/球团二氧化硫排放量占钢铁企业（不含自备电厂）二氧化硫排放总量是否在 80%以上。

- 铁矿石含硫率为 0.1%，对应的二氧化硫产生浓度约为 800～1 000 毫克/立方米，0.5%对应的二氧化硫产生浓度约为 4 280 毫克/立方米。

- 生铁矿产量与烧结/球团矿产量校核：1 吨生铁需要消耗约 1.33 吨烧结矿、0.34 吨球团矿或块矿。

- 烧结/矿产量与烧结机面积校核：烧结矿产量＝烧结机面积×利用系数×烧结机运转小时数。

- 铁精矿消耗量与烧结/球团矿产量校核：1 吨烧结矿需要消耗约 0.9 吨铁精矿，1 吨球团矿需要消耗约 1 吨铁精矿。

- 固体燃料（炼焦煤消耗量、高炉喷煤量）消耗量与烧结矿产量校核：1 吨烧结矿需要消耗 40～50 千克固体燃料。

- 高炉煤气产生量与生铁产量校核：1 吨生铁产生 1 700～1 800 立方米高炉煤气。

- 高炉喷煤量与生铁产量校核：1 吨生铁需要消耗 140～200 千克煤炭。

- 各脱硫工艺在全烟气脱硫情况下的综合脱硫效率取值：一般 70%～90%，其中：活性炭法脱硫工艺原则上不超过 90%；烟气循环流化床法原则上不超过 85%；喷雾干燥法、密相干法、NID 法、MEROS 法等其他（半）干法原则上不超过 80%；石灰石-石膏湿法原则上不超过 85%；氨法、氧化镁法和双碱法等其他湿法原则上不超过 70%。其他无法连续稳定去除二氧化硫的工艺为 0。

（4）造纸-基 105 表审核内容

- 粗浆得率是否合理：各种制浆方法生产的纸浆有一定的得率范围，以木材原料为例：①化学浆：40%～50%；②高得率化学浆：50%～65%；③半化学浆：65%～85%；④化学机械浆：85%～90%；⑤磨木浆：90%～95%。

- 黑液提取率是否合理：①木浆：95%～98.5%；②竹浆：95%～98%；③苇浆：88%～92%；④蔗渣浆：88%～90%；⑤麦草浆：80%～89%。

- 纸浆产量校核：一般情况下，吨浆用电量在 1 100 千瓦时左右，工业用水量在 50 吨左右。

- 机制纸及纸板产量校核：吨纸用电量在 500 千瓦时左右，工业用水量在 30 吨左右。

- 造纸 COD 排放浓度校核：碱法化学制浆企业未建设、运行碱回收设施和生化处理设施的，一般情况下，COD 实际排放浓度在 5 000 毫克/升左右；未建设、运行碱回收设施仅配有生化处理设施的，COD 实际排放浓度在 500 毫克/升左右。铵法制浆企业未建设、运行木质素回收装置和生化处理设施的，一般情况下，COD 实际排放浓度在 6 000 毫克/升左右。未采用 Fenton 氧化（硫酸亚铁-双氧水催化氧化）等化学氧化深度处理工艺的，一般情况下，COD 实际排放浓度不低于 100 毫克/升。

（5）防治投资-基 106 表审核内容

审核"竣工项目新增处理能力、投资完成额"等单位填报是否正确。

审核是否存在统计年度之前已建成投产的治理项目重复填报现象。

1.2　工业源汇总表审核

1.2.1　虚拟地区审核

审核是否存在虚拟地区。

1.2.2　汇总数据一致性和平衡性审核

审核各级行政区汇总数据是否与其所辖行政区汇总数据之和一致。

审核各级行政区基层表汇总数据是否与重点调查单位汇总表数据一致。

1.2.3 上报行政区完整性审核

审核上报的行政区是否与标准行政区代码一致。

1.2.4 突变指标审核

审核汇总指标是否有突变现象。

应选择两年以上数据进行纵向突变对比分析，对数据变化幅度较大的指标要进一步审核，具体要追溯落实到重点调查单位。

1.2.5 逻辑关系审核

（1）报表制度规定的逻辑关系审核。

（2）废水污染物排放及治理等汇总数据的逻辑性，重点审核以下内容。

"工业废水治理设施数-工业废水治理设施处理能力-工业废水治理设施运行费用-工业废水处理量-工业污染物去除量（产生量–排放量）"变化趋势是否合乎逻辑。

（3）废气污染物排放及治理汇总数据，重点审核以下内容。

"废气治理设施数-废气治理设施能力-废气治理设施运行费用-废气污染物去除量（产生量-排放量）变化趋势"是否合乎逻辑。

1.2.6 合理性审核

（1）审核是否与统计部门相关数据相匹配

审核环境统计数据与统计部门公布的煤炭消耗量、相关产品产量数据是否符合逻辑对应关系。

（2）审核地区或行业平均排放水平

"地区或行业的污染物平均排放浓度"是否合理。

"地区或行业的'废水排放量占新鲜用水量'平均比率"是否合理。

"地区或行业的污染物平均排放强度"是否合理。

（4）重点行业平均产排污系数审核

重点行业（火电、水泥、钢铁、造纸）平均产排污系数是否合理。

1.2.7 非重点估算合理性审核

审核主要污染物非重点比例是否过高或过低。

审核非重点部分用排水、煤炭消耗情况是否合理。

1.2.8 重点行业汇总表与相关部门数据匹配性审核

审核火电行业汇总发电量、装机容量、煤炭消耗量等指标与各地区统计公报数据、电力部门数据是否匹配。

审核水泥行业熟料总产量、水泥产量等指标与各地区统计公报数据是否匹配。

审核钢铁行业粗钢产量等指标与各地区统计公报数据是否匹配。

审核造纸行业纸浆产量、机制纸及纸板产量等指标与各地区统计公报数据是否匹配。

1.2.9　审核工业污染防治投资汇总指标是否有突变现象

2　农业源

2.1　规模化畜禽养殖场/小区污染排放及处理利用情况（基201表）

2.1.1　指标填报完整性审核

对报表中的指标特别是重要指标是否填报完整。

2.1.2　逻辑关系审核

审核报表制度规定的逻辑关系。

2.1.3　突变指标审核

对同一重点调查单位的所有填报指标与上年比较，作突变指标审核。对变化幅度超过一定百分比的突变指标重点审核。对主要污染物去除率与上年比较，变化幅度超过 10 个百分点的重点审核。

2.1.4　合理性审核

一般情况下，养殖数量与畜禽养殖栏舍面积对应关系为：1 头猪/平方米、0.5 头奶牛/平方米、1 头肉牛/平方米、15 只蛋鸡/平方米、10 只肉鸡/平方米。

粪便直接农业利用的，必须配备固定的防雨防渗粪便堆放场。一般情况下，每 10 头猪（出栏）粪便堆场所需容积约 1 立方米；每 1 头肉牛（出栏）或每 2 头奶牛（存栏）粪便堆场所需容积约 1 立方米；每 2 000 只肉鸡（出栏）或每 500 只蛋鸡（存栏）粪便堆场所需容积约 1 立方米。

一般情况下，每亩土地年消纳粪便量不超过 5 头猪（出栏）、200 只肉鸡（出栏）、50 只蛋鸡（存栏）、0.2 头肉牛（出栏）、0.4 头奶牛（存栏）的产生量。

一般情况下，每亩土地年消纳污水/尿液量不能超过 5 头猪（出栏）、0.2 头肉牛（出栏）、0.4 头奶牛（存栏）的产生量。

2.2　各地区农业污染排放及处理利用情况（综201表）

2.2.1　指标填报完整性审核

对报表中的指标特别是重要指标是否填报完整。

2.2.2　准确性审核

畜禽养殖中规模化养殖场/小区养殖数量、养殖专业户养殖数量是否与农业畜牧部门数据一致。

种植业主要污染物流失量与2010年普查动态更新调查数据是否一致。

水产养殖业主要污染物排放量是否等于 2010 年第一次全国污染源普查水产养殖业污染物排放量×（1-减排核定减少水产围网养殖面积/2007 年第一次全国污染源普查水产养殖面积）。

3 城镇生活源

3.1 上报行政区完整性审核

审核上报行政区与行政区标准代码是否完全一致，区县数据是否完整。

3.2 指标填报完整性审核

报表所有指标是否填报完整。

3.3 逻辑关系审核

（1）审核报表制度规定的逻辑关系

（2）通过核算公式审核

城镇生活污水排放量=城镇常住人口数×城镇生活污水排放系数−再生水利用量（取自综 501 表）；

城镇生活 COD 产生量=城镇常住人口数×城镇生活 COD 产生系数；

城镇生活 COD 排放量=城镇生活 COD 产生量−城镇生活 COD 去除量；

生活氨氮、总磷、总氮和油类同上。

3.4 突变指标审核

审核指标：城镇人口、生活煤炭消费量、生活天然气消费量、城镇生活污水排放系数、二氧化硫排放量、氮氧化物排放量、烟尘排放量。

应选择两年以上数据进行纵向突变指标对比分析。对数据变化量较大的指标要进一步审核，具体要追溯落实到具体行政区。

3.5 合理性审核

城镇人口数与统计局数据比较，审核是否准确合理；

吨生活燃煤量的二氧化硫、烟尘、氮氧化物的排放量（即吨煤产污系数）合理性审核。

生活煤炭消耗量与生活及其他二氧化硫、烟尘、氮氧化物排放量的变化趋势是否合理。

综 101 表中工业煤炭消费消费量应与综 501 表"煤炭消费总量−生活煤炭消费量"相等或基本接近。

4 机动车

4.1 上报行政区完整性审核

审核地市级行政区报送单位是否完整。

4.2 指标填报完整性审核

报表所有指标是否填报完整，列出缺报指标项。

4.3 逻辑关系审核

分年度注册量之和等于调查年度机动车保有量。

4.4　突变指标审核

提取 12 个车辆类型的保有量汇总数据，与上年数据进行对比分析，变化超过 10%的应重点审核。

4.5　合理性审核

·分车辆类型保有量数据应与统计局数据一致。

5　集中式

5.1　城市污水处理厂

5.1.1　基 501 表

（1）完整性审核

对报表中的指标特别是重要指标是否填报完整；

城镇污水处理厂是否均纳入调查，是否乡村污水处理厂也被统计在内。

（2）突变指标审核

对同一重点调查单位的所有填报指标和重要衍生指标与上年比较，做突变指标审核。对变化幅度超过一定百分比的突变指标重点审核。

（3）逻辑关系审核

报表制度规定的逻辑关系审核：

污水处理厂累计完成投资≥新增固定资产；

污水实际处理量＞处理本县区外的水量；

污水实际处理量＞再生水处理量＞再生水利用量。

（4）合理性审核

年污水设计处理量原则上应大于污水实际处理量，其中年污水设计处理量＝污水设计处理能力×365/10 000；

COD（氨氮、总磷、总氮）进出水浓度差异常值审核；

进水 COD 浓度低于 100 毫克/升或出水 COD 浓度低于 25 毫克/升（污水处理厂一级 A 排放标准值一半）的重点核查；

出水氨氮浓度低于 5 毫克/升（污水处理厂一级 A 排放标准值）的重点核查；

污泥产生量（含水 80%）合理性审核（注重审核单位）：一般处理每万吨污水产生 1～2 吨污泥；去除 1 千克 COD 产生 0.2～1 千克污泥；

耗电量合理性审核[注重审核单位，如度、万度（报表使用）、亿度的混用]吨水耗电量（度）＝耗电量/污水年处理量，一般取值在 0.15～0.35 度/吨，也有例外较低的情况（如提升泵站不在厂区内）；

污水处理成本（污水处理厂运行费用/污水处理量）合理性审核（参考值：吨水处理成

本收费 0.8 元）。

5.1.2 综 501 表

突变指标审核：地区 COD 平均进出口浓度、污水设计处理能力、污水处理量、污泥产生量、本年运行费用、耗电量。

应选择两年以上数据进行纵向突变指标对比分析。对数据变化量较大的指标要进一步审核，具体要追溯落实到重点调查单位。

5.2 垃圾处理场（厂）

5.2.1 环年基 502 表

（1）完整性审核

审核报表中指标填报是否完整。同一处理厂有多种处理方式的是否都填报。

（2）调查范围审核

调查范围和对象是否准确，如垃圾焚烧发电厂是否被纳入集中式统计；兼营垃圾焚烧的企业是否纳入统计等。

（3）逻辑关系审核

审核报表制度规定的逻辑关系。

5.2.2 环年综 502 表

逻辑关系审核

审核报表制度规定的逻辑关系。

5.3 危险废物集中处置

5.3.1 环年基 503 表

（1）完整性审核

审核报表中指标填报是否完整。

（2）调查范围和对象审核

审核危险废物集中处置厂调查范围是否完整。

是否企业自建自用的处理设施纳入调查范围。

（3）逻辑关系审核

审核报表制度规定的逻辑关系。

5.3.2 环年综 503 表

（1）逻辑关系审核

审核报表制度规定的逻辑关系。

（2）突变指标审核

审核危险废物集中处置厂的汇总指标是否有突变现象。对变化幅度较大的指标要进一步审核，追溯落实到具体危险废物集中处置厂。